贵州省
地质遗迹资源及地质公园布局研究

陈明华 ◎ 主编

图书在版编目(CIP)数据

贵州省地质遗迹资源及地质公园布局研究／陈明华主编． -- 贵阳：贵州科技出版社，2020.10
ISBN 978-7-5532-0874-9

Ⅰ.①贵… Ⅱ.①陈… Ⅲ.①地质-国家公园-区域地质-研究-贵州 Ⅳ.①P562.73

中国版本图书馆CIP数据核字(2020)第173815号

贵州省地质遗迹资源及地质公园布局研究
GUIZHOUSHENG DIZHI YIJI ZIYUAN JI DIZHI GONGYUAN BUJU YANJIU

出版发行	贵州科技出版社
地　　址	贵阳市中天会展城会展东路A座(邮政编码:550081)
网　　址	http://www.gzstph.com
出 版 人	熊兴平
经　　销	全国各地新华书店
印　　刷	贵阳精彩数字印刷有限公司
版　　次	2020年10月第1版
印　　次	2020年10月第1次
字　　数	640千字
印　　张	20.25
开　　本	889 mm×1194 mm　1/16
开　　本	ISBN 978-7-5532-0874-9
定　　价	128.00元

天猫旗舰店:http://gzkjcbs.tmall.com
京东专营店:http://mall.jd.com/index-10293347.html

《贵州省地质遗迹资源及地质公园布局研究》编委会

主　　编　陈明华
副 主 编　史振华　胡歆睿
编　　委　陈明华　史振华　胡歆睿　张　慧
　　　　　郭　海　邓　毅　胡仁发　邓小杰
　　　　　冉维宇　谭　月　蒋良兵　张国祥
　　　　　马会珍　刘汉林　李　亮　鲁　明

地质遗迹是在地球形成、演化的漫长地质历史时期,受各种内、外动力地质作用,形成、发展并遗留下来的自然产物。它不仅是自然资源的重要组成部分,更是珍贵的、不可再生的地质自然遗产。

人类的历史与地球的历史紧密相连。地球的外观和地貌,就是人类生活的环境。地质遗迹是人类的共同遗产,保护好这些遗迹是人类的责任。地球只有一个,探索地球的过去和现在,正是为了预测未来,保护地质遗迹则是这种探索的基础,而建立地质公园就是保护地质遗迹的最好方式。

地质公园的建立以保护地质遗迹资源、促进社会经济的可持续发展为宗旨,遵循"在保护中开发,在开发中保护"的原则。《地质遗迹保护管理规定》第八条明确指出:"对具有国际、国内和区域性典型意义的地质遗迹,可建立国家级、省级、县级地质遗迹保护段、地质遗迹保护点或地质公园……"建立地质公园有如下意义:

1. 建立地质公园是保护地质遗迹的需要

保护地质遗迹的有效方式,就是动员全社会的力量,合理而科学地开发、利用地质遗迹资源。把建立地质公园与地区经济发展结合起来,建立地质公园带动旅游业的发展,使地质遗迹资源成为地方经济发展新的增长点,提高居民就业率,提高当地群众的生活水平,从而达到保护地质遗迹的目的。

2. 建立地质公园有利于社会精神文明建设

建立地质公园是崇尚科学和破除迷信的重要举措。地质公园建立以普及地质学知识、宣传唯物主义世界观、反对封建迷信为主要任务,既有对自然景观的人文解释,又有对地质科学的解释,从而使地质公园既有趣味性,又有科学性。

3. 地质公园为科学研究和科学知识普及提供重要场所

对整个社会来说,地质公园是科学家成长的摇篮和进行科学探索的基地。对广大民众,特别是青少年来说,地质公园是普及地质科学知识,进行启智教育的最好课堂。

4. 建立地质公园是一种新的地质资源利用方式

直到20世纪80年代末期,人们才逐步认识到地质遗迹资源对旅游业的重要性。地质遗迹有独特的观赏和游览价值,建立地质公园可以使宝贵的地质遗迹资源不需要改变原有面貌和性质就能得到永续利用。因此,地质公园的建立是对地质遗迹资源利用的最好方式。

5. 建立地质公园是发展地方经济的需要

建立地质公园,可以改变传统的生产方式和资源利用方式,为地方旅游经济的发展提供新的机遇。

同时,可以根据地质遗迹的特点,营造特色文化,发展旅游产业,促进地方经济发展。

6. 建立地质公园是地质工作服务社会经济的新模式

地质工作要创新管理体制,转变观念,扩大服务领域,开辟市场。建设国家地质公园计划的推出,为地质工作体制改革、服务社会提供了机遇。

因而,建立地质公园,是为了更好地保护地质遗迹资源。

本书由贵州省科学技术厅科技支撑项目——"地质遗迹资源与地质公园开发与保护技术研究"(项目编号:黔科合支撑〔2019〕2851号)资助出版。项目野外调查工作主要由陈明华、史振华、胡歆睿、蒋良兵、邓小杰、冉维宇、郭海、胡仁发、刘汉林等共同完成。

前言由陈明华编写,第一章由陈明华、鲁明、李亮编写,第二章由陈明华、史振华、冉维宇编写,第三章由史振华、陈明华、蒋良兵、冉维宇、胡歆睿、邓毅、鲁明、张美雪、李亮编写,第四章由史振华、陈明华、胡歆睿、冉维宇、蒋良兵、邓毅、谭月、马会珍编写,第五章由史振华、张慧、陈明华、胡歆睿、郭海、邓小杰、蒋良兵、冉维宇、邓毅、谭月编写,第六章由陈明华、张慧、邓毅、谭月、史振华、胡歆睿、郭海、邓小杰、蒋良兵、冉维宇编写,第七章由陈明华编写。本书中所有插图及插表均由邓毅、谭月两位同志完成。

本书的编写与出版,得到了贵州省科学技术厅、贵州省地质矿产勘查开发局及贵州省地质调查院相关领导及专家的帮助与指导,在此一并表示诚挚的谢意。

编　者

2020年8月

目录

第一章 概 述 (1)

第一节 地理概况 (1)
一、交通位置 (1)
二、自然地理 (2)

第二节 地质概况 (5)
一、大地构造 (5)
二、区域地层 (7)

第三节 前人研究基础 (8)
一、地质工作情况 (8)
二、地质遗迹调查工作研究概况 (9)

第二章 贵州旅游资源大普查成果概况 (11)

第一节 概 述 (11)

第二节 贵州地文景观 (12)

第三节 贵州水域风光 (13)

第三章 贵州重要地质遗迹调查概况 (15)

第一节 调查成果 (15)

一、地层剖面 ....（15）
　　二、岩石剖面 ....（16）
　　三、构造剖面 ....（16）
　　四、重要化石产地 ....（16）
　　五、重要岩矿石产地 ....（17）
　　六、岩土体地貌 ....（17）
　　七、水体地貌 ....（18）
　　八、构造地貌 ....（19）
　　九、地质灾害遗迹 ....（19）

　第二节　贵州重要地质遗迹评价结果 ....（20）

第四章　贵州地质遗迹分布规律 ....（22）

　第一节　地质遗迹形成及演化 ....（22）
　　一、武陵构造旋回期 ....（22）
　　二、雪峰－加里东构造旋回期 ....（23）
　　三、海西－印支－燕山构造旋回期 ....（24）
　　四、喜马拉雅及新构造旋回期 ....（24）

　第二节　地质遗迹分布规律 ....（25）
　　一、基础地质大类地质遗迹的分布规律 ....（25）
　　二、地貌景观大类地质遗迹的分布规律 ....（37）
　　三、地质灾害大类地质遗迹的分布规律 ....（40）

第五章　贵州已建地质公园概况 ....（41）

　第一节　世界级地质公园 ....（42）
　　织金洞世界地质公园 ....（42）

　第二节　国家级地质公园 ....（49）
　　一、关岭化石群国家地质公园 ....（49）
　　二、兴义国家地质公园 ....（54）
　　三、平塘国家地质公园 ....（67）
　　四、六盘水乌蒙山国家地质公园 ....（73）
　　五、绥阳双河洞国家地质公园 ....（78）
　　六、思南乌江喀斯特国家地质公园 ....（87）
　　七、黔东南苗岭国家地质公园 ....（95）

八、赤水丹霞国家地质公园 …………………………………………………… (102)

第三节　省级地质公园 …………………………………………………… (112)
　　一、乌当省级地质公园 …………………………………………………… (112)
　　二、独山省级地质公园 …………………………………………………… (116)
　　三、花溪省级地质公园 …………………………………………………… (124)

第六章　贵州拟建地质公园 …………………………………………… (130)

第一节　拟建世界级地质公园 …………………………………………… (130)
　　一、铜仁世界地质公园 …………………………………………………… (131)
　　二、大贵州滩世界地质公园 ……………………………………………… (149)

第二节　拟建国家级地质公园 …………………………………………… (160)
　　一、从江刚边国家地质公园 ……………………………………………… (161)
　　二、荔波七彩桫椤谷国家地质公园 ……………………………………… (167)
　　三、沿河乌江山峡国家地质公园 ………………………………………… (171)
　　四、德江洋山河峡谷国家地质公园 ……………………………………… (179)
　　五、牛栏江大峡谷国家地质公园 ………………………………………… (184)
　　六、毕节九洞天国家地质公园 …………………………………………… (186)
　　七、开阳南江大峡谷国家地质公园 ……………………………………… (191)
　　八、丹寨龙泉山及南皋剖面国家地质公园 ……………………………… (196)
　　九、贞丰双乳峰国家地质公园 …………………………………………… (198)
　　十、松桃大塘坡锰矿国家矿山公园 ……………………………………… (200)
　　十一、瓮福磷矿国家矿山公园 …………………………………………… (202)
　　十二、贞丰烂泥沟金矿国家矿山公园 …………………………………… (206)
　　十三、晴隆锑矿国家矿山公园 …………………………………………… (208)

第三节　拟建省级地质公园 ……………………………………………… (217)
　　一、桐梓水坝塘省级地质公园 …………………………………………… (218)
　　二、桐梓九坝省级地质公园 ……………………………………………… (222)
　　三、遵义松林省级地质公园 ……………………………………………… (226)
　　四、毕节冲天大峡谷省级地质公园 ……………………………………… (230)
　　五、金沙冷水河峡谷省级地质公园 ……………………………………… (233)
　　六、大方仙宇峰省级地质公园 …………………………………………… (236)
　　七、威宁黑石头玄武岩省级地质公园 …………………………………… (240)
　　八、湄潭百面水省级地质公园 …………………………………………… (241)
　　九、铜仁九龙洞省级地质公园 …………………………………………… (246)

十、黄平飞云大峡谷省级地质公园 …………………………………………（252）
十一、修文洒坪猫跳河省级地质公园 ………………………………………（259）
十二、织金歹阳大峡谷省级地质公园 ………………………………………（262）
十三、黎平高屯天生桥省级地质公园 ………………………………………（265）
十四、六枝郎岱省级地质公园 ………………………………………………（271）
十五、盘州八大山省级地质公园 ……………………………………………（273）
十六、紫云黄鹤营省级地质公园 ……………………………………………（278）
十七、盘州新民化石群省级地质公园 ………………………………………（284）
十八、兴仁七伏七出地下河省级地质公园 …………………………………（288）
十九、望谟麻山及桑郎峡谷景观省级地质公园 ……………………………（295）
二十、册亨万重山省级地质公园 ……………………………………………（299）

第七章　贵州地质遗迹保护及地质公园开发建议 …………（303）

一、地质遗迹保护建议 ………………………………………………………（303）
二、地质公园开发建议 ………………………………………………………（307）
三、其他建议 …………………………………………………………………（309）

参考文献 ………………………………………………………………（311）

第一章 概 述

贵州简称"黔"或"贵",位于中国西南地区、云贵高原东部,与四川、重庆、湖南、广西、云南等省(区、市)接壤,面积约 17.6 万 km²,人口有 3600 多万人。有汉、苗、布依、侗、土家、彝、仡佬、水、白、回、壮、瑶、畲、蒙古、毛南、仫佬、满、羌等民族,是一个多民族杂居的内陆山区省份。省会是贵阳,其他主要城市有遵义、六盘水、安顺、都匀、毕节、兴义、凯里、铜仁等。贵州以山川秀美、气候宜人、地层发育齐全、古生物化石丰富、碳酸盐岩广布和喀斯特地貌景观奇特闻名于世,是我国矿产资源丰富的地区之一。

贵州山高谷深,沟壑纵横,喀斯特地貌面积占全省国土总面积的 61.9%。乌蒙山、大娄山、武陵山、苗岭纵横于全省,南盘江、北盘江、红水河、乌江、潕阳河、清水江、都柳江等珠江、长江水系的支流奔流于万山丛中。奇特的自然环境造就了贵州独特的自然风光,用一步一景形容绝不为过。贵州境内气候温和,夏无酷暑,冬无严寒,空气质量极高,适宜人居及旅游。

贵州是中国古人类的发源地和中国古文化的发祥地之一。大量的考古发掘表明,早在 20 多万年前,就有人类在贵州这片土地上活动,创造了悠久的史前文化,如"桐梓人""水城人""盘县大洞人""兴义人""穿洞人"等。贵州历史文化源远流长,在历史上多次人口迁徙活动中,中原文化、江南文化、巴蜀文化、荆楚文化、闽粤文化、湘文化、滇文化与当地文化互相融合渗透,形成了夜郎文化、屯堡文化、阳明文化等特色鲜明的历史文化。20 世纪 30 年代,中国工农红军在贵州活动时留下了大量的革命历史遗迹,形成了宝贵的红色文化旅游资源。

第一节 地理概况

一、交通位置

贵州省位于我国西南地区东部,东毗湖南、南邻广西、西连云南、北接四川和重庆,地处云贵高原,山高谷深,沟壑纵横。贵州是连接丝绸之路经济带和21世纪海上丝绸之路的重要门户,在我国区域发展战略中具有贯通南北、承接东西的重要作用。贵州已成为西部第一个、全国第九个县县通高速的省份,基本构建了"以高速公路为骨架,国省干线为支撑,县乡道为脉络,小康路为基础"的公路路网体系。

贵州是西南地区铁路交通枢纽,实现了快速通达长三角、珠三角、环渤海地区。已建成贵广高铁、沪昆高铁(贵州段)、黄织铁路、贵开城际铁路、渝贵高铁、成贵高铁、贵南高铁和安顺至六盘水城际铁路,已批准建设攀枝花至遵义、贵阳至兴义等高铁。湖南至贵州(湘黔)、贵阳至昆明(贵昆)、四川至贵州(川黔)、贵州至广西(黔桂)4 条铁路干线贯穿全省并交汇于省会贵阳,南宁至昆明(南昆)、重庆至怀化(渝化)等铁路也经过贵州。

贵州已有西部地区重要枢纽机场——贵阳龙洞堡国际机场,并有铜仁凤凰机场、遵义新舟机场、毕节飞雄机场、六盘水月照机场、凯里黄平机场、兴义万峰林机场等13 个支线机场。

贵州已建成乌江思林电站过船设施、构皮滩电站翻坝运输系统,与重庆、四川、湖南、云南、广西等相邻省(区、市)实现了水运互通。

二、自然地理

(一) 水 系

贵州境内的河流分属长江和珠江水系,有69 个县属长江防护林保护区,是长江、珠江上游地区的重要生态屏障。

全省水系顺地势由西部、中部向北、东、南三面分流。大体以苗岭为分水岭,以北属长江流域,以南属珠江流域。长江流域面积约11.6 万 km^2,约占全省国土总面积的65.9%,分为乌江水系、金沙江支流横江-牛栏江水系、长江上游赤水河-綦江水系及沅江上源清水河水系等4 个水系。珠江流域面积约6.0 万 km^2,约占全省国土总面积的34.1%,分为南盘江水系、北盘江水系、红水河水系及都柳江水系4 个水系。

贵州境内河网密布,按河流流程划分,流程10~50 km 的河流有902 条,50~100 km 的河流有49 条,100~500 km 的河流有32 条,500~1000 km 的河流有1 条。按河流流域面积划分,流域面积10~100 km^2 的河流有556 条,100~500 km^2 的河流有330 条,500~1000 km^2 的河流有37 条,1000~5000 km^2 的河流有49 条,5000~10 000 km^2 的河流有5 条,10 000 km^2 以上的有乌江、六冲河、清水河、赤水河、北盘江、红水河(包括上源南盘江)及都柳江等7 条。平均河网密度为17.1 km/100 km^2,东部锦江最密,为23.2 km/100 km^2,西部六冲河、南盘江、北盘江最稀,为14.0km/100 km^2 左右。

贵州境内主要河流除清水河发源于中部,都柳江发源于南东部外,其余均发源于西部。河流皆顺地势呈放射状向东、南、北三面进入邻省。多数河流上游河谷开阔,坡降平缓,水量小;中游河谷束放相间,水流湍急;下游河谷深切狭窄,水量大,水力资源丰富。

贵州境内年平均地表水径流量1035×10^8 m^3,一般丰水年($P = 20\%$)为1201×10^8 m^3,一般枯水年($P = 75\%$)为900×10^8 m^3,特枯年($P = 95\%$)为735×10^8 m^3。省外过境客水量291.7×10^8 m^3。每平方千米的产水量为59.25×10^4 m^3,其中长江流域为57.7×10^4 m^3,珠江流域为60.8×10^4 m^3。其中每平方千米的产水量最大者为洞庭湖水系的松桃河,约89.6×10^4 m^3;最小者为横江水系,约40.2×10^4 m^3。

全省年平均地表径流深为588 mm,各地地表径流深年平均值在350~700 mm,其变化、分布基本与降水情况一致,由东南向西北递减,长江流域为 577 mm,珠江流域为 608 mm,以清水河水系的 671 mm、南盘江水系的 665 mm 和都柳江水系的 668 mm 为大,以横江-牛栏江水系的 402 mm、赤水河-綦江水系的 483 mm 为小。年平均径流深的年际变化大,最大年是最小年的 2~3 倍,个别达 4 倍。径流在年内分配极不均衡。径流量在时间上的变化规律与降水量基本相似,但各地丰水期出现时间不同,东北部 4—7 月,中部 5—8 月,西部 6—9 月;枯水期出现在 12 月至次年 4 月。径流系数一般是多雨区变化大,少雨区变化小;山地变化较大,平原浅丘变化较小。

贵州水资源丰富,分布广泛,水能资源蕴藏量大。贵州的河流均属山区型,河流比降、落差大,水力资源丰富。

(二)地形地貌

贵州境内地势西高东低,由中部向北、东、南三面倾斜,平均海拔在 1100 m 左右。贵州高原山地居多,素有"八山一水一分田"之说。境内山脉众多,重峦叠嶂,绵延纵横,山高谷深。北部有大娄山自西向东北斜贯北境,川黔要隘娄山关海拔 1576 m;中南部苗岭横亘,主峰雷公山海拔 2178.8 m;东北部有武陵山,由湘蜿蜒入黔,主峰梵净山海拔 2572 m;西部高耸乌蒙山,属此山脉的赫章县珠市彝族乡韭菜坪海拔 2900.6 m,为贵州境内最高点。而黔东南苗族侗族自治州*的黎平县地坪镇水口河出省界处,海拔为 147.8 m,为贵州境内最低点。

1. 地貌类型

贵州全省地貌可概括分为高原山地、丘陵和盆地 3 种基本类型,其中高原山地和丘陵占全省国土总面积的 92.5%。贵州喀斯特地貌发育非常典型,喀斯特地貌出露面积 109 084 km²,约占全省国土总面积的 61.9%。贵州境内喀斯特分布范围广泛,形态类型齐全,地域分布明显,构成一种特殊的喀斯特生态系统。根据塑造地貌的成因类型、岩石建造类型及形态组合类型等,贵州地貌可以划分为 6 个成因类型及 20 个形态组合类型(表 1-1)。

表 1-1 贵州省地貌类型划分

成因类型	岩石建造类型	形态组合类型
溶蚀	碳酸盐岩	峰丛洼地、峰丛谷地、峰林谷地、溶丘洼地、溶丘盆地
溶蚀-侵蚀	碳酸盐岩与碎屑岩互层	垄岗 U 形谷、垄脊 U 形谷
溶蚀-构造	碳酸盐岩夹碎屑岩	溶蚀构造平台、断陷盆地、垄岗谷地
侵蚀-剥蚀	变质岩、火山岩、碎屑岩	脊状山峡谷、圆顶山宽谷、脊状山沟谷、缓丘谷地、缓丘坡地
侵蚀-构造	碎屑岩、碎屑岩夹碳酸盐岩	台状山峡谷、桌状山峡谷、单面山沟谷、断块山沟谷
侵蚀-堆积	黏土、砂砾石	堆积阶地

2. 地貌特征

(1)地貌类型复杂多样,山地遍布全境。贵州的地貌类型各异、复杂多样,不仅有高原、山原和山地,而且有丘陵、盆地(坝子)和河流阶地等不同类型的地貌。

(2)喀斯特地貌发育、分布广泛。贵州是我国南方喀斯特极为发育的省份,广泛分布着不同的喀斯特地貌类型和形态组合类型。贵州喀斯特地貌类型齐全,个体喀斯特形态多样。常见到的地表喀斯特地貌形态

---

* 注:在本书中,民族区域自治地方的行政区划名称,第一次出现时用全称,再次出现时简称为"××自治州""××自治县"等。

类型有石芽、溶沟、喀斯特漏斗、落水洞、竖井、溶蚀洼地、喀斯特盆地、U形谷、峰林、峰丛、溶丘、喀斯特湖、喀斯特泉等;地下喀斯特地貌形态类型有溶洞、地下河、伏流、暗湖及各种钙质沉积形态(如钟乳石、石笋、石柱、石幔等)。单个喀斯特形态在一定的喀斯特地质环境条件下又可组合成峰林谷地、峰丛洼地、垄岗U形谷等。形态组合随所处区域不同而呈有规律的分布。喀斯特地貌具有向深性发育和叠置发育的特征。喀斯特发育受地质构造和岩层组合结构的控制,喀斯特地貌与流水侵蚀地貌交错分布,且有明显的条带性。喀斯特地貌分带性明显,根据地貌演化及形态特征,从区域分水岭至河流的中下游,可分为喀斯特化高原区、过渡斜坡区和峡谷区3个不同的地貌区段。高原区包括一级高原台面的威宁、水城和苗岭分水岭地带,二级高原台面的遵义、贵阳、安顺,三级高原台面的碧江、玉屏、凯里等。

(三)生 态

贵州地处高海拔、低纬度的亚热带季风气候带,气候温和,雨量充沛,到处森林蔽日,绿水长流。2015年,全省共有自然保护区119个,面积89.79万 hm^2,约占全省国土面积的5.1%。其中,属森林生态系统、野生动植物类型的115个,内陆湿地类型的8个,古生物遗迹类型的1个。通过保护区建设,加强了生物多样性保护力度。2019年,全省88个县(市、区、特区)环境空气质量均达到《环境空气质量标准》(GB 3095—2012)二级标准。不仅是空气质量,全省各地水质达标率也大幅上升。

良好的环境造就了贵州丰富的野生动植物资源。据有关资料,贵州共有维管植物248科、1551属、5591种(含变种)。其中,蕨类植物51科、137属、640种(含变种或变型),属数约占全国总属数的67.2%。我国有裸子植物10科,在贵州均有分布,属数占全国总属数的64.7%;被子植物共187科、1316属、4887种(含变种),分别占全国总科数的64.3%、总属数的46.7%、总种数的20%。

贵州野生动物资源丰富,全省已有记录的脊椎动物有807种,占全国脊椎动物总数的21.7%,其中535种属珍稀动物,占全省脊椎动物总数的66.3%。鱼类有111种,两栖类有60种,爬行类有99种,鸟类有403种,兽类有134种。

(四)民 族

贵州位于云贵高原东部,境内山峦起伏,地貌类型复杂,气候温和,夏无酷暑,冬无严寒,适于人类生存繁衍。其地理位置及特有的地形地貌,使贵州高原在中国历史发展过程中成为古代民族交汇的大走廊和民族集结地。华夏族系、氐羌族系、苗瑶族系、百越族系的诸民族及蒙古、回、满等民族于不同时期、不同方向进入贵州,与原住贵州之濮人相交汇,逐渐形成多民族大杂居小聚居的局面。

贵州现有民族成分49个,其中许多是在中华人民共和国成立以后,因工作调动、工作分配、复员转业安置、经商等来黔的;汉族、苗族、布依族、侗族、土家族、彝族、仡佬族、水族、回族、白族、瑶族、壮族、畲族、毛南族、蒙古族、仫佬族、满族、羌族为贵州的世居民族。贵州的苗族、布依族、侗族、仡佬族、水族人口分别占全国同一民族总人口的50%~98%。

(五)建置沿革

贵州之名,始于宋代。元置八番、顺元等处宣慰司府于贵州,控扼思、播、亦奚不薛,地位日渐显著。明洪武中,更置贵州宣慰司,又开一线以通云南,遂立贵州都指挥使司。明永乐十一年(1413年),建立贵州等处承宣布政使司,列为全国十三布政使司之一,贵州省名自此相沿不改。

贵州的建置至少可追溯到春秋战国时期。当时,西南各地部落林立,互争雄长,君长数以十计。牂柯、夜郎独步西南,自雄一隅。秦汉时期,在今贵州设立郡县,纳入职方。魏晋六朝,仍沿袭秦汉时期的郡县制度,但此时中原混乱,王朝对边疆的控制松弛,而且政局多变,大姓崛起,郡县时有分合,隶属关系时常改变,建置比较复杂。唐代在今贵州境内,既设"经制州"以征赋税,又立"羁縻州"以相统率,对牂柯国、罗甸国等少数民族建立的地方政权则授以封号。宋代与唐代大体相似,在乌江以北设置路、府、州、县、军、监,在乌江以南仍立"羁縻州"50 余处,而此时在黔西、黔南建立的少数民族政权更多,它们与宋朝廷虽有一定联系,但却保持着相对的独立性。元朝强盛,海内划一,将贵州分属于湖广、四川、云南三行省,普遍推行土司制度,设立路、府、州、县,取缔独立性较大的地方政权,进一步纳入统一的行政建置。与此同时,又加强了贵州境内各地在政治、经济各方面的联系,为贵州的建省打下了基础,实为贵州行政建置承先启后的重要时期。明代贵州的行政建置起了巨大变化,明初对土司进行整治,接着遍立卫、所、屯、堡,加强了对贵州的控制和开发,使之成为沟通湖广、四川、云南、广西的军事重地,并在改土归流的基础上建立贵州承宣布政使司,自此,贵州始为一省。有清一代,进一步加强了对贵州的统治,将卫、所一律并入州、县,实行大规模的改土归流,设置"苗疆六厅",重新划定疆界,自此确定今日贵州的疆域。

从辛亥革命至民国二十四年(1911—1935 年),军阀混战,政权更迭,建置特别复杂:府、州、厅一律改县,分县的设置与归并,道的恢复与废止,县名更改,土地划拨,等等。自国民党中央军进入贵州以后,普遍建立行政督察区,调整各县行政区域,又增设、归并、撤销若干县、市,今日贵州各县、市的疆域和名称大都是民国年间确立的。中华人民共和国建立以后,政权性质发生了根本的变化,彻底废除了旧政权,建立了人民政府,实行了民族区域自治,并根据社会主义建设的需要和贵州的实际情况,不断调整行政区划,增设了一批市和工业特区,建立了许多镇和民族乡。

第二节 地质概况

贵州位于华南板块,跨上扬子地块、江南造山带和右江造山带 3 个次级构造单元。漫长地质历史时期的壳幔作用和板块运动,成就了贵州复杂纷繁的地质现象。贵州地质具有地层发育齐全、碳酸盐岩分布广、沉积类型多样、古生物化石丰富、岩浆活动微弱、变质作用单一等明显特征。

贵州地层主要由沉积岩、浅变质沉积岩组成,火成岩和深变质岩很少;在沉积岩中又以碳酸盐岩最为发育。据统计,碳酸盐岩地层的累计厚度达 2 万 m,分布面积 10.9 万 km^2,约占贵州省国土总面积的 61.9%。

贵州地层自新元古界至第四系均有出露,以海相沉积岩发育和古生物化石丰富为主要特色。新元古界沉积物以海相陆源碎屑岩为主,夹火山碎屑岩及碳酸盐岩;古生界至上三叠统中部沉积物以海相碳酸盐岩为主,夹碎屑岩;上三叠统上部以后全为陆相沉积岩。地层最大累积厚度大于 5 万 m。地史上经历了武陵运动、雪峰-加里东运动、华力西-燕山运动,以及喜马拉雅运动 4 个发展阶段。区域性深断裂对地层发育有明显控制作用。

一、大地构造

贵州的大地构造位置一级构造分区属羌塘-扬子-华南板块,二级构造分区属扬子陆块。据贵州在地史演化过程中最高级别边界,划分出两个构造大区(三级构造分区),即上扬子地块和江南复合造山带。

贵州位于江南复合造山带的西南段和上扬子地块的东南缘,是一个以新元古代浅变质岩系为中、上层变质褶皱基底的复杂褶皱带。梵净山群、四堡群是本区出露的最老地层,为一套巨厚的变质火山岩系和陆源碎屑岩系,其上不整合覆盖着板溪群、下江群、丹洲群的浅变质岩系。武陵运动形成该地区的褶皱基底,使梵净山群、四堡群发生褶皱、变质。该区保存的晚古生代地层,不整合于新元古界或下古生界之上,呈明显的角度不整合—平行不整合,反映出加里东期发生造山运动,并在影响区域发生区域变质,普遍发育区域性劈理,局部地段有倒转和平卧褶皱。燕山运动又使该地区发生褶皱断裂,形成以侏罗山式褶皱为代表的薄皮构造,喜马拉雅运动表现为整体隆升而遭受剥蚀。

贵州主要的构造运动有武陵运动、雪峰运动、广西运动、印支运动、燕山运动、喜马拉雅运动和新构造运动。发育明显的造山运动有武陵运动、广西运动、燕山运动和喜马拉雅运动,据此划分出武陵构造旋回期、雪峰－加里东构造旋回期、海西－印支－燕山构造旋回期和喜马拉雅及新构造旋回期。贵州在武陵构造旋回期、雪峰－加里东构造旋回期主要受江南复合造山带的发展、演化控制,从晚古生代开始(即海西－印支－燕山构造旋回期)贵州同时受控于东南侧江南复合造山带和西南侧特提斯构造域的发展演化,而喜马拉雅及新构造旋回期更多地受西侧特提斯构造域的演化和青藏高原隆升的影响与控制。

武陵构造旋回期,贵州处于扬子陆块东南缘,呈现活动陆缘弧－盆格局,武陵运动沿松桃—贵阳—普安一线南东侧发生,形成了江南复合造山带之武陵期造山带。

雪峰－加里东构造旋回期,贵州处于被动大陆边缘位置,出现台地(板溪群)－斜坡(下江群)－盆地(丹洲群)格局,广西运动形成江南复合造山带之加里东期造山带,使贵州从东向西分别位于造山带内带、外带和前陆,分别发育紧闭型阿尔卑斯式褶皱、开阔型阿尔卑斯式褶皱和箱状褶皱,区域变质作用随之减弱,发育板内火成岩,同时发育逆冲推覆断层、过渡型韧性剪切带和变质核杂岩构造等。

海西－印支－燕山构造旋回期,贵州同时受东南侧钦防海槽和西南侧特提斯构造域的发展和演化影响,从晚古生代开始发生陆内裂陷,三叠纪初转化为前陆盆地,燕山运动使贵州进入板内造山阶段,形成前陆盆地典型褶皱样式——侏罗山式褶皱,同时形成板内火成岩,发育逆冲推覆构造、平行走滑构造、地垒－地堑构造等。

喜马拉雅及新构造旋回期,贵州则整体进入板内隆升阶段,发育山间盆地。

晚白垩世至第四纪,贵州进入板内隆升活动阶段,形成一系列地垒－地堑构造组合,明显切割了先期构造形迹和地质体,控制了古近纪渐新世地层呈山间磨拉石盆地产出,同时,晚白垩世—古近纪地层出现褶皱变形,使新近系与下伏地层呈角度不整合接触。新构造运动主要表现为区域性隆升背景下的断块活动,具有明显的掀斜性、间歇性和差异性隆升,而且现在仍处在隆升趋势之中,控制了贵州现今的河谷阶地、第四系分布、温泉、地震及地貌和水系格局。

贵州中生代、新生代地貌演化的历史,就是由海变陆并隆升成为高原的历史。林树基等人的研究表明,贵州中生代、新生代地貌演化经历了晚白垩世—古近纪的山间盆地沉积阶段、新近纪—早更新世的准平原化沉积阶段和中更新世以来的现代云贵高原山间盆地沉积阶段。在此过程中,贵州地貌演化出现了几次明显的转折:新近纪之前地貌东(南)高西(北)低;新近纪—早更新世海拔高度大体相近,呈现准平原景观;中更新世以来地貌的西高东低。贵州古地貌的变迁历史与汪品先(2005)对中国地形倒转的研究成果一致。

从上述贵州地貌演化的历史来看,贵州同时受制于东(南)侧扬子陆块与华夏陆块的板内造山和西(南)侧特提斯构造域的构造活动。燕山运动和喜马拉雅运动在贵州表现为东(南)强西(北)弱,贵州在前新近纪古地貌上的直接反映为东(南)高西(北)低。新近纪—早更新世,在印度板块向羌塘－扬子－华南板块的挤压和贵州东(南)侧太平洋板块向羌塘－扬子－华南板块的挤压的共同作用下,贵州地貌处于相对稳定期,在贵州古地貌上的直接反映为准平原地形。中更新世以来,随着印度板块持续而强烈地向欧亚板块俯冲挤压,青藏高原强烈隆升,导致了现代云贵高原形成。大量资料表明,贵州中更新世以来自西而东的掀斜隆升与西高东低的地势,与印度板块对欧亚板块的碰撞作用密切相关。与青藏高原的隆升比较,云贵高原隆升幅度较小,隆升时间较晚,也表明了其力源可能主要来自贵州西侧。

从上述构造演化历史可以确定贵州的地质特征、演化和发展,贵州主体及其东部受江南复合造山带的发展、演化控制,而晚古生代以来受西侧特提斯构造域的影响十分明显,使贵州在不同时期处于不同的大地构造位置。从早到晚经历了从活动型地壳向稳定型地壳演化,从洋陆转换阶段向板内活动阶段的地壳演化历程。洋陆转换阶段为武陵构造旋回期(中青白口纪)和雪峰-加里东构造旋回期(晚青白口纪—早古生代),具有洋陆B型俯冲、弧陆碰撞造山的特点;板内活动阶段为海西-印支-燕山构造旋回期(晚古生代—早白垩世)和喜马拉雅及新构造旋回期(晚白垩世—第四纪),具有板内A型俯冲造山的特点。且在每一个构造旋回期的造山阶段均存在如下构造序列:逆冲推覆构造—平行走滑构造—(变质核杂岩构造及伸展剥离断层系)地垒-地堑构造,反映出造山过程中具有挤压收缩—应力平行走滑调整—垂直隆升的动力学演化历程。

二、区域地层

贵州地层发育齐全,自新元古界至第四系均有出露。特别是震旦纪至三叠纪海相地层层序连续,其间多为整合接触。地层中富含多门类生物化石,且保存完好,其中不乏具有重要意义的古生物化石和古生物化石群。贵州是我国研究沉积地层和古生物化石的重要地区。贵州地层的构成及分布具有如下几个特点:

(1)贵州地层主要由沉积岩、浅变质沉积岩(多为绿片岩相)组成,火成岩和深变质岩很少。在沉积岩中又以碳酸盐岩最为发育。据统计,碳酸盐岩地层的累计厚度达2万m。分布面积10.9万km^2,约占贵州省国土总面积的61.9%,碳酸盐岩的广布为喀斯特地貌的发育提供了物质条件。

(2)贵州地层在纵向(时间演化)上三分性明显。即新元古界以海相陆源碎屑岩为主,次为火山岩及火山碎屑岩,还有少量碳酸盐岩。多属海相活动类型沉积岩,大部分已变质为绿色岩系。上震旦统至上三叠统中部则以海相碳酸盐岩为主,夹有部分海相碎屑岩。上三叠统上部以上全为陆相碎屑岩。纵向上的三分性显示了贵州地壳由海向陆的演变过程。

贵州碳酸盐岩地层大致可分为四大套。第一套由震旦系—寒武系的灯影组组成,主要分布在黔北、黔中地区一些背斜的核部或近核部,以结构多样的隐藻白云岩为主体,厚度数百米至上千米。第二套由下古生界的中寒武统顶部至下奥陶统的碳酸盐岩地层(清虚洞组、高台组、石冷水组、娄山关组及桐梓组、红花园组)组成,主要出露于贵州北部和中南部背斜核部及近翼部,岩性单一,除底部和顶部为灰岩外,其余均为白云岩,白云岩呈向上变厚的序列,并在中下部夹有膏盐层,厚900~2000 m。第三套由上古生界的碳酸盐岩组成(泥盆系的鸡窝寨组、望城坡组、尧梭组、革老河组,石炭系至二叠系的摆佐组、黄龙组、马平组、栖霞组及茅口组)。该套组合有两个特点:①其间夹有碎屑岩(如祥摆组、梁山组);②以灰岩为主,几乎全为生物灰岩及生物屑灰岩,并有一定数量的礁灰岩,白云岩主要见于该组合的中下部(高坡场组、摆佐组)。第四套主要由早三叠世晚期至晚三叠世早期的碳酸盐岩组成,大面积出露于黔西南地区,其次分布于黔中和黔北的西部地区,除顶部(法郎组、改茶组)为灰岩外,其余多为白云岩,各组段白云岩均有向上粒度变粗、层次变厚倾向,白云岩中夹有膏盐层,且有多种藻白云岩,厚约1500 m。在四套碳酸盐岩之间均间隔有陆源碎屑岩。

(3)贵州各时代地层空间分布具有一定的规律性,主要表现为:①新元古界大面积分布于黔东南的黎平、从江、榕江等地及黔东北的梵净山地区；下古生界主要分布在黔北、黔中地区，尤以黔东北地区最为发育；上古生界主要分布在黔南、黔西地区；三叠系主要分布在黔西南及黔北、黔中地区；侏罗系及白垩系主要分布在黔北的赤水市、习水县境内。总体呈现以黔东南为中心，由南东向北西出露的地层时代由老变新的趋势。②大致以镇远、贵阳、安顺一线为界，黔北、黔南的地层发育存在着明显的差异，黔北地区多震旦系及下古生界出露，基本未出露泥盆系、石炭系及船山统，三叠系发育不全；黔南地区上古生界及三叠系出露齐全、厚度巨大，仅在边缘地区出露零星的下古生界。③新元古代至早古生代的沉积相带主要呈北东向展布，自北西向南东呈现台地—台缘—斜坡—盆地格局，且台缘相随盆地发展及萎缩而迁移；早古生代至三叠纪，沉积相带呈北西、北东向展布，呈现台地、盆地相间的格局。

（4）贵州各时代地层，特别是显生宇地层中富含古生物化石。由于各时代地层的形成环境具有明显的多样性和多变性，古生物的分布具有明显的生态分异、古生物的内容更加丰富多彩，且古生物的生态群落类型多样。在生物地理分区上，新元古界—志留系为澳大利亚生物区系，泥盆系—三叠系为古特提斯区系，晚二叠世植物群为大羽羊齿植物群。震旦系—三叠系不仅建立了较为系统的各主要门类的生物地层序列，而且在其中发现了一些重要的生物化石［如早三叠世的 Annalepis（脊囊属）化石、第四纪的毕节巨猿化石等］和生物群［如瓮安生物群、瓮会生物群、凯里生物群、关岭生物群等］。

（5）贵州各时代地层大多连续完整，层序清楚且出露好，并受后期构造变动、变质作用影响较小，地层中的各类原生结构、地质构造、序列及古生物化石保存完好，是研究我国乃至全球各时代地层，特别是石炭纪—二叠纪地层的重要地区。

第三节　前人研究基础

一、地质工作情况

贵州地质调查研究的历史较长，早在 20 世纪初叶即开始零星的地质工作。20 世纪 20 年代末至 40 年代，先后有乐森璕、丁文江、俞建章、王曰伦、刘之远、尹赞勋、卢衍豪、许德佑、陈康、赵家骧、黄汲清、燕树檀、周德忠等地质学家，以及贵州地质事业创业者之一的罗绳武先生在贵州大部分地区进行过地质构造、矿产调查工作，对威宁的石炭纪地层、黔北的早古生代地层、贵阳附近的中生代地层、黔南的泥盆纪和石炭纪地层、从江地区的新元古代地层、黔西南的三叠纪地层进行了调查、划分和命名，对梵净山地区的火成岩和峨眉山玄武岩进行了部分调查。20 世纪 40 年代初，李四光教授对贵阳乌当洛湾第四纪冰川进行了研究。贵州省地质调查所 20 世纪 40 年代后期编制了《1∶50 万贵州省地质略图》，李四光教授（1939）和黄汲清教授（1945）在其专著中均对贵州的地质构造特征有综合论述，罗绳武教授对贵州大地构造特征进行了总结（1959）。由于当时的历史条件所限，地质调查工作多是零星而又不够系统的，且侧重于地层方面。这些工作属于奠基性的，有的至今仍有较大的意义和影响，对贵州省地质构造研究工作均起到了奠基作用。

从 20 世纪 50 年代开始，贵州开展了系统的 1∶20 万区域地质调查、1∶50 万区域重力调查、1∶100 万航磁调查、1∶20万区域地球化学调查和1∶20万区域水文地质调查,在地层、古生物、沉积学、火成岩、地质构造、地球物理、地球化学和水文地质等方面都获得了大量的资料,并有不少新的发现和进展,大大地提高了贵州的基础地质研究水平。对贵州各时代地层进行总结,运用多重地层划分的概念,研究了贵州省一些重要的地质年代界线(如震旦系—寒武系、寒武系—奥陶系、泥盆系—石炭系、石炭系—二叠系和二叠系—三叠系界线)。编制了《西南地区区域地层表 贵州省分册》《西南地区古生物图册 贵州分册》《1∶50万贵州构造体系图》《1∶50万贵州省地质图》等。

20世纪80年代,贵州省1∶20万区域地质调查工作全面完成,开展了1∶5万区域地质调查填图工作及沉积岩区1∶5万填图方法研究,编写了《贵州省区域地质志》《贵州沉积岩区一比五万填图方法研究》《贵州岩相古地理图集(中元古代—三叠纪)》《贵州地层典》等,系统地总结了贵州区域地质调查成果资料,并在一些地质科学领域内获得了一些新认识和新进展,具有较高的理论水平、学术价值和地质找矿意义,对提高贵州的区域地质研究水平做出了巨大贡献,同时也在众多领域得到十分广泛的运用,极大地促进了贵州经济社会的发展。

20世纪90年代以来,特别是国家开展国土资源大调查以来,地质工作的服务领域大为扩展,服务对象及服务方式与过去相比发生了很大的变化,地质工作的重心已经由过去的资源保障转变为现今的生态环境保护与资源保障并重。随着地层学、沉积学、岩石学、地质构造学等有关新理论、新方法的不断引进和深化,贵州开展了1∶25万区域地质调查和修编、1∶5万区域地质调查、1∶5万区域地质矿产调查和矿产资源远景调查、贵州省矿产资源潜力评价、贵州省活动构造调查与稳定性评价、中上扬子海相含油气盆地油气地质综合调查——习水—湄潭—天柱走廊大剖面油气地质调查等项目。与此同时,有关地质科研和教学单位完成了一系列科学研究项目,在贵州做了大量地质科学研究工作,特别是对关岭生物群、凯里生物群、瓮安生物群的研究及中国石油化工股份有限公司南方勘探开发分公司等单位开展的油气地质调查工作,形成了大量的研究成果和调查报告,如出版专著《贵州省岩石地层》《黔西南金矿地质与勘查》《贵州的上新生界》《黔中—黔南中三叠世环境地层学》《华南新元古代裂谷盆地演化与岩相古地理》《雪峰山的构造性质与演化——一个陆内造山带的形成演化模式》《贵州——古生物王国》《江南造山带西南段地质构造特征及其演化》等,发表科技论文《贵州主要地质事件与区域地质特征》等,编制调查报告《贵州1∶25万铜仁市幅区域地质调查报告》等,对进一步深化贵州地质构造特征的认识起到了积极作用,加深了贵州基础地质研究程度。

二、地质遗迹调查工作研究概况

随着人们文化水平和生活水平的日益提高,旅游业逐渐兴旺发达,地学旅游的需求亦日益升温。为满足人们精神文化需要,提高地质旅游的含金量,我省逐渐加强和完善地质遗迹调查及地质公园建设,但总体处于起步阶段。

近年来,贵州省在地质遗迹调查评价及保护方面做了大量工作。到目前为止,已完成了1个世界级地质公园(织金洞世界地质公园)、8个国家级地质公园(兴义国家地质公园、关岭化石群国家地质公园、平塘国家地质公园、六盘水乌蒙山国家地质公园、绥阳双河洞国家地质公园、黔东南苗岭国家地质公园、思南乌江喀斯特国家地质公园、赤水丹霞国家地质公园)和3个省级地质公园(乌当省级地质公园、花溪省级地质公园、独山省级地质公园)地质遗迹调查评价工作,调查面积近2500 km^2。这些地质公园地质遗迹资源丰富、类型多样,具有极高的科学价值和美学价值,在国内外享有盛名。

2004年,贵州省有色地质勘查局开展了"贵州地质遗迹资源文化价值评价"研究项目,在研究成果基础上于2006年出版了专著《贵州地质遗迹资源》。

2005年，完成贵州万山汞矿区地质遗迹调查评价，并成功申报"中国汞都·万山国家矿山公园"，园区面积105.4 km²；贵州山水旅游资源勘察开发设计院对黔南自治州开展了2.62万 km²旅游地质资源调查，并于2006年9月出版了《黔南地质旅游——贵州省黔南布依族苗族自治州旅游地质资源调查与评价报告》。

2006年，贵州省发展和改革委员会编制了《贵州省"十一五"旅游业发展规划精品旅游景点建设图》。贵州省地质调查院开展了"瓮安生物群地质遗迹调查"项目，对瓮安县城西南侧的白岩—大塘—北斗山一带面积约15 km²的区域开展地质遗迹专项调查工作。查明了地质遗迹主要分布范围，总结了生物群组成、保存特征和意义；查明了地质遗迹分布区内的主要地质灾害隐患点，定量评价地质遗迹属一级地质遗迹，并提出建立地质遗迹保护区的建议；明确了地质遗迹保护区的位置、范围、面积、保护对象及内部功能区的划分，并于2008年提交了《瓮安生物群地质遗迹调查与评价报告》。

2007年，贵州省国土资源厅委托贵州省地质调查院开展了"贵州省地质遗迹调查与评价"项目，首次对包括重要古生物化石资源在内的地质遗迹资源进行系统调查工作；并对瓮安生物群、瓮会生物群、凯里生物群、凤冈洞卡拉植物群、盘县动物群、贵州龙动物群、关岭生物群，以及大熊猫、剑齿象等实体化石遗迹，贞丰北盘江爬行动物遗迹化石、望谟马岭岗深水遗迹化石、贵阳花溪遗迹化石等遗迹化石产地，以及桐梓古人类遗址、水城古人类遗址、盘县大洞古人类遗址和兴义猫猫洞古人类遗址等古生物资源进行了评价。

2009年，贵州省地质调查院的姚益祥、陈明华等人编制了《贵州省地质遗迹报告》。该报告罗列了贵州大部分地质遗迹景观，为本书编写的重要参考资料之一。

2014年1月23日，国土资源部将贵州"兴义化石产地""关岭化石产地"和"黔东南化石产地"列为第一批国家级重点保护古生物化石集中产地。

2017年12月，史振华、陈明华等编制了《西南地区重要地质遗迹调查（贵州）成果报告》。该报告是本书编写的主要参考文献之一。

2017年，贵州省旅游资源大普查领导小组办公室及贵州省地质调查院编制并出版了《贵州旅游资源》。该书也是本书编写的主要参考文献之一。

2019年，贵州省地质环境监测院的李龙坡、张美雪等人编制了《贵州古生物资源调查与评价成果报告》及《贵州省古生物化石产地示范调查（东部）成果报告》。这两份报告为本书的编写提供了大量资料。

2020年1月4日，史振华、陈明华等编制了《贵州省地质公园保护价值科学评价报告》。该报告为本书的编写奠定了坚实的基础。

近几年来，省内的国土、建设、旅游、地质、科研机构和外省部分单位对贵州省的一些地质遗迹景观和分散旅游景点做过调查，这些调查均为此次的调查工作提供了详实的基础资料。但系统的地质遗迹调查评价工作还未开展，做过的调查（地质公园调查除外）大部分都是根据不同目的进行的专门性、专业性或专题性的调查，缺乏系统、全面、客观的调查及研究，且所做评价都是景观性的，很少融入地质科学内涵，沉积、火成、构造地质遗迹均未得到足够的重视，科技含量较低。因此，为了完成全省地质遗迹保护规划和全省地质公园建设总体规划，2015年贵州省国土资源厅决定开展全省范围内的地质遗迹资源调查工作。

第二章　贵州旅游资源大普查成果概况

第一节　概　述

2016年2月16日,时任省委书记陈敏尔在全省县以上党政主要领导干部专题研讨班上首次提出旅游业"井喷式增长"的概念,并建议制订旅游业增比进位和井喷式增长的行动计划,提出深化旅游改革,扎扎实实为井喷式增长积蓄能量的要求。陈敏尔在花溪区调研时再次强调,发展旅游业是贵州省坚守两条底线、推动脱贫攻坚的战略选择,要牢固树立全域旅游的理念,推动全省旅游业实现井喷式增长。

2016年2月21日,为贯彻国务院旅游工作部际联席会议第三次全体会议和全国旅游工作会议精神,孙志刚省长在全省加快旅游发展工作动员部署电视电话会议上,提出举全省之力、集全省之智推动旅游业实现井喷式增长,并要求采取全面普查、重新审视贵州旅游资源等举措,强调要抓紧组织对全省旅游资源开展一次全面摸底排查,系统掌握各类旅游资源基本情况、开发价值、招商引资、投资进度等情况,优化整合旅游资源,高起点编制旅游规划,高水平推进旅游开发,全力推动贵州旅游业实现从小旅游格局向大旅游格局的转变。

2016年4月19日,贵州省委、省政府做出了开展全省旅游资源大普查的决策。89支普查队伍以县为单元,加上各县、乡(镇)、村及村民组,约10万人经过半年的艰辛努力,完成了全省旅游资源大普查工作。

通过普查,共发现贵州各类旅游资源单体82 679处。其中,优良级资源7607处(包括五级资源215处、四级资源1033处、三级资源6359处),占9.20%;普通级资源(二级资源、一级资源)56 245处,占68.03%。新发现资源51 626处,占62.44%(包括新发现优良级资源2689处,占3.25%;新发现普通级资源35 013处,占42.35%)。

本次普查,为贵州省旅游业健康、可持续、井喷式发展奠定了基础,增进了人们对旅游资源生态与人文内涵的理解,是坚守两条底线、助推脱贫攻坚的一次重要实践。普查成果相继在山地国际旅游大会和"一带一路"峰会发布,在铁路、公路路网选线方面及建立温泉省方面应用,极大地显现了其生命力和影响力。

在此基础上,贵州完成包含云计算的全省旅游资源数据库管理系统与应用服务平台,以及旅游资源数据库电子地图系统建设,提高了可扩展的信息综合分析与大数据挖掘能力,成为"智慧旅游"的核心部分,为后期深度利用预留空间。通过普查数据成果的汇集与发布,应用服务的逐步提供,实现了对不同类别、不同地域、不同级别、不同组合类型旅游资源的快捷查询和访问,满足了旅游资源信息的共享需求,达到了"数据云集,注重应用"的目标,使各职能部门、机构、社会各界和广大群众都能够共享普查成果,为全省旅游业可持续发展提供大数据支撑。

第二节　贵州地文景观

通过普查及评价,发现贵州省地文景观类旅游资源涵盖5个亚类,38个基本类型,亚类单体共计20 123处(表2-1)。

表2-1　贵州省地文景观类旅游资源一览表

亚类及代号	基本类型及代号	基本类型单体/处		亚类单体/处	
		总数	新发现数	总数	新发现数
综合自然旅游地(AA)	山丘型旅游地(AAA)	802	596	1507	1096
	谷地型旅游地(AAB)	383	265		
	砂砾石地型旅游地(AAC)	11	4		
	滩地型旅游地(AAD)	147	120		
	奇异自然现象(AAE)	74	59		
	自然标志地(AAF)	61	37		
	垂直自然地带(AAG)	29	15		
沉积与构造(AB)	断层景观(ABA)	80	66	494	353
	褶曲景观(ABB)	84	75		
	节理景观(ABC)	46	36		
	地层剖面(ABD)	68	55		
	钙华与泉华(ABE)	52	23		
	矿点矿脉与矿石积聚地(ABF)	74	49		
	生物化石点(ABG)	90	49		
地质地貌过程形迹(AC)	凸峰(ACA)	440	3	17 706	13 927
	独峰(ACB)	439	364		
	峰丛(ACC)	587	467		
	石(土)林(ACD)	485	381		
	奇特与象形山石(ACE)	3676	2908		
	岩壁与岩缝(ACF)	1484	1203		
	峡谷段落(ACG)	1178	900		
	沟壑地(ACH)	178	167		
	丹霞(ACI)	114	76		
	雅丹(ACJ)	4	4		
	堆石洞(ACK)	9	6		
	岩石洞与岩穴(ACL)	8921	7296		
	沙丘地(ADM)	3	3		
	岸滩(ACN)	136	117		
	峰林(ACZ)	52	32		

续表

亚类及代号	基本类型及代号	基本类型单体/处		亚类单体/处	
		总　数	新发现数	总　数	新发现数
自然变动遗迹(AD)	重力堆积体(ADA)	66	43	241	185
	泥石流堆积(ADB)	12	11		
	地震遗迹(ADC)	1	1		
	陷落地(ADD)	149	121		
	火山与熔岩(ADE)	6	4		
	冰川堆积体(ADF)	1	1		
	冰川侵蚀遗迹(ADG)	6	4		
岛礁(AE)	岛区(AEA)	164	114	175	120
	岩礁(AEB)	11	6		
总计				20 123	15 681

由表 2-1 可以看出,贵州地质遗迹十分丰富,充分体现了贵州"沉积王国""喀斯特王国"及"古生物王国"的地质遗迹特征,为我省旅游发展及布局提供了坚实的资源基础。

第三节　贵州水域风光

河流是地球生命的重要组成部分,是人类生存和发展的基础。人类社会文明源起于河流,人类社会发展积淀河流文化,河流文化推动社会发展。河流与人类文明的相互作用,造就了河流的文化生命。

贵州河流分属长江、珠江两大流域,以苗岭为省内一级分水岭。苗岭以北属长江流域,流域面积约 11.6 万 km^2,约占全省国土总面积的 65.9%;苗岭以南属珠江流域,流域面积约 6.0 万 km^2,约占全省国土总面积的 34.1%。境内河流密布,总长度约 11.0 万 km,平均河网密度为 17.1 km/km^2。贵州的河流在平面上蜿蜒曲折,千转百回;在垂直方向上,河谷深邃,瀑布成群,使得贵州风光无限好。

贵州出露三大类岩石,其中沉积岩之碳酸盐岩面积 10.9 万 km^2,占全省国土总面积的 61.9%,非碳酸盐岩(包括变质岩和火成岩)面积 6.7 万 km^2,占全省国土总面积的 38.1%。河流在碳酸盐岩及非碳酸盐岩岩层内发育,其平面及断面发育形态各不相同,从而形成不同的水域风光。碳酸盐岩地区的河流,平面上常形成断头河及伏流,断面上多形成"U"形、"V"形峡谷;非碳酸盐岩地区的河流,平面上单条河流呈蛇形,总体呈树枝状,断面上多形成"V"形沟谷。

河流文化塑造了多彩贵州,如神秘的都柳江、红色的美酒河——赤水河、秀美的盘江、风光迷人的马岭河峡谷、贵州的母亲河——乌江、黑颈鹤之乡——草海等,一年四季如诗如画,让人流连忘返。总之,贵州河流、湖泊等水体在地质地貌、气候、生物,以及人类文明活动的配合下形成了不同的水体景观。

水域风光指水体及所依存的地表环境构成的景观或现象。贵州省水域风光类旅游资源共分为 5 个亚类 13 个基本类型(表 2-2)。

表2-2 贵州省水域风光类旅游资源一览表

亚类及代号	基本类型及代号	基本类型单体/处 总数	基本类型单体/处 新发现数	亚类单体/处 总数	亚类单体/处 新发现数
河段(BA)	观光游憩河段(BAA)	3076	2203	3354	2411
	地下河河段(BAB)	246	186		
	古河道段落(BAC)	32	22		
天然湖泊与池沼(BB)	观光游憩湖区(BBA)	605	240	1646	944
	沼泽与湿地(BBB)	254	137		
	潭池(BBC)	787	567		
瀑布(BC)	悬瀑(BCA)	1595	1225	2654	2079
	跌水(BCB)	1059	854		
泉(BD)	冷泉(BDA)	1579	1195	1739	1260
	地热与温泉(BDB)	160	65		
河口与海面(BE)	观光游憩水域(BEA)	7	7	9	9
	涌潮现象(BEB)	1	1		
	击浪现象(BEC)	1	1		
合计				9402	6703

第三章　贵州重要地质遗迹调查概况

2015—2017年,中国地质调查局下发了"西南地区重要地质遗迹调查(贵州)"项目由贵州省地质调查院承担的通知。

贵州省地质调查院通过调查与评价,发现贵州基础地质大类地质遗迹92处、地貌景观大类地质遗迹100处、地质灾害大类地质遗迹1处,共193处。其中,世界级资源22处,包括地层剖面类4处、水体地貌类1处、岩土体地貌类10处、重要化石产地类6处、重要岩矿石产地类1处,反映出贵州以地层剖面类、岩土体地貌类(以碳酸盐岩地貌为主,丹霞、变质岩地貌为辅)、重要化石产地3类为核心的类型特征。

第一节　调查成果

一、地层剖面

贵州是中国地层发育较全的省份之一,自新元古界至第四系均有出露,以地层连续、出露良好、后期变质变形较弱、富含化石、海相碳酸盐岩发育为特点。

共调查地层剖面类地质遗迹45处,其中全球层型剖面3处、层型(典型)剖面38处、地质事件剖面4处。沉积地层剖面一般可分为3类:

一是岩石地层单位(组)命名剖面或典型剖面:贵州约有150个"组"的命名剖面。

二是年代地层单位(系、统、阶)命名剖面或层型剖面:初步统计,在《中国区域年代地层(地质年代)表》中公布的震旦系—三叠系中有15个"阶"剖面在贵州命名(南皋阶、都匀阶、台江阶、岩关阶、大塘阶、德坞阶、罗苏阶、滑石板阶、达拉阶、紫松阶、隆林阶、罗甸阶、祥播阶、关刀阶、新铺阶),在一个省内出现如此多"阶"的命名剖面极为少见。

三是界线层型剖面或典型剖面:最重要的是剑河"金钉子"剖面及长顺睦化剖面,为国际泥盆系—石炭系候选层型剖面,黎平黎家坡剖面为国际南华系候选层型剖面,紫云猴场石炭系—二叠系界线副层型剖面,以及已被推荐为奥陶系最上部赫南特亚阶全球层型剖面的桐梓红花园剖面等。

此外,贵州"独山泥盆纪"地层是国际典型标准剖面核心区之一,也是中国南方泥盆纪地层重要剖面之一;贵州三叠系相变剖面是全国乃至世界罕见的三叠系盆-坡-台在相变剖面的代表。

二、岩石剖面

共调查岩石剖面类地质遗迹 8 处,其中火山岩剖面 5 处、侵入岩剖面 1 处、变质岩剖面 2 处。

贵州岩类众多,沉积岩类分布最为广泛,火成岩分布零星,出露面积不大。变质岩出露于黔东—黔中地区,主要分布在印江—施秉—丹寨—三都以东地区,总体变质程度较低,原岩结构构造保存较好,主要为变质沉积岩,少量为变质火成岩,属低绿片岩相。变质的原岩主要为中元古代地层中的黏土岩、碎屑岩、火山碎屑岩、火山岩、碳酸盐岩,少量为出产于上述地质年代的侵入岩。

三、构造剖面

共调查构造剖面类地质遗迹 8 处,其中褶皱与变形 1 处、不整合面 6 处、断裂 1 处。

贵州处于东亚中生代造山带与阿尔卑斯-特提斯新生代造山带之间的上升地壳区。地壳从新元古界至第四系均有出露,在已知的 14 亿年的地质历史中,贵州主要经历了武陵构造旋回期、雪峰-加里东构造旋回期、海西-印支-燕山构造旋回期、喜马拉雅及新构造旋回期 4 个旋回期,它们影响了贵州大地构造背景、变质变形、平面变化、盆地类型及其转化等。

贵州的典型构造剖面样式主要有:以黔东地区最为典型的发生于以晚古生代、中新生代地层为主体的侏罗山式褶皱;全省分布比较广泛的阿尔卑斯型褶皱;以施洞口为代表的逆冲推覆断裂;喜马拉雅期构造变形形成的地垒-地堑构造及扭动构造体系的涡轮状构造。

四、重要化石产地

共调查重要化石产地类地质遗迹 19 处,其中古生物群化石产地 6 处、古动物化石产地 4 处、古植物群化石产地 1 处、古生物遗迹化石产地 4 处、古人类化石产地 4 处。

贵州沉积和浅变质沉积地层中含有类型齐全、门类众多、属种数量丰富、保存完好的古生物化石。古生物学界一般将其分为实体化石、铸模化石、遗迹化石和分子化石(又称化学化石)4 种类型。贵州囊括了全部 4 种化石类型,其中以实体化石最丰富、研究程度最高。实体化石在贵州具有分布范围广、延续时间长、生态类型多样且分异明显、门类齐全、保存完好等特点,而且有许多重要科学意义的珍稀化石和重要生物群,故贵州有"古生物化石宝库"之美誉。

五、重要岩矿石产地

共调查重要岩矿石产地类地质遗迹12处,其中采矿遗址1处、典型矿床类露头7处、典型矿物岩石命名地4处。

贵州矿产资源丰富,分布广泛,门类齐全,矿种众多,产出区位相对优越,是全国重要的矿产资源大省之一。

截至2010年,贵州已发现矿种(含亚矿种)达126种,共发现矿床、矿点3000余处。贵州是著名的"汞省",汞资源及产量长期居全国之冠;铝土矿资源仅次于山西,列全国第二;锑、锰储量列全国第三。贵州素有"西南煤海"之称,煤炭资源列江南之首。我国45%的富磷矿与31%的重晶石集中在贵州。贵州不仅是我国第一个发现原生金刚石(1965年镇远马坪"东方一号")的省,也是首个发现具有工业价值的卡林型金矿的地区,并被列入全国黄金资源基地。贵州稀土、镓、铊、碘及炼镁用白云岩等资源在全国名列前茅,也是我国冰洲石储量最多的省。

贵州矿产资源具有如下特点:①沉积矿床和低温热液矿床较多,与火成岩、变质岩有关的矿床相对较少,沉积矿床量大质优,低温热液矿床颇具特色。②资源比较丰富,优势矿产显著。③矿产分布相对集中,规模较大。④共(伴)生矿产较多,经济价值高,但利用难度大。⑤产出丰歉不同,部分矿产(如铜、石油、铁等)短缺。⑥适合露天开采的矿少,地下开采的矿多。

六、岩土体地貌

共调查岩土体地貌类地质遗迹68处,其中变质岩地貌6处、碎屑岩地貌2处、碳酸盐岩地貌(喀斯特地貌)60处。

贵州是中国喀斯特地貌最发育的地区。它位于世界上最大的喀斯特区——华南喀斯特区的核心部位。贵州地处云贵高原东部,是南北两面高耸于广西丘陵和四川盆地之间的喀斯特高原。长江水系和珠江水系支流沿高原面纵深切割,大大拓展了喀斯特地貌发育的时空跨度,使新生代以来贵州高原喀斯特地貌演进普遍具有继承性、叠加性及向深性,从而形成高原、峡谷、峰林、峰丛、溶洞、石林、瀑布为主要特色,类型繁多的喀斯特地貌景观。汇雄、险、秀、幽、奇、美为一体,构成了中国乃至全球最典型的锥状喀斯特地貌地域性单元,是世界上锥状喀斯特地貌最发育、地貌景观类型最丰富、地貌沉积演化最复杂的地区。众多极具观赏价值的地貌景观,根据地貌演进的不同历史阶段,全方位、多层次地集中表现在一起,是新构造运动抬升、河流纵深切割的特定地质环境条件下,古老高原喀斯特地貌回春发育的完整景观系列。贵州喀斯特地貌景观,无论是典型性、稀有性,还是科学研究及美学观赏价值,在中国都是首屈一指的,在全世界也是十分罕见的。

贵州喀斯特地貌具有如下特点:①喀斯特地貌在地表与地下均发育,不仅在地表有各种正、负地貌形态(如溶沟、石芽、石林、峰林、峰丛、溶丘及喀斯特漏斗、落水洞、竖井、U形谷及喀斯特盆地等),而且在地下发育溶洞、地下河、伏流等。有的溶洞和地下河干流可长达百余千米。②喀斯特地貌组合类型丰富多样,发育完美,特别是正、负地貌形态令人眼花缭乱,诸如峰丛洼地、峰林谷地、峰林溶原、溶丘洼地等亚热带—热带锥状喀斯特地貌类型最典型、最具代表性。

七、水体地貌

共调查水体地貌类地质遗迹30处,其中河流(景观带)5处,湖泊、潭3处,瀑布9处,泉9处,湿地、沼泽4处。

贵州主要河流多发源于西部高原,水流方向受地势和地质构造条件制约,由我国二级阶地分别向东及南、北东方向呈扇形展布。多数河流上游河谷开阔,比降小;中游束放相间,水流湍急;下游河谷狭窄,急流深切。贵州境内碳酸盐岩广泛分布,喀斯特地貌发育,约60%的河流穿行其间,在河流的中游常见明、暗流(伏流)交替出现,地表水与地下水相互转化补给,中游以下则主要是地下水补给地表水。在贵州境内的长江流域主要包括乌江水系、牛栏江－横江水系、赤水河－綦江水系及沅江水系4个水系;珠江流域主要包括南盘江水系、北盘江水系、红水河水系、都柳江水系4个水系。

贵州温泉资源比较丰富,分布面广,全省9个市(州)都有温泉出露,较集中地分布于六盘水、平坝、贵阳、福泉、玉屏一线以北,呈现出北多南少的分布特点。知名度较高的有息烽温泉、石阡温泉、剑河温泉、绥阳温泉等。贵州已发现的温泉,大致可划为钻孔温泉与天然温泉两大类。钻孔温泉构造位置主要位于背斜轴部或大断裂附近,涌水层位主要为震旦系、寒武系、奥陶系、二叠系和三叠系碳酸盐岩,水温20～60℃;天然温泉一般都在深切谷底及峡谷底部的河流、漫滩、阶地及河流底部,主要出露于碳酸盐岩分布区,构造位置常是构造应力相对集中部位,水温均为中低温。

贵州温泉有如下特点:①均为中低温温泉,且温度变幅不大。温泉水温在25～56℃之间,大多数在30～40℃之间,水温较高的温泉有息烽温泉(54～56℃)、印江凯望温泉(52～54℃)、石阡施场温泉(42～50℃)、仁怀盐津河温泉(平均49℃)、普安糯米温泉(40～45℃)等。其温度变幅不超过2℃,流量变幅一般在2 L/s左右。②矿化程度低,水质优良。81%的温泉矿化度小于1 g/L,矿化程度最高的是沿河高穴温泉(2.43 g/L)。pH多在6.0～8.5,绝大部分为中性,息烽温泉40年来pH的变化仅为1.7%,极为稳定。③绝大多数温泉出露于碳酸盐岩地层中,泉水硬度较高,微硬水及硬水占95.5%,其中70%属重碳酸钙型,仅仁怀盐津河温泉属氯化钠型。

贵州温泉形成的两个主要因素:①热储系统。贵州有两个碳酸盐岩组成的热储系统,一个由震旦系、寒武系和奥陶系白云岩组成,受其控制的温泉占全省温泉总数的60.0%和总热量的65.0%;另一个由石炭系和三叠系碳酸盐岩组成,受其控制的温泉占全省温泉总数的38.8%和总热量的22.5%。在这两个热储系统之上,分别有由两大非碳酸盐岩组成的隔热层。②断层和背斜核部,常是构造应力较集中的构造部位。

对贵州温泉中氚含量、氢氧同位素及二氧化硅(SiO_2)地球化学的研究表明,温泉的地下热水不是岩浆分异出来的,而是大气降水经过深循环,在地下深处加热并沿断裂上升出露于地表形成的。大气降水循环深度为2800 m左右,地下深处基础温度在70℃左右,大气降水循环时间大约为30年,上升过程中80%的温泉都有不同程度的浅部冷水侵入。

八、构造地貌

共调查构造地貌类地质遗迹 2 处,主要为峡谷(断层崖)系列。

构造地貌指由地球内力作用直接造就和受地质体与地质构造控制的地貌。从宏观上说,大型地貌均为构造作用造成,但贵州境内构造地貌由于受到外力地质作用,特征不明显,故将其放于更具特征的分类中,如黄果树瀑布、纳灰湿地、威宁草海等地质遗迹。

花江大峡谷是较为典型的构造地貌,位于贵州省安顺市关岭布依族苗族自治县花江镇,在安顺市与黔西南布依族苗族自治州的交界处,长约 80 km,平均宽度 3 km,是我省叠置箱形峡谷的代表,以山高、峡深、水流湍急为特色。峡谷强烈深切数公里,两岸山崖耸峙,峻岭峰尖直插云天,峰峦连绵不断;谷底滔滔江水咆哮奔腾,惊涛拍岸,一泻千里。两岸河床时宽时窄,狭窄处,从河边抬头望天空,恰似一条缝,人称"一线天"或"虎跃岩",其壁如刀削,险峻异常;宽阔处,茫茫一片,两岸芦苇丛生,荻花四布,有"荻花川"之称。

九、地质灾害遗迹

共调查地质灾害遗迹类地质遗迹 1 处。贵州地质灾害频发,除黔东南地区因植被丰富灾害发生较少外,其余地区灾害发生较多,尤其以遵义、六盘水、黔西南、铜仁等地多发。

岩口滑坡

位于印江土家族苗族自治县城东 4.1 km 的印江河南岸,地处朗溪向斜北西翼。受构造影响,两组垂直层面的张性裂隙与夜郎组第一段泥页岩软弱层组合,使岩口左岸的夜郎组第二段灰岩构成不稳定的结构体,为滑移提供了构造条件。地表水和地下水进入滑体后,浸泡泥页岩使其软化,加剧了不稳定结构体的失稳。

岩口滑坡以大小不等的块状堆积为主,约占堆积体的 95%。滑坡堆积体堆积于河床上,呈马鞍形。滑体沿滑动方向构成两个小山包,滑床(斜坡)上部残留体呈长喇叭形一直堆积到岸坡边缘。后缘堆积物中形成多条弧形拉张裂隙,延伸长度 10 余 m,并形成多条阶坎,坎高 2~3 m,均沿裂隙形成深沟,可见深度 1 m 多。

根据滑动带产状分析,滑床倾角 28°~30°,滑坡主滑方向约为 NE 75°。滑坡体积约 260 万 m^3。其中,滑床上的残留体 75 万 m^3。

岩口滑坡属大型深层高速推移式顺层滑坡。滑坡造成 3 人死亡,2 人失踪,印江—松桃公路交通断绝,印江河阻断,淹没了上游 7 km 的朗溪镇,镇上 8252 人被迫紧急撤离,淹没耕地 95.33 hm^2、提水站 3 处、水电站 1 座(装机 1260 kW),造成直接经济损失 1.5 亿多元。滑坡形成的堰塞水库容量达 6250 万 m^3(至滑坡堆积体鞍部)。一旦水库水位漫过鞍部,极易导致溃堤,冲毁下游印江县城及印江河两岸的村寨。

第二节　贵州重要地质遗迹评价结果

地质遗迹评价是按照科学性、美学性、稀有性、完整性、保存程度及可保护性对其进行定性或定量评价，根据评价结果确定地质遗迹级别。地质遗迹评价的目的是为地质遗迹的有效保护和合理开发提供科学依据，为国家和地区分级规划管理提供系统资料和判断标准，为确定不同地质遗迹开发顺序和重点准备条件，为制定地学旅游发展规划奠定基础。

按照《地质遗迹调查规范》（DZ/T 0303—2017）（简称"《规范》"）中地质遗迹评价要求，对193处地质遗迹分别进行评价。贵州省193处地质遗迹点中，世界级地质遗迹22处、国家级地质遗迹79处、省级地质遗迹91处、地方级地质遗迹1处，分别占总数量的11.4%、40.9%、47.2%和0.5%。各类地质遗迹在不同等级中的数量及所占比例见表3-1。

表3-1　各类地质遗迹在不同等级中的数量及所占比例一览表

类型	级别							
	世界级		国家级		省级		地方级	
	数量/处	比例/%	数量/处	比例/%	数量/处	比例/%	数量/处	比例/%
地层剖面	4	18.2	20	25.3	21	23.1	—	—
地质灾害遗迹	—	—	—	—	1	1.1	—	—
构造地貌	—	—	1	1.3	1	1.1	—	—
构造剖面	—	—	1	1.3	7	7.7	—	—
水体地貌	1	4.5	6	7.6	22	24.2	1	100
岩石剖面	—	—	3	3.8	5	5.5	—	—
岩土体地貌	10	45.5	31	39.2	27	29.7	—	—
重要化石产地	6	27.3	9	11.4	4	4.4	—	—
重要岩矿石产地	1	4.5	8	10.1	3	3.3	—	—
合计	22	100	79	100	91	100	1	100

其中，世界级地质遗迹22处，以地层剖面、岩土体地貌和重要化石产地为主（图3-1）；国家级地质遗迹79处，以地层剖面、岩土体地貌、重要化石产地和重要岩矿石产地为主，其次为水体地貌（图3-2）；省级地质遗迹91处，以地层剖面、水体地貌和岩土体地貌为主（图3-3）。

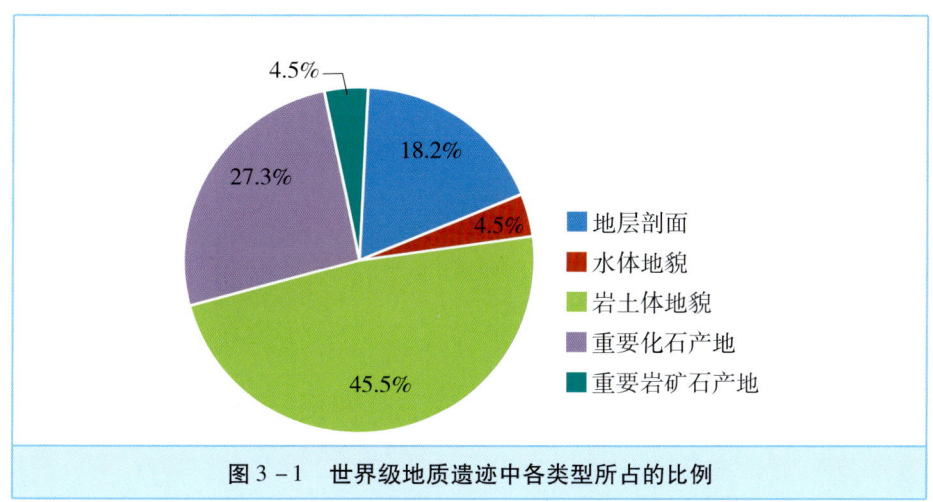

图 3-1　世界级地质遗迹中各类型所占的比例

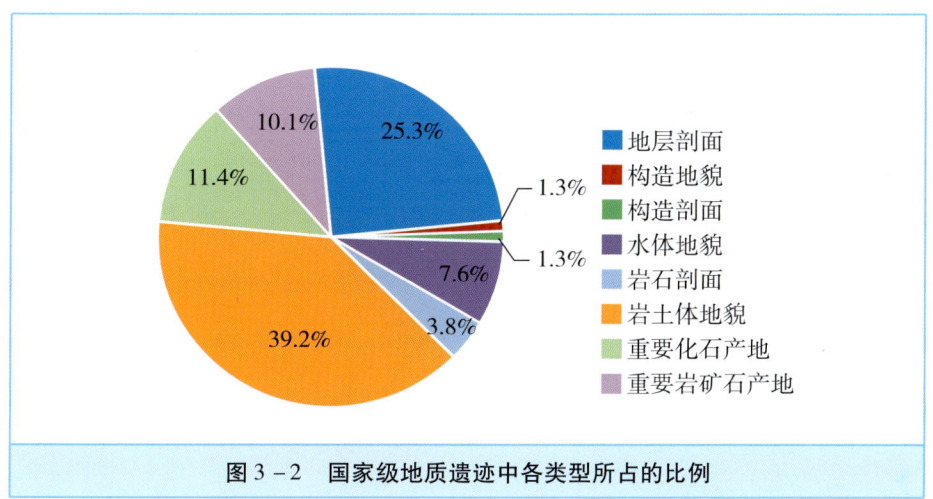

图 3-2　国家级地质遗迹中各类型所占的比例

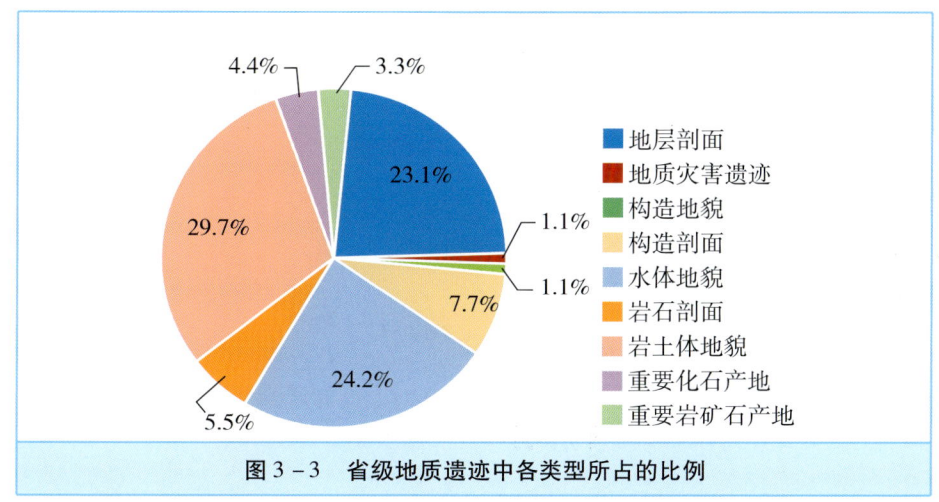

图 3-3　省级地质遗迹中各类型所占的比例

从各类地质遗迹所占的比例中可以看出,省内各地质遗迹的数量在级别划分上总体呈金字塔式:级别越高的地质遗迹类型越单调;随着地质遗迹级别的降低,地质遗迹类型越来越丰富。

第四章　贵州地质遗迹分布规律

贵州省重要地质遗迹的分布与区域地质背景关系非常密切,尤其受地层、岩石特征及组合、构造、沉积环境控制,与构造区块有一定的聚集性。

第一节　地质遗迹形成及演化

地质遗迹形成及演化与地质发展简史紧密相连。即地层、古生物、岩石、地质构造、矿产等遗迹是地质历史发展渐次形成的,地貌和地质灾害遗迹是新构造期形成的。燕山期形成地质构造基本格局,喜马拉雅期使地质构造格局定型,新构造期最终定格了各种地质遗迹的空间分布。

贵州省的重要地质遗迹,包括新元古代梵净山/四堡期—第四纪形成的各种地质遗迹。贵州省不同时期的地层、古生物、岩石、地质构造、矿产及新构造期(新近纪—第四纪)形成的地貌、地质灾害等,随着地质历史发展而渐次形成和演进。

一、武陵构造旋回期

梵净山/四堡期,贵州处于弧后盆地构造环境,沉积碎屑复理石建造及拉斑玄武质海底火山岩建造。梵净山区的梵净山群可分两个亚群:下亚群(白云寺亚群,合4个组)以有大量层状基性岩-超基性岩及细碧岩-石英角斑岩为特色,上亚群(核桃坪亚群,合3个组)几乎全为陆源碎屑及火山碎屑沉积岩。回香坪组顶部超基性岩中有铜镍矿化,铜厂组中发现有疑源类(微古植物)化石。从江地区的四堡群粗分为2个组,夹少量基性火山岩。梵净山群及其各组和四堡群中的尧等组,命名地在贵州。

武陵运动使梵净山群、四堡群强烈褶皱,伴随壳源花岗岩侵入及区域变质作用,有钨锡、铌钽铜等内生矿产生成,并由此奠定了扬子陆块的基底。

二、雪峰-加里东构造旋回期

(一)下江时期

下江时期,贵州处于陆内裂陷槽盆,沉积陆源碎屑及火山碎屑砂、泥岩建造和复理石建造为主,可分为3个群(板溪群、下江群、丹洲群)15个组,全部的组及下江群命名地均在贵州。黎平—从江一带是相对深水区(丹洲群),早期有基性火山岩及壳源花岗斑岩侵入;梵净山东北部及松桃沙坝等地是相对浅水区(板溪群),有较多的红色岩层;雷山—锦屏一带是大陆斜坡地区(下江群),有巨厚的陆源碎屑及火山碎屑浊积岩,以及较多的滑塌-滑移沉积(震积岩)夹层。乌叶组和平略组中发现疑源类化石。

下江时期的地层在贵州发育较好,有确切的顶、底界限,空间变化及区域已基本查明,可作南华纪前再创1个纪年(下江系)单元的层型候选地区。

(二)南华纪

南华纪有两个大冰期和一个大间冰期。大冰期的冰川——滨浅海相沉积长安组、黎家坡组、南沱组。大间冰期的沉积有滨浅海相的富禄组、台盆相的大塘坡组及河湖相的澄江组。大塘坡组和黎家坡组命名地在省内。大塘坡组是省内最重要的沉积锰矿赋存层位,并在其中发现了藻类、菌类和疑源类化石。

黎平、从江地区岩相标志可与国际上的"成冰纪"呼应,具有连续海相沉积的顶、底,是研究南华系层型的优选地区。

由于雪峰运动掀斜隆升,从南东向北西,南华系长安组、富禄组、澄江组、南沱组递次超覆在下江群、板溪群的不同层位之上,局部地带(开阳翁昭及清镇铁厂等地)沉积缺失。

(三)震旦纪—奥陶纪

贵州在震旦纪—奥陶纪时期处于大陆边缘,继承南华纪构造地理背景,连续接受海相沉积。东南部海水较深,以盆地-斜坡相沉积为主,多砂质岩、泥质岩。西北部海水较浅,以滨岸-台地相沉积为主,多碳酸盐岩。岩石地层划分41个组,其中30个组的命名地在贵州。多门类古生物呈爆发式大量涌现,有瓮会生物群、瓮安生物群、小壳动物群、牛蹄塘生物群、杷榔生物群、凯里生物群等。年代地层在贵州命名建阶3个,即寒武系南皋阶、都匀阶和台江阶。重要的沉积矿产为磷块岩和重晶石,镍、钼、钒和页岩气也有可观远景。

(四)志留纪

都匀运动使贵州古地理格局发生了重大改变,地势变为南高北低。志留系与奥陶系之间,除毕节—遵义—石阡以北为连续海相沉积外,自北向南平行不整合超覆于不同层位之上。沉积建造主要是滨、浅海相砂岩和泥岩。岩石地层划分为12个组,其中5个组命名地在贵州。凤冈县洞卡拉、珥川等地,韩家店组顶部维管植物化石在生物进化史中具有重大意义。在施秉、镇远及麻江隆昌等地有钾镁煌斑岩系列的煌斑岩侵入。

(五)广西运动时期

广西运动在贵州是新元古代以来的第二次强烈造山运动,有区域变质。玉屏—三都一线东南地区的褶皱造山,伴随有金、锑多金属等内生成矿。其西北部地区一并成陆,底板地层分布显示有舒缓的褶曲及断裂。

三、海西－印支－燕山构造旋回期

(一)晚古生代—晚三叠世中期

泥盆纪—晚三叠世中期,贵州绝大部分地区为滨、浅海及台地,地势总体呈北高南低或西北高、东南低,海水进退频繁。泥盆系自南向北超覆,之后又有紫云运动、黔桂运动和东吴运动使大面积隆升成陆,唯南、北盘江流域的册亨、望谟地区(属"右江裂谷—前陆盆地")为相对沉陷连续海相沉积区。砂岩、泥岩建造,含煤碎屑岩建造及碳酸盐岩建造都很发育。中、晚二叠世有基性火山岩(玄武岩及同源次火山相辉绿岩)建造。望谟—罗甸一带辉绿岩气－液蚀变带有玉石矿。重要的沉积矿产有煤、锰、铝土矿、重晶石等。古生物化石种类繁多,重要的化石生物群有青岩生物群、盘县生物群、兴义生物群及关岭生物群等。命名地在贵州省的年代地层单位有12个阶(石炭系7个、二叠系3个、三叠系2个)。泥盆系划分为17个组,其中13个组命名地在贵州省。石炭系—二叠系划分为27个组,其中20个组命名地在贵州省。下三叠统—上三叠统中部划分为23个组,其中17个命名地在贵州省。

(二)晚三叠世晚期—侏罗纪

安源运动之后,贵州全省进入陆相沉积同步演进时期。上三叠统上部—古近系,主要是河湖相红色陆源碎屑沉积。

晚三叠世晚期—侏罗纪,发育大型内陆坳陷盆地,接受平原河湖相沉积,以红色砂岩、泥岩建造为主,有少量碳酸盐岩。现存分布主要在道真—贵阳—贞丰一线以西,东部仅见于天柱附近。原始沉积地域可能广布全省。岩石地层划分为6个组,其中在省内命名1个。上三叠统火把冲组是一个重要的含煤地层,侏罗系有恐龙化石。

(三)燕山期

燕山运动在贵州是比广西运动更强烈的造山运动。除赤水、习水地区表现微弱之外,前白垩系全面褶皱造山,形成多种样式的构造变形组合,从而奠定了贵州基本的构造格局,并伴随有金、锑、铅、锌、汞、砷等内生成矿。该时期动力变质作用对先成区域变质岩叠加影响显著。

四、喜马拉雅及新构造旋回期

(一)白垩纪—古近纪

早白垩世晚期—晚白垩世,在赤水、习水一带继承侏罗纪古构造地理格局,并在赤水、习水一带的大型内陆坳陷盆地内沉积了极厚的河湖相(红色为主)砂岩、泥岩;其余地区的山间盆地中沉积了河湖相(红色为主)砾岩、砂岩、泥岩。古近纪时期的沉积,仅见于盘州石脑盆地,山间盆地也是河湖相(红色为主)的砾岩、砂岩、泥岩。

白垩系和古近系岩石地层共分4个组,其中3个组在贵州命名。修文扎佐及黄平旧州等地茅台组中的轮藻和介形虫是重要的古生物遗迹。

(二)喜马拉雅期

贵州喜马拉雅运动继承燕山运动从东南向西北减弱的格局,是白垩系及古近系发生平缓褶曲,先期变形构造的加强发展。构造变形强度虽不及燕山期,但对贵州地史演化却同样具有重大意义。贵州地质构造格局从此定型,基本结束了基岩建造历史,转入当今地貌发展阶段。

(三)新构造期(新近纪—第四纪)

区域地貌及相关沉积显示,喜马拉雅期的古地貌早已消失殆尽。在地面基本夷平之后,进入新构造期。新近纪—第四纪间歇性区域隆升,长江与珠江两大水系的溯源侵蚀、剥蚀作用,加之地质构造和岩性等因素影响,造就了贵州多姿多彩的层状山岳地貌景观。由于此时期再无广泛的水域沉积,因此定格了各种地质遗迹的空间分布。

新近系仅见于施秉下翁哨和威宁中水等地,弱固结成岩。翁哨组为湖沼相黏土夹褐煤,中水组为洪积——河湖相砾岩、砂岩、泥岩互层。

第四系(含时代归属有争议的"窑上组"和"陈选屯组")为内陆山地多成因的松散堆积,成因类型有冲-洪积、残-坡积、冰碛、洞穴堆积等,并发现多处洞穴堆积中有古人类遗骸化石及石器、骨角器、陶器、用火遗迹等。该地层尚有一些金、铅、锌等风化矿床。

新构造期造就了贵州的中、低山地和丘陵,具有多级剥夷面(大多被切割破坏,表现为近等高的山原)和多级河谷阶地,不同形态和成因类型的地貌、不同的水文网络等。

第二节　地质遗迹分布规律

一、基础地质大类地质遗迹的分布规律

贵州主要有地层剖面、岩石剖面、构造剖面、重要化石产地、重要岩矿石产地5类基础地质。这些地质遗迹的分布与区域地质背景直接相关。

(一)地层剖面

贵州地层在垂直方向(时间)上三分性十分明显,蓟县系至震旦系下部以海相陆源碎屑岩为主,其次为火成岩及火山碎屑岩,且大部分变质为绿岩系;上震旦统至上三叠统中部以各类碳酸盐岩为主,夹少量陆源

碎屑岩;上三叠统上部及其以上地层则主要为陆相红色陆源碎屑岩系。

贵州各时代地层在空间分布上有如下特点:①自南东(从江、榕江、黎平)向北西(习水、赤水)方向,出露地层时代由老变新;在黔东南地区的从江、榕江、黎平、雷山等地,大面积出露中元古界四堡群、新元古界下江群和南华系;在黔东、黔北地区则主要为下古生界;再向西至黔中、黔西、黔南及黔西南地区,大面积出露上古生界及三叠系;至黔西北地区的赤水、习水则广泛出露侏罗系、白垩系。②黔南、黔北地层分异明显,大致以贵阳—施秉大断裂为界,北部下古生界广泛发育,但缺失泥盆系和石炭系,而南部除边缘地区外,基本未出露下古生界,上古生界及二叠系广泛分布。③中、新元古界及下古生界的深水碎屑岩地层主要分布在黔东南地区,即江南造山带区,而上古生界及三叠系深水碎屑岩地层则主要分布在南盘江地区。

中元古界—新近系,贵州命名的岩石地层单位有150个组、1个群、2个亚群。贵州的地层剖面与贵州地层分布密切相关:中元古界至震旦系的重要地层剖面(建组、建阶剖面)多分布于梵净山和黔东南地区;下古生界重要地层剖面多分布于黔北地区;上古生界及三叠系重要地层剖面多分布于黔西、黔南地区;侏罗系—新近系重要地层剖面多分布于黔西北地区的赤水、习水等。

另外,贵州地层受后期各类地质作用的破坏较弱,没有受到后期变质、火山、构造作用的巨大破坏,地层层序相对完整、连续。尤其是在台地边缘和台盆过渡带,不仅保存了完整连续的地层层序,还保存有门类较全、属种众多、数量丰富、个体形态完整的古生物化石,使贵州成为研究寒武系、石炭系、二叠系、三叠系,以及奥陶纪末、泥盆纪末、二叠纪末生物大灭绝事件的经典地区。

目前,贵州省已有全球候选界线层型剖面1个,为剑河八郎寒武系第二统和第三统界线层型候选剖面。国家地层委员会认定的建"阶"剖面15个,其中有寒武系3个,分别为余庆小鲵寒武系南皋阶剖面、丹寨南皋寒武系都匀阶剖面、剑河八郎寒武系台江阶剖面;石炭系7个,分别为独山城南石炭系岩关阶剖面、惠水摆金石炭系大塘阶剖面、贵定摆佐石炭系德坞阶剖面、罗甸罗苏石炭系罗苏阶剖面、盘州滑石板石炭系滑石板阶剖面、盘州达拉石炭系达拉阶剖面、紫云羊场石炭系紫松阶剖面;二叠系3个,分别为紫云羊场二叠系隆林阶剖面、罗甸纳水二叠系罗甸阶剖面、紫云猴场二叠系祥播阶剖面;三叠系2个,分别为罗甸关刀三叠系关刀阶剖面、关岭新铺三叠系新铺阶剖面。地质事件剖面4个,分别为桐梓红花园奥陶纪末生物灭绝事件剖面、松桃陆地坪奥陶纪末生物灭绝事件剖面、独山望城坡泥盆纪末生物灭绝事件剖面、罗甸打浆二叠纪末生物灭绝事件剖面。

(二)岩石剖面

包括火山岩剖面、侵入岩剖面和变质岩剖面3类。

1. 火山岩剖面

贵州火山岩分布面积不大,但岩类较多,属性较全,超基性、基性、中性、酸性岩石均可见,尤以基性岩发育最佳。岩浆活动时间较长,从中元古代至中生代10余亿年间多次活动,以中元古代和二叠纪时期最为强烈。

(1)细碧岩-角斑岩-石英角斑岩火山岩:分布在梵净山地区,属中元古界海底喷溢的基性-酸性熔岩组合,基性枕状熔岩占绝对优势。主要产于梵净山群下的回香坪组,少量产于肖家河组上部,呈层状整合于暗色细屑沉积岩层中,厚可逾千米,产状与沉积岩层一致。一次喷发形成的火山岩厚度为数米至一二百米,一般为数十米,火山岩层之间常夹有沉积岩层。火山岩延伸较长,长度一般是厚度的数十倍甚至百倍以上,最长约20 km。

(2)四堡群中的基性火山岩:分布在黔桂边境雨田山—帮富山一带四堡群中,可见5层基性火山岩。火山岩主要呈层状、透镜状产出。由于四堡群岩石经过多次构造作用,变形强烈,很难恢复其层序和原岩,各火山岩之间的关系有待进一步查明。

(3)下江群中的火山岩：分布在从江九星—地虎—平正一带的下江群基性火山岩产于丹洲群归眼组、甲路组，夹在以千枚岩为主的副变质岩中。矿物成分几乎均为蚀变矿物，以绿泥石为主，次为绢(白)云母、石英、方解石等，局部可见被绢云母或石英替代的长石板状斑晶假象；副矿物有磁铁矿、赤铁矿、钛铁矿、白钛矿、金红石、磷灰石等。据矿物组合推测其原岩为玄武岩。

(4)大陆溢流玄武岩：呈岩被产出，并已作为组级岩石地层单位的峨眉山玄武岩，按《贵州省区域地质志》的地层分区，分布于乐平统的三岔河区和乌蒙山区。峨眉山玄武岩组在贵州的分布面积约为3万 km^2，大致在七星关—织金—安顺—兴仁连线以西地区成片分布，以东地区分布多不连续。厚度自西向东逐渐变薄，最厚1249 m(威宁居乐)，织金—安顺以东厚度一般只有数十米，向东直到尖灭。其中，晴隆沙锅厂和盘州淤泥河剖面较为典型，能大致反映出峨眉山玄武岩组的层序和剖面结构。

(5)偏碱性玄武岩和层状辉绿岩：零星分布于右江(南盘江)地区晚古生代裂陷盆地内，玄武岩仅见于镇宁巴窝附近，潜火岩相辉绿岩见于望谟—罗甸一带。玄武岩下伏船山统—阳新统四大寨组灰岩，上覆中二叠统—上二叠统领薅组陆源碎屑岩夹灰岩，最大出露厚度113 m，其下部15 m为玄武质含集块火山角砾岩，上为玄武质熔岩。

2. 侵入岩剖面

(1)基性-超基性侵入岩：分布于黔东北梵净山地区和黔东南从江地区。前者呈席状侵入于新元古界梵净山群白云寺亚群，夹于变余砂岩、变余粉砂岩、变余凝灰质砂岩、板岩、千枚岩等副变质岩系中，岩体产状与副变质岩系基本一致，与地层同步褶皱。后者岩体产状多为岩床，少有岩脉，围岩层位主要是新元古界四堡群，岩性有石英云母片岩、绢云母石英片岩、绿泥云母石英片岩、绿泥石英片岩、绿帘黝帘石英黑云母千枚岩等。

(2)酸性侵入岩：分布于黔东北梵净山地区和黔东南从江地区。梵净山地区的酸性侵入岩有花岗岩及酸性脉岩，花岗岩主要是切割出露于梵净山地区西北部的桃树林、磨槽沟、淘金河、肖家河，以及中部青龙洞—马槽河一带的低谷中，呈岩株、岩脉、岩枝产出，出露面积甚小，最大面积也未超过1 km^2。岩体侵入于新元古界梵净山群，与梵净山群接触界线清楚截然，多平直整齐或稍有弯曲，内部偶见捕虏体。围岩有微弱的接触热变质现象，有时形成较明显的退色边，但很窄。内接触带亦不宽，常有云母或电气石集中的现象，岩体顶部时而分布有团块状和囊状伟晶岩。从江地区酸性侵入岩岩体主要是摩天岭花岗岩，另还有少量以细粒花岗岩脉为主的酸性脉岩。摩天岭花岗岩岩体大部分出露在广西，整个岩体呈长轴北北东走向的椭圆形，南北长约44 km，东西宽约25 km，面积约1100 km^2。从江地区出露的仅是岩体的北端，向北北东倾伏，倾伏角15°~30°；岩体裸露良好，少有残留顶盖，呈大型岩基侵入于新元古界四堡群尧等组、河村组中，岩体与围岩多呈突变侵入接触，界线清晰，一般为折线状或锯齿状，平直者较少；围岩岩性主要是灰绿色绿泥绢云母石英片岩、千枚岩及变余砂岩、粉砂岩。岩体外接触带普遍发育石英角岩、黑云母角岩、黑云母帘石角岩等接触变质岩，以及宽10~200 m的石榴子石二云片岩。

(3)煌斑岩：根据煌斑岩的地域分布和性质，可分为3类。一是主要集中分布在镇远、施秉和麻江隆昌附近，以钾镁煌斑岩为主，以及与之相伴产出的其他煌斑岩类；二是散布于黔东南地区的雷山、剑河等地，以云煌岩、云斜煌岩为主的钙碱性煌斑岩；三是分布于黔西南地区的镇宁、贞丰、望谟3县交界处蚀变强烈的煌斑岩。

3. 变质岩剖面

贵州中、新元古界的层状岩石和其他深成岩均已变质，其主体属低级绿片岩相，是典型的南方型变质岩。贵州变质岩剖面主要分布于中、新元古界地层集中区——梵净山地区和黔东南地区，可分为区域变质岩和区域混合岩两类。

（1）区域变质岩：主要分布于梵净山地区和黔东南地区，以浅变质绿片岩相为主，具有面型广泛分布、变质带宽阔和分带不明显等特点。

（2）区域混合岩：主要分布于贵州南东隅九万大山区，该区是一个前寒武纪的古隆起区。混合岩石类型较多，按混合岩化作用强度不同，分为混合岩化变质岩、混合岩、混合片麻岩和混合花岗岩等。其中，混合片麻岩的混合岩化作用较强，脉体与基体界线模糊不清，残留的变质基体居次要地位，岩石具有流体相和塑变现象，其作用方式以渗透交代为主，各种交代现象屡见不鲜。

（三）构造剖面

1. 不整合面剖面

（1）板溪群与梵净山群之间不整合：在梵净山地区可看到上覆新元古界板溪群红子溪组第一段与下伏中元古界梵净山群不同组、段呈明显的角度不整合接触，且新元古界板溪群红子溪组第一段底部发育一套前陆盆地相磨拉石组合。较为典型的是印江芙蓉坝板溪群芙蓉坝组与梵净山群的角度不整合剖面。

（2）下江群与四堡群之间不整合：分布于黔东南从江与广西交界的地区，为新元古界上覆下江群归眼组与下伏四堡群的不同组、段呈明显角度不整合接触关系。较为典型的是从江新村丹洲群归眼组与四堡群角度不整合剖面。

（3）南华系与下江群之间不整合：分布于印江—石阡—丹寨一线南东地区、天柱—三都一线北西地区，是省内较早开展南华系研究的地区之一。早期的长安组几乎全部缺失，中期的富禄组发育不全，与下伏下江群清水江组呈角度不整合接触。较为典型的是印江红子溪南华系与下江群的角度不整合剖面。

（4）志留系与奥陶系之间不整合：分布于贵阳—福泉—施秉以南、镇远—三都以西地区，志留系缺失下志留统下部，底部常为厚0.5～3.0 m的底砾岩，与下伏地层奥陶系大湾组或黄花冲组呈平行不整合接触。以贵阳乌当志留系高寨田组与奥陶系黄花冲组平行不整合剖面为代表。

（5）上、下古生界之间不整合：贵州上、下古生界的间断很清楚，除黔东南地区的三都、荔波等地为角度不整合外，在整个扬子陆块上普遍为平行不整合。该不整合面剖面代表了中国南方志留纪末和泥盆纪初的构造运动。这次运动使贵州黔东南地区褶皱上升并与北西部扬子陆块拼接成统一的陆块，使黔北地区隆升成陆并遭受剥蚀。

（6）石炭系与泥盆系之间不整合：分布在贵州中部和南部，下石炭统不同层位地层（汤粑沟组、祥摆组、旧司组、上司组及摆佐组）超覆在上泥盆统、中泥盆统、下奥陶统、下寒武统至上寒武统的不同层位之上，造成了平行不整合面之上、下有20余种不同地层相互接触的情况，反映出在泥盆纪和石炭纪之间有一次明显的地壳运动。

（7）栖霞组与马平组之间不整合：在贵州大部分地区可见到栖霞组与马平组的平行不整合，且有多种情况。黔西和黔南地区栖霞组与马平组为平行不整合接触，黔中地区栖霞组超覆于马平组、黄龙组不同层位之上，北西地区则栖霞组超覆于更古老的地层之上。赵金科等把栖霞组与马平组之间的不整合所代表的构造运动称为黔桂运动。

（8）中、上二叠统之间不整合：贵州以上二叠统龙潭组为代表的地层与下伏中二叠统茅口组普遍为平行不整合接触，龙潭组及其相当地层上覆于茅口组不同段。贵州中、上二叠统之间的东吴运动是贵州岩石圈断陷达到上地幔的表现，除有大量的玄武岩喷发外，尚有大量同源辉绿岩床和岩墙侵入。

（9）二桥组与下伏地层之间不整合：主要分布在道真—贵阳—贞丰一线以西的向斜构造中，上三叠统顶部之下在大多数地区有一个间断面，除黔西南地区贞丰、六枝郎岱附近与其下伏地层为连续关系外，黔中二桥组与上三叠统的三桥组不同层位为平行不整合接触;黔西二桥组覆盖于中三叠统法郎组之上;黔北二桥组与中三叠统杨柳井组为平行不整合接触。该间断面是安源运动的结果。安源运动结束了贵州海相沉积历史,标志着地壳演化中的一次重大变革。

(10)茅台组与下伏地层角度不整合:除黔西南地区未见白垩系存在及黔北嘉定群(早白垩世晚期—晚白垩世)与下伏上侏罗统为平行不整合接触外,其余地区零星分布的白垩系茅台组与不同时代下伏地层均为明显的角度不整合接触。造成这次不整合的是燕山运动,它使晚白垩纪以前的地层发生了褶皱断裂,奠定了现今所见地质构造和地貌发育的基础,是贵州很重要的一次造山运动。

2. 褶皱及变形

(1)侏罗山式褶皱:该类型褶皱的主体是晚古生代、中新生代地层,但由于存在后期构造对先期构造的改造、利用等,在早古生代及之前的地层中也有发育,构造线方向主要为近南北向,部分呈北北东、北东走向,是由狭窄紧闭向斜与开阔平缓背斜所组成,形成侏罗山隔槽式褶皱组合样式。全省均有产出,但在黔东地区发育较为典型。

(2)阿尔卑斯式褶皱:该类型褶皱可划分为两类,一类为武陵构造旋回期阿尔卑斯式褶皱,另一类为加里东构造旋回期阿尔卑斯式褶皱。

武陵构造旋回期阿尔卑斯式褶皱:只在梵净山地区发育,变形的主体是该区中元古代地层,构造线方向主要为近东西向、北东向。在梵净山地区该期构造形迹被角度不整合界面所覆盖,且与新元古代—早古生代构造形迹明显交切。该类型褶皱是由多个相互平行或雁行排列的次级褶皱构成的复式褶皱。褶皱形态为紧闭尖棱相似褶皱,伴有走向压性断层。

加里东构造旋回期阿尔卑斯式褶皱:以雷山地区和锦屏地区发育较为典型。变形的主体是该区新元古代、早古生代地层,构造线方向主要为北北东—南南西向。该类型褶皱规模较大,控制了区域内地层产出和构造格架,是由多个相互平行或雁行状排列的次级褶皱构成的复式褶皱。单个次级褶皱两翼地层倾角较小,轴面近于直立或略向西倾,平面上呈短轴状,长宽比值较小,褶皱形态为开阔平缓褶皱。

(3)日耳曼式褶皱:该类型褶皱主要发育于赤水平缓褶皱变形区、织金穹盆构造变形区、威宁穹盆构造变形区和兴仁穹盆构造变形区。

在赤水平缓褶皱变形区,褶皱变形的主体为侏罗系、白垩系,其地层平缓,倾角小于10°,为开阔平缓短轴褶皱,褶皱轴线在平面上弯曲延伸,有东西向、北西向和北东向,属四川盆地日耳曼式褶皱区,向东与侏罗山隔档式褶皱过渡。

在织金穹盆构造变形区、威宁穹盆构造变形区和兴仁穹盆构造变形区,褶皱变形的主体为二叠系、三叠系,寒武系、侏罗系部分卷入,穹隆构造和盆地构造相间排列,伴生有大量鼻状背斜和箕状向斜,同时尚有短轴背斜、向斜发育。在织金穹盆构造变形区一般由寒武系、二叠系构成穹隆构造,三叠系、侏罗系构成盆地构造;在威宁穹盆构造变形区和兴仁穹盆构造变形区,一般由二叠系构成穹隆构造,三叠系构成盆地构造,总体上地层较为平缓,地层倾角一般为20°~30°。穹隆构造和盆地构造常被北东向和北西向的线性褶皱和断层所隔离,线性褶皱轴线在平面上多沿穹隆构造弯曲延伸,构成了一幅穹隆构造、盆地构造、北东向和北西向的线性褶皱、断层相间排列的变形图像,反映出构造叠加作用的存在,是该地区在燕山期同时受北西—南东向和北东—南西向应力作用的具体体现,它们在平面上向侏罗山隔档式褶皱过渡。

3. 断 裂

(1)逆冲推覆断层:包括武陵期逆冲推覆断层、雪峰-加里东期逆冲推覆断层和海西-燕山期逆冲推覆断层。

武陵期逆冲推覆断层发育于新元古界梵净山群、四堡群中,产出于梵净山和从江地区。梵净山地区以核桃坪断层、余家沟断层为代表。核桃坪断层分布于核桃坪—青龙洞一带,北东向延伸,长度25 km以上,沿其走向被板溪群、下江群不整合覆盖,说明其形成时代为武陵构造旋回期;余家沟断层分布于余家沟、淘金河一带,北东走向延伸,长度15 km以上,沿其走向被板溪群、下江群不整合覆盖,说明其形成时代为武陵构造旋回期。从江地区以杆洞逆冲断层为代表,分布在小花子—杆洞—松美一带,杆洞以北被下江群覆盖,小花子以南被花岗岩熔蚀,产出于四堡群中。

雪峰-加里东期逆冲推覆断层主要分布在从江地区,由于受后期构造影响明显,多被燕山期断层破坏、改造或利用,而使该时期逆冲推覆断层特征不明显,只在局部地区有零星保存。该类型断层多呈北东向展布,断层规模较大,断面多西倾,压性特征明显,运动方向反映为由西向东。该类型断层在锦屏新化以东有被上石炭统所覆盖的现象,从而可以确定其形成时期为加里东期。该类型较典型的断层为分布于从江地区乌圾—高武—池洞一带的池洞-高武断层。

海西-燕山期逆冲推覆断层主要发育于侏罗山隔槽式紧闭向斜核部、六盘水—望谟北西向构造变形区及各构造单元的边缘。该逆冲推覆断层呈近南北、北东走向,断面多倾向东,倾角较缓,一般为20°~40°,在走向上常呈分枝复合,形成规模不等的豆荚状断块,构成复杂的断裂带。剖面形态为叠瓦状,前缘多形成"飞来峰"。该类型较典型的断层有施洞口逆冲推覆构造和北西向构造带。施洞口逆冲推覆构造分布于玉屏、施洞口、凯里舟溪一带,北东走向,延伸长度约200 km,航空相片、卫星相片上呈现清晰的线性构造特征。北西走向逆冲推覆断层发育于六盘水—望谟北西向构造变形区,具有叠瓦状逆冲推覆构造组合,其北西段断面为南西倾,南东段断面为北东倾。

(2)脆-韧性剪切带:分布于台江、雷公山一带,发育于榕江开阔复式褶皱变形区下江群出露区以低绿片岩相绢云母板岩、粉砂质板岩和凝灰质板岩为主的岩石中,呈北东向带状展布,在原1:20万剑河幅区域地质调查成果中表示为千枚岩化带。该带倾向北西,倾角较小,一般为15°~25°,雷山排里坳一带发育较为典型。

(3)韧性剪切带:发育于新元古界,省内则只产出于梵净山和从江—桂北地区的梵净山群、四堡群中,以从江南加—翠里一带较为典型。

(4)平行走滑断层系:主要发育于榕江复式褶皱变形区、六盘水—望谟北西向构造变形区和近南北向侏罗山隔槽式紧闭向斜核部,由一系列北东走向、近南北走向和北西走向的平行走滑断层组成。断面倾角较大,近直立;平面上断层延伸平直;地貌上呈北东、北西向线性负地形,很多地方能见断层三角面或硅化岩墙;航空相片、卫星相片上线性特征明显。在黔东南地区该类型构造较为发育,较典型的有高洋断层、孟彦断层、茅贡断层等,延伸长度有几十千米。发育有数米宽的断层破碎带,带内硅化显著,部分出现断层劈理,它们切割地质体和先期构造形迹,且使之沿水平方向出现明显位错。

(5)地垒-地堑式断层:该类型构造由一系列北东走向的正断层组成,正断层张性特征明显,带内多发育张性角砾岩,局部有牵引褶皱、擦痕、阶步等发育,反映出上盘下降、下盘上升的运动性质,断面倾角较大,一般为60°~80°,东、西倾向均有,其组合样式为地垒-地堑式。该类型构造形成年代最晚,是板内隆升背景的反映,在雷山县城东侧的白垩系茅台组中,该类型构造极为发育,破坏、改造了先期形成的各种构造形迹。

(四)重要化石产地

贵州自中元古代至第四纪均有沉积地层发育,这使贵州成为古生物化石最为发育的地区。目前已发现的古生物化石有30多个门类,200多个科,2000多个属及亚属,4000多个种及亚种,从构造简单的菌藻类到复杂的哺乳动物类均有代表。除梵净山及黔东南地区元古宙以前的浅变质岩地层化石相对较少外,其余各地史时期古生物化石均十分发育。其中,早古生代古生物化石主要分布在黔北、黔东北地区;晚古生代及三叠纪古生物化石多分布于黔西、黔南地区；侏罗纪至新近纪古生物化石多分布于黔西北部及赤水、习水等地区。

1. 南华纪古生物化石及产地

贵州南华纪地层中古生物化石分布于印江—石阡—丹寨一线的南东地区，天柱—三都一线的北西地区。主要见于大塘坡组，其他层位很少见。大塘坡组的微生物化石约有24个属。其中，以藻类为主，另有菌类及微古植物类。

2. 震旦纪古生物化石及产地

南华纪"雪状地球"长期隔绝及极其恶劣的环境有可能使生物基因改变，有助于生物进化的突然爆发。震旦纪是全球大冰期之后生物的第一次大辐射期，化石组合仍以藻类和疑源类为主，分布于黔中、黔东北一带的震旦纪地层出露区。

产于瓮安北斗山震旦系磷块岩中的瓮安生物群及产于江口桃映陡山陀组中的瓮会生物群都是这次大辐射的产物，也是人类窥视早震旦纪海洋生物的窗口。在贵州发现了闻名于世的3个震旦纪生物群——瓮安生物群、瓮会生物群及开阳生物群。

瓮安生物群主要由大型宏观藻类、大型带刺疑源类、后生动物及动物胚胎组成，目前仅产于瓮安北斗山一带的陡山沱组磷块岩中。

瓮会生物群是指产于江口县桃映镇瓮会村的含碳质页岩岩层中，以底栖多细胞藻类为主，并伴生有动物或可疑后生动物的宏体碳质压膜化石生物群，因其化石生物群的产出层位、组合面貌及保存状态与峡东震旦系陡山沱组上部的庙河生物群相近，故亦称"庙河型生物群"。

开阳生物群分布于开阳马路坪、息烽温泉等地震旦系洋水组含磷岩系中，以叠层石形式保存，是以低等藻类为主的化石生物群。

3. 寒武纪古生物化石及产地

贵州寒武纪地层主要产三叶虫、牙形石，另有古杯、古介形虫、高肌虫、腕足动物、腹足动物等，这些化石广泛分布于省内寒武纪地层出露区。三叶虫是划分和对比寒武系的主要门类，按生态类型大体可分为两类：一是以莱得利基虫为代表的浅海底栖类型，主要分布在西部的扬子浅海中；另一类是以球接子为代表的深水浮游类型，见于西部的深水盆地中。由西向东底栖三叶虫逐渐减少，牙形石以副牙形石为主，自中寒武纪晚期开始大量发育，逐渐成为寒武系划分、对比的重要化石。贵州是我国南方古杯层序发育最全的地区之一，在遵义松林、金沙岩孔等地下寒武统明心寺组和金顶山组中发育有丰富的古杯类化石，自下而上可划分为3个组合。

除此之外，贵州还有一些重要的寒武纪古生物化石产地，如：小壳动物群、牛蹄塘生物群、杷榔生物群和凯里生物群。

小壳动物群分布于织金、清镇、习水、普定、开阳等地的下寒武统底部灯影组顶部的白云岩地层中，以产大量小型带壳的多门类化石群为特征，包含有软舌螺、似软舌螺、牙形石、管壳类、壳片类、球形类、单板类、腕足动物、织金壳类、海绵动物等10多种类型，是寒武纪生物大爆发的第一幕。

牛蹄塘生物群主要分布于遵义松林、金沙岩孔、开阳马场、麻江羊跳、丹寨南皋等地的牛蹄塘组黑色泥岩中，主要由海绵动物、腔肠动物、蠕形动物、软体动物、节肢动物、半索动物及藻类等7个门类，共26属组成。牛蹄塘生物群对探讨后生生物的演化起着重要作用。

杷榔生物群分布于凯里、台江、剑河、镇远等地寒武系第二统杷榔组上部粉砂质页岩中，由腔肠动物、棘皮动物、腕足动物、蠕形动物、节肢动物、软体动物和宏观藻类等多门类生物及遗迹化石组成。杷榔生物群形成于水体较深的环境，是全球寒武系第二统罕见的形成水体较深环境的布尔吉斯页岩型生物群。

凯里生物群分布于台江、剑河地区扬子台地及江南深水盆地之间过渡地带的凯里组粉砂质泥岩中,包括海绵动物、腔肠动物、蠕形动物、腕足动物、软体动物、叶足动物、节肢动物、棘皮动物及宏观藻类、水母状化石等10个大门类,130多个种。凯里生物群是寒武纪第三世初期海洋生物多样化和生态复杂化及三叶虫首次大规模灭绝、复苏的重要实证。

4. 奥陶纪古生物化石及产地

贵州奥陶纪古生物化石主要以三叶虫、笔石、牙形石、珊瑚、鹦鹉螺、腕足动物及棘皮动物(海百合、海林檎)为主,主要分布于黔中、黔北和黔东北地区。

三叶虫除部分与欧洲相似外,较多为地方性属种。笔石以华中型的分子为主,体重适宜水下漂浮,多生活于正常浅海环境中。贵阳乌当黄花冲组下部发现的贵阳乐氏珊瑚组合,是目前已知上扬子地块最低层位的珊瑚组合。毕节燕子口观音桥组中产有丰富的四射珊瑚,经何心一等人研究,计有4科17属32种,其大多数属种的隔壁强烈加厚,一般认为是冷水型珊瑚。奥陶纪末期发生了一次物种大灭绝,其主因是冈瓦纳古大陆冰盖的凝聚和消融。在桐梓红花园和松桃陆地坪剖面上,物种大灭绝表现为两幕,分别为腕足类叶月贝动物群与赫南特贝动物群的灭绝。前者为暖水动物群,随冰川间凝聚而消失;后者为冷水动物群,随冰川的消融而灭亡。赫南特贝动物群位于奥陶系与志留系界线之下,在动物群演化上起承前启后的作用,其与奥陶纪末生物灭绝和志留纪生物复苏密切相关,在地史中有重要的意义。

5. 志留纪古生物化石及产地

志留纪古生物化石以笔石、三叶虫、腕足动物、鹦鹉螺、珊瑚为主,另有层孔虫、双壳类、海百合及牙形石和维管植物等,主要分布于黔北、黔东北及黔中地区。

笔石以单笔石类的分子为主。在桐梓、松桃等地龙马溪组顶部产出的叉笔石是迄今为止志留纪发现的唯一无轴笔石,过去一直认为无轴笔石只限于奥陶纪,其在贵州的发现说明无轴笔石可以延续到早志留世。另外,在石阡、印江、思南、凯里等地秀山组中发现和采获的孔笔石,对确定贵州志留系时代和进行区域地层对比有着重要意义。

在石阡雷家屯香树园组产有丰富的四射珊瑚,这也是我国南方已知最早的志留纪四射珊瑚群,为研究奥陶纪末期珊瑚灭绝后志留纪四射珊瑚复苏和辐射提供了实际的化石材料。还需指出的是,香树园组中一些珊瑚属种在世界上其他地区多见于中、上志留统甚至泥盆系,这是否意味着贵州乃至整个上扬子地块是志留纪四射珊瑚的发祥地之一? 一些属种最初在上扬子地块繁衍,之后才逐渐迁移到世界其他各地。

贵州志留系地层中的腕足动物以五房贝类为主,其属种和数量十分丰富,生态分异现象也十分明显,五房贝类在下志留统上部特列奇阶(相当于中国的紫阳阶)可分为两种类型,一类由单一的拟壳房贝、枝线贝密集堆积成介壳灰岩,并和由丛状复体珊瑚、层孔虫和藻类组成的礁灰岩共生;另一类以斯特兰贝为主,为适应泥质浅海海底生活的类型。特别应该提及的是,产于凤冈县石径乡洞卡拉下志留统韩家店组顶部的植物化石——黔羽枝,是目前世界上已知最早的维管植物,系生活在潮坪上的半陆生植物,这对研究和探讨陆生植物起源具有重要意义。

6. 泥盆纪古生物化石及产地

泥盆纪地层中主要产有腕足动物、珊瑚、菊石和牙形石,另有层孔虫、竹节石、介形类、双壳类及陆生植物和鱼类化石。惠水王佑、长顺代化是我国南方产晚泥盆世乌克曼菊石动物化石的唯一地点,五指山组顶部菊石动物群的发现,从根本上解决了我国泥盆系上部与欧洲法门阶的对比问题,也为泥盆系、石炭系界线划定提供了菊石方面的材料。贵州独山猴儿山中泥盆世早期地层中富含四射珊瑚,根据它们的垂直分布情况,建立了中国南方中泥盆世早期的两个四射珊瑚生物地层单位。普安罐子窑腕足类箕底贝富集堆积成介壳滩,是中国南方早泥盆世末期至中泥盆世早期碳酸盐台地边缘的指相生物群,在地层时代对比和沉积相分析上具有一定的意义。真正的陆生生物化石在泥盆纪首次出现,鱼类化石见于贵阳乌当、独山猴儿山、都匀包阳、赫章铁矿山等地下泥盆统丹林组及相当地层中,以贵阳乌当数量较多。产于独山、都匀、三都一带下泥盆统的植物化石属工蕨植物群,组合面貌与云南龙华山组的相似,是贵州已知最早的陆生植物群。

7. 石炭纪古生物化石及产地

石炭纪地层主要含䗴类、珊瑚、腕足动物、牙形石,另有菊石、苔藓虫、介形虫、双壳类、三叶虫及陆生植物化石等。水城德坞、盘州滑石板等地,亚球形似菊石、贵州网纹菊石、乐氏布朗菊石的发现,解决了我国石炭系与欧洲纳缪尔阶的对比和归属问题。长顺睦化剖面上牙形石连续系列的发现,为精确测定泥盆系、石炭系界线提供了化石依据;罗甸罗苏剖面上牙形石的发现为精确标定上、下石炭统的界线,即上石炭统的底界奠定了基础。䗴类主要为小泽䗴科、苏伯特䗴科及纺锤䗴科的分子,以不发育拟旋脊、副隔壁和蜂巢层为特征。

8. 二叠纪古生物化石及产地

二叠纪地层主要含䗴类、珊瑚、腕足动物、牙形石、菊石和陆生植物化石,另有腹足动物、双壳类、苔藓虫、三叶虫、放射虫等。䗴类主要以希瓦格䗴科、费伯克䗴科、新希瓦格䗴科的分子为主,出现蜂巢层、拟旋脊和副隔壁等构造。菊石可分为两种生态类型:一类为开阔海型,主要分布在南盘江盆地,由麦德利菊石超科、棱菊石亚目分子组成,大部分菊石壳体扁平,表面光滑,营自由或浮游生活;另一类为局限海相,主要分布在扬子浅海区,壳体表面发育肋和瘤,或脊部隆起,为以营浮游生活为主的近滨浅海类型。在晴隆花贡、普安龙吟、水城加开、紫云羊场等地发现的饼菊石动物群,解决了中国、北美洲、俄罗斯三地的二叠系地层对比问题,在中国应为早二叠世阿丁克斯期,据目前已知资料,饼菊石动物群在中国仅见于这一地区。在紫云羊场、罗甸罗苏等地相继发现的牙形石,为精确标定我国二叠系底界的确切位置提供了依据。贵州西部是我国二叠系大羽羊齿植物群最发育的地区之一,大羽羊齿植物群是一个以真蕨、种子蕨为主,伴有大量有节类的喜湿热的沼生植物群,时代为中二叠世晚期到晚二叠世末期,但在滇东、黔西地区可延续到早三叠世初期,与下三叠统卡以头组底部双壳类共生。另一个有趣的现象是冈瓦纳植物群的一些特征分子在贵州西部上二叠统含煤地层中出现,一般认为冈瓦纳植物群是凉爽气候下的植物群。根据属种的丰富和富集程度将大羽羊齿植物群分为两个组合,这是全球最全的上二叠统陆生植物组合。此外,在贵州西部上二叠统含煤地层中产有丰富的钙藻化石,初步统计有8个属2个亚属13个种,据其垂直分布分为两个组合带,是世界上迄今为止所发现上二叠统层序最完整的钙藻组合,也是全球古生代最高层位的钙藻组合。

二叠纪末期发生了地史上最大的一次物种灭绝事件。二叠纪时繁盛的䗴类、珊瑚(四射珊瑚、床板珊瑚)、始铰纲腕足类、喙壳纲、软舌螺纲、三叶虫纲、古介形目、海雷纲等都在这一时期灭绝;具铰纲腕足类、变口目和隐口目苔藓虫、古腹足目、棱角石亚目、海百合纲等急剧衰落,仅残留少数属种。罗甸边阳地区保存有世界上最好的二叠纪生物灭绝事件遗迹。

9. 三叠纪古生物化石及产地

贵州三叠纪地层主要分布于盘州—贵阳一线以南,平塘—贵定一线以西的广大区域,除黔东南外,省内其他区域断续分布于向斜核部。主要含双壳类、菊石类和牙形石,另有腕足动物、海绵动物、海百合、六射珊瑚、海生脊椎动物(鱼类、爬行类)和陆生植物。

贵州是中国三叠纪海生爬行动物最丰富的地区,目前已记载30多个属种,分别归属于鳍龙类、鱼龙类、海龙类和初龙类,涵盖了世界上三叠纪已知海生爬行动物的所有类型。海生爬行动物化石在贵州三叠系分布广泛:空间上,瓮安江界河、仁怀茅台、贵阳三桥、清镇红枫湖、贞丰龙场、关岭新铺、岗乌、晴隆凉水营、普安青山、安龙龙广、盘州新民、兴义顶效、乌沙等地均有产出;时间上,中三叠世早期至晚三叠世早期均有踪迹可循,其延续时间达2000万年,产出层位有5个。海生爬行动物与鱼类一起组成了3个海生脊椎动物群——盘县生物群、兴义生物群、关岭生物群。这些海生爬行动物化石多为保存完整的骨架,一些微细构造完好,个体大者可达10余m,小者仅3～5cm,千姿百态,颇具观赏价值。总之,贵州三叠纪海生爬行动物化石类别之全、属种之丰富、保存之好、延续时间之长、产出层位之多、意义之重大,可以说是全世界绝无仅有的,与已被评为世界自然遗产的瑞士和意大利交界的圣乔治山相比,有过之而无不及。

双壳类是三叠系的主要化石门类,属种和个体众多,生态分异明显,以中三叠世为最。扬子台地上的双壳类基本由底栖类组成;南盘江深水盆地的双壳类主要为营漂浮生活的大型薄壳类;台地边缘为体重、壳厚、壳褶粗大的底栖双壳类。

菊石主要发育于深水盆地区,贵阳青岩是中国中三叠世早期菊石序列发育最完整的地区。近年来在关岭、贞丰、兴义、郎岱等地的法郎组竹杆坡段中发现的康尼克贝类腕足动物,在望谟大塘新苑组中发现的多板类软体动物——中国石蟹属,不仅填补了我省古生物化石的空白,而且在三叠系划分和对比及三叠系生物地理区系划分等方面具有重要意义。

陆生植物和非海相双壳类主要产于二桥组,部分见于其下的火把冲组。陆生植物属网叶蕨－枝脉蕨植物群,苏铁类占优势地位,其次是真蕨类双扇蕨科,最后是种子蕨类。另有石松类、银杏类和松柏类,是一个潮湿－炎热气候条件下的热带、亚热带植物群。在贵阳二桥组中发现有欧洲晚三叠世瑞替克期的典型植物化石奥托鳞羊齿。二桥组中双壳类以半咸水类型为主,在毕节、遵义等地,据垂直分布可划分为下部二叠蛤－印度蛤组合带、上部祁阳蚌－湖南蚌组合带两个组合带。前者是我国南方上三叠统最高层位的双壳类组合,时代属晚三叠世瑞替克期;后者始现一般作为侏罗系的开始,它在黔北二桥组的出现,不仅对黔北二桥组的时代提出了质疑,而且为研究非海相三叠系、侏罗系界线的划分提供了化石标本。

10. 侏罗纪古生物化石及产地

侏罗纪地层主要分布在贵州西部和北部,东部在天柱有零星分布。化石以淡水双壳类为主,另有陆生爬行动物、陆生植物及叶肢介等。陆生爬行动物主要见于大方、七星关、平坝、息烽等地自流井组珍珠冲段。经研究,有巨型禄丰龙、相似巨型禄丰龙、中国弯曲龙、黄氏云南龙等属种,它们均为云南禄丰龙动物群的成员。这一发现扩大了禄丰龙动物群的分布范围,且为川、滇、黔、渝4地侏罗系对比起到桥梁作用。据有关报道,在郎岱沙溪庙组上段下部曾发现可疑的马门溪龙,这意味着马门溪龙动物群的分布范围可能已扩至贵州郎岱地区。除恐龙化石外,在仁怀茅台的沙溪庙组中发现了大量蜥臀目恐龙足迹化石,填补了我省此方面的空白。叶肢介以真叶肢介为主,沙溪庙组上、下段之间的"叶肢介层"广布川、黔、渝地区。陆生植物主要产于自流井组綦江段,其次为珍珠冲段,大安寨段中亦有少量出现,松柏类、苏铁类丰富,植物面貌与英国约克郡植物群相似。

11. 白垩纪古生物化石及产地

贵州白垩纪地层主要分布于赤水、习水地区,省内其他地区零星分布于山间盆地中。主要有介形虫和轮藻,尚未发现大型化石。介形虫总体面貌和我国其他地区晚白垩世的介形虫面貌相似。轮藻属华南晚白垩世中晚期的轮藻植物群。另外,在赤水宝源和习水同民的厚层块状砂岩转石的层面,发现大量鸟爪状恐龙足迹化石,从其岩性和周边出露地层判断,应为白垩系嘉定组地层,但目前尚未在周边原岩中找到恐龙足迹化石。

12. 古近纪古生物化石及产地

古近纪地层在贵州仅见于盘州石脑盆地,为一套红色粗碎屑岩,岩石地层单位称石脑组。该组含有哺乳动物群,伴生有爬行动物和腹足动物等,称为石脑动物群。石脑生物群含有哺乳动物5种、爬行动物1种、陆生植物(含孢粉)18种及腹足动物5种,以哺乳动物最为重要。哺乳动物化石中的鹿类为接近鹿类谱系树基部的一种比较原始的鼷鹿,分布在我国新疆和内蒙古地区,以及西欧和蒙古等,目前仅在渐新统见及。植物化石中除1种为裸子植物外,其余均为被子植物。腹足动物化石均为陆栖肺螺类。

13. 新近纪古生物化石及产地

贵州新近纪地层仅见于威宁中水和施秉翁哨等地,常见化石有孢粉、介形类、轮藻、腹足动物等。在翁哨还发现了脊椎动物化石。

14. 第四纪古生物化石及产地

贵州第四纪地层除威宁地区为湖相沉积外,省内其他地区以零星分布的河流沉积和洞穴沉积为主。在洞穴沉积物中常发现古人类化石和哺乳动物化石。哺乳动物化石属中国南方更新世中晚期的大熊猫－剑齿象动物群。

(五)重要岩矿石产地

贵州通过长期地质勘查与研究,至2010年已发现矿产126种(含亚矿种),发现矿床、矿点3000余处。在发现的矿产中,有包括能源、黑色金属、有色金属、贵金属、稀有稀土分散元素、冶金辅助原料非金属、化工原料非金属、建材及其他非金属、地下水资源及油气等9大类矿产在内的74种,并已不同程度探明了储量。在已探明储量的矿产中,依据保有储量进行对比排位,截至2010年贵州名列全国前十位的矿产达49种,其中排第一至第五的有34种。居首位的达8种,列第二、第三的分别为6种与8种。尤以磷、铝土矿、煤、汞、锑、锰、金、重晶石、硫铁矿、稀土、镓、水泥原料、砖瓦原料及多种用途的石灰岩、白云岩、砂岩等矿产最具优势,在全国矿产中占有重要地位。

1. 沉积矿产

(1)磷矿:全省33个县(市、区)发现磷矿产出,共计发现矿床、矿点90余处,已在24个县(市、区)探明储量,主要储量产地55处。截至1992年底就累计探明储量26.87亿t,保有储量占全国总储量的16.6%,名列湖南、云南之后,居第三位;其中P_2O_5含量大于30%的富矿达5.28亿t,占全国总储量的45.4%,排名第一。

贵州磷矿主要产于下震旦统陡山沱组(或洋水组)和下寒武统梅树村阶生物化学沉积磷块岩中,两者探明储量之和占全省总量的99.9%,几乎各占一半,但后者略多。下震旦统磷矿品位高、质量优,是全省开发利用的最主要矿层。省内磷矿集中分布在开阳、瓮安、福泉和织金新华,储量占全省探明总储量的96%以上。贵州磷矿以矿石质优著称,P_2O_5平均含量达22%,以开阳、息烽磷矿最丰富,P_2O_5平均含量超过30%,瓮福磷矿全区P_2O_5含量也达26%,P_2O_5大于30%的富矿占相当比重。矿床内常含有碘、稀土及钼、钒、铀等矿产。

(2)铝土矿:贵州是中国最早发现大型铝土矿的省份,资源丰富,截至2000年底就累计探明储量4.41亿t,其中工业储量1.26亿t,保有储量约占全国总储量的1/5,仅次于山西,排名全国第二。全省铝土矿主要分布在黔中地区,在黔北也有较多产出,已探明储量的铝土矿集中于贵阳(沿清镇—修文—息烽方向)—遵义一线,约5600 km^2。探明储量最多的是清镇、修文,次为播州。以大中型矿床为主,更有全国独一无二、储量超过1.79亿t的清镇猫营大型矿床。

贵州铝土矿为产于碳酸盐岩侵蚀面上的一水硬铝石沉积矿床,主要产于下石炭统中,亦有产于二叠系中的铝土矿,近来还发现有新层位的铝土矿。贵州铝土矿矿石质优,硅铝比值在6以上的占全省储量总数的70%以上。普遍伴生有丰富的可供回收利用的镓,现已探明储量2.08万t,集中分布于清镇、修文、播州等地铝土矿中。此外,还伴生有铁、耐火黏土、铝氧灰岩或硫铁矿等矿产。

(3)煤矿:贵州煤炭资源丰富,探明加预测储量达2679亿t,仅次于山西、内蒙古、陕西、新疆,居全国第五位。含煤面积占全省国土总面积的40%以上,除东部属少煤、缺煤区外,全省各地均有产出。贵州煤矿分布相对集中在西部盘州、水城、六枝、织金、纳雍、大方等地,其次在黔北桐梓、仁怀、播州和中部安顺、贵阳及黔西南地区亦有较多分布。产量最大的织金、纳雍、大方产煤区已探明储量211.4亿t(全为无烟煤),占全省总储量的41.3%;次为六盘水产煤区,占全省总储量的27.2%。

贵州是一个多时代成煤地区,计有6个时代、8个含煤层位。其中,以上二叠统龙潭组及相当地层工业价值最大,占全省探明总储量的98%。以海陆交互相沉积煤矿为主,煤种牌号齐全,用于炼焦的气煤、肥煤、焦煤、瘦煤及非炼焦的贫煤、无烟煤均有广泛分布,尚有褐煤产出。炼焦用煤占全省探明总储量的21.3%,为107.97亿t,集中于盘州、水城、六枝,占全省炼焦用煤总量的80%以上;非炼焦用煤为398.10亿t(其中无烟煤345.08亿t),占全省总储量的78.7%,集中分布于织金、纳雍、大方,占全省非炼焦用煤总量的53%。全省煤质较好,主要煤种原煤灰分多为10%~25%,硫分多为1%~4%,发热量多在25 120 kJ/kg以上。

2. 深层热水矿床

贵州主要深层热水矿床有锰矿及重晶石。

(1)锰矿:贵州锰矿资源丰富,已累计探明储量9054万t,保有储量8531万t,居全国第三位。全省有20余县(市、区)发现有锰矿分布,已探明储量集中于播州、松桃等地,占全省总储量的99.8%以上。主要为产于南华系大塘坡组及上二叠统龙潭组的沉积锰矿,另有少量风化残余锰矿。南华系大塘坡组锰矿主要分布于松桃及其相邻地区,矿石为低锰高磷酸性碳酸锰贫矿,探明储量占全省总量的48.2%;上二叠统龙潭组锰矿主要分布于播州境内,矿石以高铁低硫酸性碳酸锰贫矿为主,探明储量占全省总量的51.6%。

(2)重晶石:贵州是全国重晶石资源量最多的省份,已探明储量1.11亿t,约占全国总储量的30%以上,其中储量超亿吨的天柱大河边矿床是国内最大的重晶石矿床。主要赋存于震旦系—寒武系老堡组和泥盆系榴江组。老堡组含重金石岩系分布在天柱大河边一带,榴江组含重金石岩系分布在镇宁乐纪一带。

3. 浅层低温热液矿床

(1)汞矿:贵州是著名的汞省,已累计探明储量8.81万t,其中工业储量超过5.66万t,资源量名列全国第一,探明储量占全国总储量的60%以上。矿床主要赋存于震旦系—寒武系,以台地边缘斜坡相碳酸盐岩为主。黔中地区纸房汞矿带主要为灯影组,白马硐汞矿带主要为灯影组及寒武系中、下部,黔北、黔东北及黔南丹寨地区主要是寒武系,矿化常富集在具脆性岩层与塑性岩层组合的脆性岩层中,含矿体多沿背斜层间破碎带产出,矿体或含矿体多呈层状、似层状、透镜状顺层展布,一般长数百米至千余米,厚数米至数十米。铜仁万山汞矿曾是我国乃至世界最大的汞矿产区,从唐代就已有开采记录,现资源已枯竭,但留有大量采矿遗址,是我省唯一的国家矿山公园。

(2)金矿:黔东南地区的金矿,尤其是大致顺层产出的微细粒浸染型金矿,多产于岩性主要为变质沉凝灰岩、凝灰质细-粉砂岩、粉砂岩、凝灰质板岩、粉砂质板岩的下江群清水江组,推断可能是火山沉积作用致其成为富金的矿源层。

卡林型金矿(微细粒浸染型金矿)突出表现为火山沉积-喷流沉积成矿作用。贵州目前已发现的卡林型金矿床(点)几乎均分布在江南造山带,仅有极个别的分布在上扬子地块,如织金县胡坝洞金矿点。

4. 风化矿床

分布在黔西南地区的红土型金矿是贵州省地质矿产勘查开发局近年来发现的又一新类型金矿,主要见于贵州盘州至云南富源一带,共发现金矿化点10余处,化探异常30余处。红土型金矿可分两类,一是含金岩石或金矿石经喀斯特垮塌、堆积、红土化形成的金矿,如老万场金矿床;二是含金岩石或金矿石原地或基本原地经红土化作用形成的金矿,如砂厂、沙锅厂、胜境关、芹菜坪和水淹塘等金矿点。赋金地层为第四系,金矿赋存于红土中,其中的风化凝灰岩、玄武岩砾块亦产金矿。该类型矿床矿石品位高,全为易选土状氧化矿,具重要经济价值。

5. 特殊的沉积岩

贵州有几种沉积岩岩性特殊,地质意义重大,具有观赏、教学及科研价值。

青白口系下江群中有具角砾结构及原生变形构造(包卷层理)的滑塌－滑移沉积夹层,或与正常沉积间互产出,单层厚可达数米至数十米。多见于雷公山地区再瓦组、清水江组及平略组中。其成因可能与大陆斜坡位区同沉积地震活动相关(震积岩)。

具栉壳结构淀晶胶结的碳酸盐角砾岩及栉壳结构淀晶充填孔隙(层状孔或不同裂隙)的碳酸盐岩,可能是滨岸地带暴露地表有淡水渗透溶蚀再充填胶结的古喀斯特产物。具有此种特征的白云岩在清镇铁厂、开阳金钟等地震旦系—寒武系灯影组中较多。具有这种特征的石灰岩在贵阳花溪地区三叠系垄头组中较多。多时代淀晶胶结物(白云石或方解石)具"玛瑙纹带状"或"花边状"构造,当其包绕砾屑时揭面常凸起成"葡萄状"。前人资料中有所谓"葡萄状白云岩""花边状白云岩"即为此类。

生物骨架灰岩,是贵州古生代及中生代海相地层中礁滩相沉积的一种特殊"地标"。黔北寒武系明心寺组及金顶山组中,或有古杯灰岩;黔南泥盆系鸡窝寨组、望城坡组及普安罐子窑泥盆系罐子窑组中,或有珊瑚灰岩和层孔虫灰岩;黔南二叠系猴子关组及吴家坪组中,时有苔藓虫－海绵灰岩和海绵－水螅灰岩;关岭扒子三叠系坡段组中有管壳石灰岩。

介壳灰岩也是礁滩相的重要标志岩石。由腕足动物介壳堆叠的介壳灰岩见于泥盆系,如普安罐子窑(罐子窑组)、紫云猫营(融县组)。由双壳类介壳堆叠的介壳灰岩,以贵阳附近三叠系(改茶组顶部)最为典型。它们都是经风波或潮汐作用淘洗筛选的,壳瓣大多凸面向上,呈覆盆状。

礁相位的蜓屑灰岩见于石炭系—二叠系。紫云附近威宁组及猴子关组,贵阳、惠水一带的马平组,六枝洒志的栖霞组下部,都见有蜓屑灰岩。蜓骸密集堆叠,被淀晶胶结,犹如米花糖,打磨抛光之后甚是美观。

上二叠统大隆组顶部和中三叠统关岭组、新苑组、许满组底部,都有灰绿色、黄绿色黏土化玻屑晶屑凝灰岩(习称"绿豆岩"),是分布比较广泛的标志层。它们是远源火山尘降落海域的特殊沉积岩。

二、地貌景观大类地质遗迹的分布规律

贵州的地貌景观大类地质遗迹的分布受地层岩性、地质构造和水文地质控制明显。

(一)岩土体地貌

贵州岩土体地貌主要有喀斯特地貌、变质岩地貌和碎屑岩地貌3种。火成岩在贵州虽有出露,但面积不大,没有形成独立的地貌景观。

1.喀斯特地貌

可溶岩类主要是震旦系—三叠系中的碳酸盐岩,在省内分布广泛。尤以黔南最为发育,赤水、册亨及黔东南较少。它们遭受侵蚀－溶蚀作用产生溶蚀构造喀斯特地貌,形态有峰林、峰丛、石林、洼地、漏斗、天坑、溶洞、地下河、盲谷、天生桥等,或有崩塌、塌陷等地质灾害。

纯净度高及厚度大的碳酸盐岩区最易形成喀斯特。喀斯特地貌区,地表径流(特别在大片石灰岩分布区)不发育,有点状水系。白云岩分布区多碟形洼地,溶洞及地下河较少。石灰岩分布区多圆形洼地和漏斗,溶洞及地下河较多。例如,下、中三叠统礁相位(尤其坡段组、垄头组)厚块状质纯灰岩分布区的喀斯特非常发育,有安顺龙宫、罗甸大小井等著名喀斯特景观;中二叠统栖霞组、茅口组石灰岩分布区有毕节九洞天和黎平高屯天生桥等知名地质遗迹景点;寒武系—奥陶系,白云岩大片出露区有绥阳双河洞和施秉云台山等世界级喀斯特地貌景观。

2. 变质岩地貌

黔东地区,青白口系及南华系浅变质岩大多是强能干性铝硅质岩,构成了宏大的侵蚀构造中、低山地貌,多有陡崖与峡谷。雷公山地区番召组变质砂岩与板岩互层,屡见能干性较强的变质砂岩形成的陡崖、瀑布或跌水。剑河、台江等地大片分布的清水江组以能干性特强的变凝灰质岩和变质砂岩为主,形成多峡谷和陡崖的强切割侵蚀构造中山地貌,或有单面山。在黎平、榕江等地成片分布的平略组、白土山组以绢云母板岩为主,能干性相对较弱,主要形成弱切割侵蚀构造缓坡低山及丘陵,河谷多为"U"形,少有陡崖和峡谷。

3. 碎屑岩地貌

赤水、习水地区,侏罗系及白垩系红色砂泥岩广泛分布,软硬岩层间互发育且产状平缓,形成了独特的(多陡崖、瀑布的台状低山丘陵)丹霞地貌景观。

临近广西的罗甸、望谟、册亨等地,三叠系许满组、边阳组碎屑岩在南、北盘江流域成片出露,形成宏大的侵蚀中、低山地貌及丘陵地貌景观。

(二)构造地貌

贵州的构造地貌主要可以分为3类:一是由构造作用直接形成的地貌景观,如飞来峰、构造窗等;二是受构造控制形成的地貌景观,如断陷盆地;三是受构造作用长期间接影响形成的地貌景观,如多级层状地貌景观等。

1. 飞来峰、构造窗

飞来峰、构造窗是由逆冲推覆构造形成的地貌景观。贵州的逆冲推覆构造主要有3期,前两期均发育在元古代浅变质岩中,地层分辨率低,不易判别。我省的飞来峰、构造窗主要发育在海西-燕山期形成的逆冲推覆断层带上,分布于侏罗山隔槽式紧闭向斜核部、六盘水—望谟北西向构造变形区及各构造单元的边缘。较典型的为施洞口飞来峰、构造窗。

2. 断陷盆地

贵州的断陷盆地较多,均受活动断层控制,与活动断层关系密切。部分盆地内部或周缘保存有晚白垩世的红层,更新世及全新世堆积层亦发育完好(表现在阶地堆积物上),说明其形成和发展始于晚白垩世,且至今仍在发展中,显示出很好的继承性,如惠水盆地、榕江盆地等。部分盆地内部或周缘保存有较厚的中新世—早更新世的松散堆积层,中、晚更新世及全新世堆积层发育较差,现今盆地形态亦不太明显,说明其形成和发展始于中新世,但由于持续的构造活动及沉积充填改造,盆地特征已不明显,如威宁中水盆地、施秉翁哨盆地等。多数盆地内部现在仅有更新世堆积层(Ⅱ级及Ⅱ级以上阶地堆积层)和全新世堆积层(Ⅰ级阶地堆积层),盆山界线明显、盆地形态完整,说明其更新世及全新世均活动明显,除总体具间歇性抬升特点外,还存在明显的、规模较大的差异性陷落。贵州的活动性断陷盆地主要与北东向活动断裂和近南北向活动断裂有关,只有部分与北西向和近东西向活动断层有关。部分断陷盆地同时与北东向、近南北向活动断裂有关,表现为盆地沿两个方向的活动断层发育。

3. 多级层状地貌

(1)多级剥夷面:贵州位处稳定陆块内,大面积同步间歇性持续隆升是形成多级剥夷面的内在因素,由东向西的侵蚀是贵州多级剥夷面形成的外在因素。大面积间歇性隆升表现为各地区图切剖面都可以反映出该地区存在着一系列剥夷面。多级剥夷面的分布格局及其自西向东破坏程度加剧,正是以新构造期承袭太平洋为终极基准,河流自东向西溯源侵蚀的结果。长江和珠江两大水系历经多次改造,若干区段分水岭高程与该区层状山岳峰顶面显示的剥夷面相近,一般自上而下均有3个不同海拔的剥夷面或剥蚀台地发育。

(2)多级河流阶地:贵州早更新世晚期以来发育了4~5级阶地,阶地级次、阶地类型在空间分布上变化明显:由黔东南向黔西北,随着河流发育状况的变化,阶地级次逐次减少,大致以万山、镇远、独山一线为界,东南一侧一般发育五级阶地;由此向西至凤冈、贵阳、贞丰一线,一般发育四级阶地;更往西,河谷中一般仅有2~3级阶地发育。阶地类型由以基座阶地、堆积阶地为主变为以侵蚀阶地为主;各个地区的各阶地面之间的相对高差自老而新也逐级减小。

(3)多层溶洞:在贵州喀斯特分布区同一垂直断面上,一般发育有3~5层不同高程的水平溶洞,水平溶洞是在地壳相对稳定期间,由地下水在碳酸盐岩中经水平循环并溶蚀形成,它们多与地表的河流阶地、剥夷面对应。多层溶洞的存在标志着该区地壳存在过多次间歇性隆升。

(三)水体地貌

1. 河 流

贵州的河流多为山区性河流,坡度大,水流急,下切侵蚀强,河谷常基岩裸露,以"V"形谷、峡谷、峡谷与宽谷相间分布为主。黔中及黔北地区,由河流基准面深切,河网密度相对稀疏,干谷相对发育;黔东南、黔西和黔西南处于河谷地区,河网密度相对较大,地表河与地下河交替出现。

贵州河流的突出特征之一是沿地质构造线发育,一般河流流向与地质构造线吻合,纵向河谷沿褶皱轴向发育,横向与斜向河谷沿断层与节理发育。同时出现河流不正常的绕流、汇流,多条河流同步突然转弯,分流点和汇流点的线性分布,河流或冲沟突然终止、错开,等等。主、支流呈直角交汇或河流沿断层发育而呈折线弯曲,古河道的废弃、河流的突然转向大都与新构造运动关系密切。如雷公山东侧沿断层带水系有齐一偏转现象;麻江东南老富庙、火烧寨一带,下寒武统中发育北东东向断层,形成北东东向河谷,其河谷两侧的小支流分布形状相异,北岸支流稀疏排列组成梳状水系,南岸支流密集,其下游向北东发生齐一偏转,平面上呈一系列向南西凸出的弧形;贵定西南的平寨附近,5条河流穿越近南北走向的断层后均向南发生统一偏转;石阡县城西南,河系穿越北东东向断层后发生统一偏转,流向由北北西变为北东;黔东南黎平、剑河一带的北东东向断层控制了沟谷的展布;黔南独山基长一带,北东东、北西西向断层控制了该地区地表河地下河的发育。思南邵家桥(孙家坝)附近乌江河段改道西迁,遗弃河道数千米长,高出乌江现代河床30 m左右。

2. 湖 泊

贵州高原山地由于特殊的地质地貌环境,天然湖泊不多,许多天然湖泊由于各种原因,湖面不断缩小,有的甚至已经干涸,这已成为高原生态环境和农业生产中一个值得注意的问题。天然湖泊大多属构造湖或喀斯特湖,如威宁草海、荔波鸳鸯湖、织金八步湖等。

3. 瀑 布

贵州主要河流多呈阶梯状剖面,剖面上侵蚀循环裂点或断层陡坎发育,瀑布一般在河流中上游或支流入主河谷的附近裂点处较发育,支流常呈瀑布或陡坎的形式与主河流不协调汇合,喀斯特区多表现为伏流,北盘江支流打邦河较为典型。河谷裂点一般可见2~3级,驰名中外的黄果树瀑布即位于打邦河3级裂点上。裂点之上游,河谷宽浅,地形缓丘起伏;裂点之下游,河谷深切狭窄,地形起伏较大,常呈现强切割峡谷地貌景观。

4. 温 泉

贵州的温泉严格受构造控制,主体出露于北东向断裂带,部分出露于近南北向断裂带,少部分出露于近东西向断裂带,极少数出露于北西向断裂带。

(1)北东向活动断层控制的温(热)泉:该类型温泉共有47处,占全省温泉总数的57.3%,是贵州温(热)泉中最主要的一类。其中,水温20~29 ℃的有17处,约占36.2%;水温30~39 ℃的有10处,约占21.3%;水温40~49 ℃的有12处,约占25.5%;水温≥50 ℃的有6处,约占12.8%。一般出露于北东向活动断裂带上或近侧,平面上常沿活动断层线性展布,呈带状,在省内形成了七星关—金沙—遵义北东向温泉带、盘州—贵阳—石阡—松桃北东向温泉带、麻江—凯里—剑河北东向温泉带。

（2）近南北向活动断层控制的温泉：该类型温泉共有 21 处，占全省温泉总数的 25.6%，是贵州温泉中较为重要的一类。其中，水温 20～29 ℃ 的有 12 处，约占 57.1%；水温 30～39 ℃ 的有 6 处，约占 28.6%；水温 40～49 ℃ 的有 2 处，约占 9.5%；水温≥50 ℃ 的有 1 处，约占 4.8%。一般出露于近南北向或北北东向活动断裂带上或近侧，平面上常沿活动断层线性展布，呈带状，在省内形成了贵定—平塘通州近南北向温泉带、思南—石阡近南北向温泉带。

（3）近东西向活动断层控制的温泉：该类型温泉共有 9 处，占全省温泉总数的 11.0%，是贵州温泉中较少的一类。其中，水温 20～29 ℃ 的有 6 处，约占 66.7%；水温 30～39 ℃ 的有 3 处，约占 33.3%。一般出露于近东西向活动断裂带上或近侧。该类型温泉水温普遍较低，最高水温为 36 ℃，其循环深度在 640 m 以上。

（4）北西向活动断层控制的温泉：该类型温泉共有 5 处，占全省温泉总数的 6.1%，是贵州温泉中最少的一类。其中，水温 20～29 ℃ 的有 3 处，占 60.0%；水温 30～39 ℃ 的有 2 处，占 40.0%。出露于北西向紫云—水城活动断裂带上或近侧，沿活动断层线性展布，呈带状，形成水城—六枝北西向温泉带。该类型温泉水温较低，最高水温 34 ℃，其循环深度在 560 m 以上。

三、地质灾害大类地质遗迹的分布规律

（一）滑　坡

滑坡主要包括基岩滑坡和松散层滑坡两大类。

基岩滑坡一般需要软硬相间的岩层、较平缓的产状和软硬岩层接触带形成足够高的临空面。贵州西北部和赤水、习水地区，地层多为软硬相间，岩层产状多在 5°～30°，加之地形切割较大，是发生基岩滑坡的多发区域。

松散层滑坡一般需要较厚的堆积物。黔东南浅变质岩分布区和望谟、册亨硅质碎屑岩分布区，构造发育岩石破碎，加之山高坡陡，容易形成松散层滑坡。

（二）崩　塌

崩塌多发生在坚硬岩石中，如花岗岩、变质岩、玄武岩、白云岩、灰岩等，分布在深切陡峭的河谷、地下河出入口或其他悬崖陡壁地带。由于公路、铁路或其他建筑的大量修建而对山地进行开掘，某些地段形成悬崖陡壁，遇雷暴雨、地震等震动作用激发，常发生崩塌，故人为因素已成为近代许多崩塌的一个重要原因。崩塌常堵塞河道，形成险滩，阻碍河运；或使农田、道路、其他建筑受到破坏，造成灾害。

另外，崩塌不仅是一种灾害，同时也是一些重要地貌景观形成的重要因素，如施秉云台山的白云岩峰丛、孤峰、张家界的砂岩峰林等，都是以崩塌为主要营力形成的。

（三）泥石流

泥石流是山区常见的自然灾害。有的泥石流是滑坡的继续发展，即始发是滑坡，待下滑到河谷又顺沟向下流动，转变成泥石流，称为滑坡泥石流。贵州是新构造运动强烈上升的构造山区，山高坡陡，气候潮湿，多雷暴雨，因而境内泥石流时有发生。在贵州，泥石流以西部地区的二叠系煤系地层分布较多。

第五章　贵州已建地质公园概况

2000年以来,贵州省开始建立不同层次、不同类型的地质公园。截至2020年,经联合国教科文组织、国土资源部(2018年3月以后为自然资源部)和贵州省国土资源厅(2018年11月以后为贵州省自然资源厅)批准,贵州已建立了12个地质公园,其中世界级地质公园1个、国家级地质公园8个、省级地质公园3个,具体情况见表5-1。

2016年以来,又陆续上报了铜仁碧江石林、沿河猫山、德江洋山河、赫章韭菜坪等省级地质公园及格凸河国家地质公园,均尚在建设中。

表5-1　贵州省地质公园基本概况一览表

公园名称	所在位置	面积/km²	级别	主要保护的地质遗迹
织金洞世界地质公园	织金	170.00	世界级	喀斯特洞穴
关岭化石群国家地质公园	关岭、晴隆	59.31	国家级	古生物
兴义国家地质公园	兴义	250.17	国家级	古生物及喀斯特地貌
平塘国家地质公园	平塘	25.83	国家级	喀斯特地貌及地层剖面
六盘水乌蒙山国家地质公园	六盘水	341.20	国家级	古生物及喀斯特地貌
绥阳双河洞国家地质公园	绥阳	139.00	国家级	喀斯特洞穴及化学沉积物
思南乌江喀斯特国家地质公园	思南	96.99	国家级	喀斯特地貌及水体景观
黔东南苗岭国家地质公园	剑河、台江、雷山、黄平、施秉、镇远等	225.47	国家级	古生物、地层剖面及白云岩喀斯特地貌
赤水丹霞国家地质公园	赤水	134.57	国家级	丹霞地貌
乌当省级地质公园	乌当	50.53	省级	地层剖面、古生物及第四纪冰川遗迹
独山省级地质公园	独山	708.60	省级	地层剖面及古生物
花溪省级地质公园	花溪	91.60	省级	三叠纪地质遗迹、古生物

第一节 世界级地质公园

织金洞世界地质公园

(一)概 况

织金洞世界地质公园为国土资源部于 2004 年 1 月批准建立的国家级地质公园,2006 年 1 月正式授牌。跨织金、黔西两县,大部分位于织金境内,总面积 170.00 km²。公园由一个园区组成,其中包含织金洞景区、绮结河景区、东风湖景区(图 5 - 1)。

织金洞世界地质公园是以喀斯特洞穴和类型丰富的洞穴沉积物为主体,兼峡谷、天生桥和天坑等于一体的大型综合地质公园,是中国西南高原峡谷喀斯特地貌形成及发展演化的典型代表,是研究第四纪更新世以来古地理、古气候及古水文的最佳场所。

图 5 - 1 公园位置及园区范围分布示意图

（二）地质遗迹类型

按照《国家地质公园规划编制技术要求》，公园内的地质遗迹类型共分为 4 大类 7 类 7 亚类。一为地质剖面大类，包括地层剖面类；二为地质构造大类，包括构造形迹类；三为地貌景观大类，包括岩石地貌景观类；四为水体景观大类，包括泉水景观类、湖沼景观类、河流景观类和瀑布景观类（表 5-2）。

表 5-2　织金洞世界地质公园地质遗迹类型

大类	类	亚类	主要景点
地质剖面	地层剖面	地方性剖面	织金洞地层剖面
地质构造	构造形迹	中小型构造	点葫芦褶皱构造观景点、下红岩小型褶皱构造、靴子山（船头山）褶皱构造
地貌景观	岩石地貌景观	喀斯特地貌景观	织金洞溶洞群、天坑群、漏斗、天生桥、绮结河峡谷、峰丛、石芽、地下河、干谷
水体景观	泉水景观	冷泉景观	龙井喀斯特泉
水体景观	湖沼景观	湖泊景观	东风湖
水体景观	河流景观	风景河段	绮结河
水体景观	瀑布景观	瀑布景观	九天银河、白绸垂帘

（三）主要地质遗迹特征

1. 织金洞溶洞群

公园区域内溶洞十分发育，目前已发现并探测的大小溶洞共有 16 个，分化石洞穴和地下河洞穴两种，主要分布于绮结河两岸的峰丛区域内，发育于下三叠统夜郎组黄椿坝段和永宁镇组灰岩地层中，实测总长度达 9086 m（仅指化石洞穴总长度），地下河洞穴长度大于 4000 m，组合成以织金洞为核心的"织金洞洞穴群"。其中，绝大多数洞穴高程在 1300 m 以上，为典型的高原喀斯特洞穴。织金洞洞穴群，自下而上，大致可分为 4 层：1000～<1200 m、1200～<1300 m、1300～<1350 m、1350 m 及以上，具有明显的成层发育规律。这是新构造运动频繁间歇性抬升的结果和证据。

2005 年织金洞被评为中国最美丽的旅游洞穴。织金洞是由 2 条主洞和 4 条支洞组成的规模宏大的 4 层迷宫式化石洞穴系统（图 5-2）。第一条主洞为洞口—日月潭—望山湖—广寒宫—十万大山，第二条主洞为水乡泽国—宴会大厅—北海坨（其中部分地段被崩积物堵塞）。两主洞走向大体平行，顺岩层走向水平延伸，顺地层倾向垂直延伸。4 条支洞，分别为塔林宫、金鼠宫、漫谷长廊和水晶宫，它们大部分为连接两条主洞的通道。

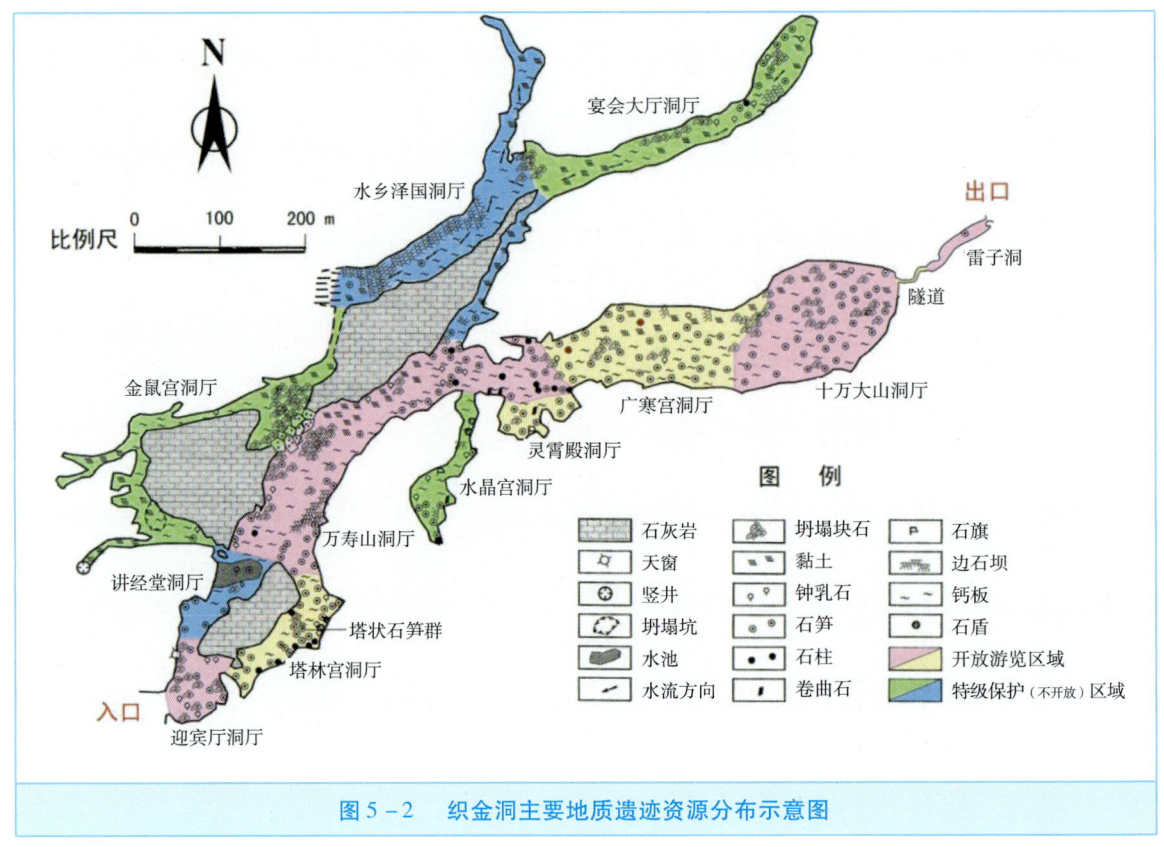

图 5-2　织金洞主要地质遗迹资源分布示意图

织金洞含有迎宾厅、塔林宫、讲经堂、水晶宫、灵霄殿、广寒宫（含银雨宫）、十万大山、金鼠宫、水乡泽国、宴会大厅等13个洞穴大厅，它们的洞底投影面积均在3000 m²以上。其中，洞底投影面积大于10 000 m²的大厅有6个，最大的十万大山（含广寒宫、银雨宫在内）洞厅洞底投影面积达46 200 m²（图5-3）。织金洞穴总容积约600万 m³。据初步统计，目前全球洞底投影面积大于25 000 m²的洞穴大厅有23个，织金洞十万大山洞厅位列第8名。同时，目前已发现的国内外洞穴中，多数仅发育有1~5个洞穴大厅，且洞底投影面积超过10 000 m²的大厅多数也仅有1个，而织金洞洞底投影面积在3000 m²以上的洞穴大厅就有13个，大于10 000 m²的洞穴大厅有6个，是目前世界上洞穴大厅分布密度最大的旅游洞穴，也是目前世界上洞穴总容积最大的旅游洞穴之一，堪称世界第一的洞穴大厅群。

图 5-3　广寒宫洞厅

2. 洞穴次生化学沉积物

织金洞内次生化学沉积物，有碳酸盐类的方解石、文石、水菱镁石和石膏等化学类型和矿物成分，发育有鹅管、钟乳石、石笋(图5-4)、石柱(图5-5)、石幔、石幕、石瀑布、石旗、石盾、流石坝、棕榈石笋(图5-6)、卷曲石(图5-7)、纺锤石、石葡萄、方解石花、石膏花等，尤其以盔状、丘状、塔状、菌状、纺锤状、拐状等特型石笋最具特色。它们的种类，从各种重力水沉积(如滴水、流水、池水、飞溅水等)到非重力水沉积、协同沉积、异因同形沉积等类型，在已有科学分类和命名的类型及形态中几乎样样齐全，且从宏观到微观、从水上到水下、从早期到现代、从碳酸盐类到硫酸盐类都齐全(表5-3)，分别代表了各种不同的形成环境。它们形态之多姿、体量之巨大、矿物结晶之完美和多样、数量之众多、类型之齐全、分布之密集，皆是国内外洞穴中少见的。

表5-3 织金洞内次生化学沉积物主要类型

类	亚类	主要类型	备注
重力水沉积类	滴石类	鹅管、钟乳石、石笋、石柱、特型石笋(盔状、丘状、塔状、菌状、纺锤状、拐状等)	以巨型和大型形态为主,特型石笋罕见
	流石类	石盾、石旗、石幕、石幔、石瀑布等流壁及石梯田、流石坝等流石	以琵琶状石盾与大面积(5000 m^2)流石坝最珍贵与罕见
	池水沉积	边石、穴珠	景观特色一般
	飞溅水沉积类	棕榈片、棕榈石笋、石珊瑚、石葡萄、石蘑菇	棕榈石笋以高大称奇
非重力水沉积类	硫酸盐类	石膏花、石膏皮壳、石膏针	大面积共生发育,晶莹剔透,国内外罕见
	碳酸盐类	文石花、文石针、方解石花,以及树枝状、鹿角状、放射状、花瓣状、羽毛状、蠕虫状、棒状等多种形态卷曲石	
协同沉积类		棕榈石笋(柱)、瘤状石笋(柱)、纺锤状石幔、石笋(柱)	以大型和巨型棕榈石笋(柱)最完全
异因同形沉积类		月奶石(水菱镁石等非结晶质矿物集合体)、石珊瑚、皮壳状物	以大面积发育月奶石为特色,国内外罕见

图5-4 石 笋

图 5-5 石 柱

图 5-6 棕榈石笋

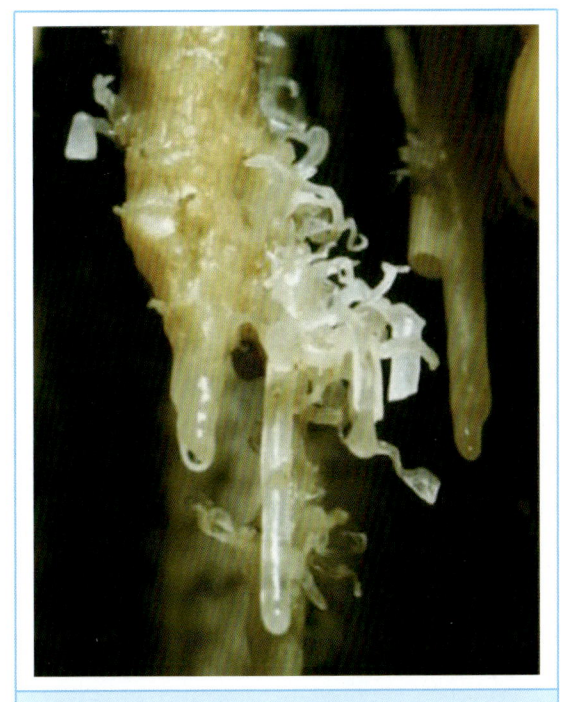

图 5-7 卷曲石

3. 峡谷类

公园区域内主要有两条峡谷,东风湖峡谷和绮结河峡谷,统称"织金峡谷"。

东风湖峡谷,全长约 38 km,为乌江上游鸭池河及其两大支流六冲河与三岔河冲蚀而成的深切峡谷(图 5-8),属六冲河下游河谷。主要发育于三叠系灰岩地层中,总体沿东北向延伸,与区域地质构造走向基本吻合。平均纵比降 2.5‰,谷深 200~500 m(拦坝成湖后,谷深 80~350 m),大部分河谷纵向形态差异较大,上部较开阔,宽 300~1000 m,深 100~350 m,总体属前期溶蚀作用残余的河谷;下部较窄,宽 80~350 m,深 200~500 m。峡谷两侧奇峰异石林立、绝壁连绵延展,绢绢细流偶尔从岩缝中流出,形成灵泉飞瀑。它们与多彩的植被及出没无常的鸟兽,构成自然、优美、和谐的生态环境,展现着大自然的壮美和盎然生机。

图 5-8 东风湖峡谷(局部)

4. 天坑群

公园区域内发现有大槽口、小槽口、大痴聋、小痴聋、大罗圈（图5-9）、小罗圈、夹岩洞等7个大、中、小型天坑（漏斗），组成"织金天坑群"，发育范围约42 km²，分布密度达0.17个/km²。它们皆为塌陷型天坑（漏斗），发育于下三叠统永宁镇组和夜郎组碳酸盐岩地层中，分别处于绮结河和织金洞两大地下河系统内，各自具有不同的规模形态、组合特征。

图5-9 大罗圈天坑

5. 天生桥群

织金天生桥群包括黄土坡南天生桥、黄土坡北天生桥、小妥倮天生桥、犀牛望月天生桥（图5-10）、天谷天生桥等5座天生桥，主要发育于下三叠统永宁镇组碳酸盐岩地层中，自西南向东北连续横跨于绮结河峡谷上，各自具有不同的规模形态、组合特征。5座天生桥，桥高和拱高均近百米，规模宏伟，部分具有独特的双孔桥拱结构，总体呈上、下双层结构，是目前国内外唯一发现的巨型双层和双孔天生桥群，是绮结河不同发育阶段的天然记录者。其中，犀牛望月天生桥是目前国内外十分罕见的巨型双孔弯曲状天生桥。

图5-10 犀牛望月天生桥

6. 保护利用现状及存在的问题

织金洞世界地质公园目前为贵州唯一的世界级地质公园，地质遗迹资源保护较好，保存较完整。目前旅游及科普活动主要集中在织金洞内,对绮结河、六冲河等景区的天坑、天生桥及峡谷等资源开发利用程度不高,旅游设施相对欠缺,资源利用程度不平衡。此外,织金洞世界地质公园的地质遗迹资源科普解说系统不够科学和完善,只在织金洞内设立简单的洞穴次生化学沉积物解说牌,其他地质遗迹资源基本没有设置解说系统。

第二节　国家级地质公园

一、关岭化石群国家地质公园

(一) 概　况

关岭化石群国家地质公园于2004年1月被国土资源部批准成为国家级地质公园,总面积为59.31 km²,分为岗乌园区、卧龙园区、新铺园区、江西园区及光照园区。除光照园区隶属于晴隆县管辖外,其余园区均位于关岭新铺境内(图5-11)。

图 5-11　公园位置及园区范围分布示意图

关岭化石群国家地质公园主体地质遗迹是关岭古生物化石群。该古生物化石群是继二叠纪生物集群灭绝之后,在中生代早期发育的一个集多门类脊椎动物、无脊椎动物和植物化石为一体,形态保存十分完整的化石群。其中,海生爬行动物类化石和海百合化石为该古生物化石群的核心,属地质遗迹类型较为单一的主题地质公园。关岭古生物化石群具重要科学价值,为研究海生爬行类动物的演化提供了丰富、宝贵的化石材料,为晚三叠纪地球表层环境的恢复提供了重要材料,是探索"两亿年前海洋生物世界奥秘"的窗口。

(二)地质遗迹类型

按照《国家地质公园规划编制技术要求》,公园内的地质遗迹类型共分为1大类2类2亚类,为古生物大类,包括古动物类、古植物类。古动物类可细分为古脊椎动物亚类和古无脊椎动物亚类。

(三)主要地质遗迹特征

1. 古动物类

(1)古脊椎动物亚类:关岭古生物化石群中古脊椎动物主要包括海生爬行类、龟类及鱼类,该亚类化石均被列入国家一级重点保护化石名录。

海生爬行类(图5-12):已发现11属12种,包括楯齿龙类2属2种、肿肋龙类2属3种、海龙类2属2种、鱼龙类5属5种。它们与古特提斯海中的爬行动物相似,但其中的鳍龙类、海龙类和鱼龙类具三叠纪与侏罗纪—白垩纪爬行类动物群之间的过渡色彩。关岭古生物化石群中的海生爬行类还具有种类组成上的高度多样性、地理分布上的明显区域性等特点。

龟类:在关岭古生物化石群中发现了半甲齿龟(图5-13)。半甲齿龟是目前已知最古老的龟类。它具有细密的牙齿及处于雏形状态的甲壳结构,其身体结构表明,龟类腹甲的形成远远早于背甲,当腹部的甲壳已经演化到与现在的龟类相差无几时,背部甲壳才开始出现。背甲的形成与肋骨的特化有显著关系,而与此前推测的单独存在的甲板无关。完整的腹甲和处于雏形状态的背甲表明龟类的祖先仅可能是生活在水中的,因为在水里动物更有可能面对来自身体下方的攻击,而陆地上则相反。

鱼类:关岭古生物化石群中另一主要的脊椎动物是鱼类(图5-14)。经刘冠邦等研究表明,关岭古生物化石群中的鱼类有 *Guizhoucoelacanthus guanlingensis*, *Birgeria guizhouensis*, *Pholidopleurus xiaowaensis*, *Peltopleurus brachycephalus*, *Guizhoueugnathus largus* 等属种。另外,在关岭古生物化石群中还发现相当丰富的软骨鱼类的牙齿和鳞片,计有11属14种,主要有 *Rhomicorona rhombica*, *Lobaticorona tumiditurris*, *Seratocorona hatberchiforme* 等。

鱼 龙	楯齿龙

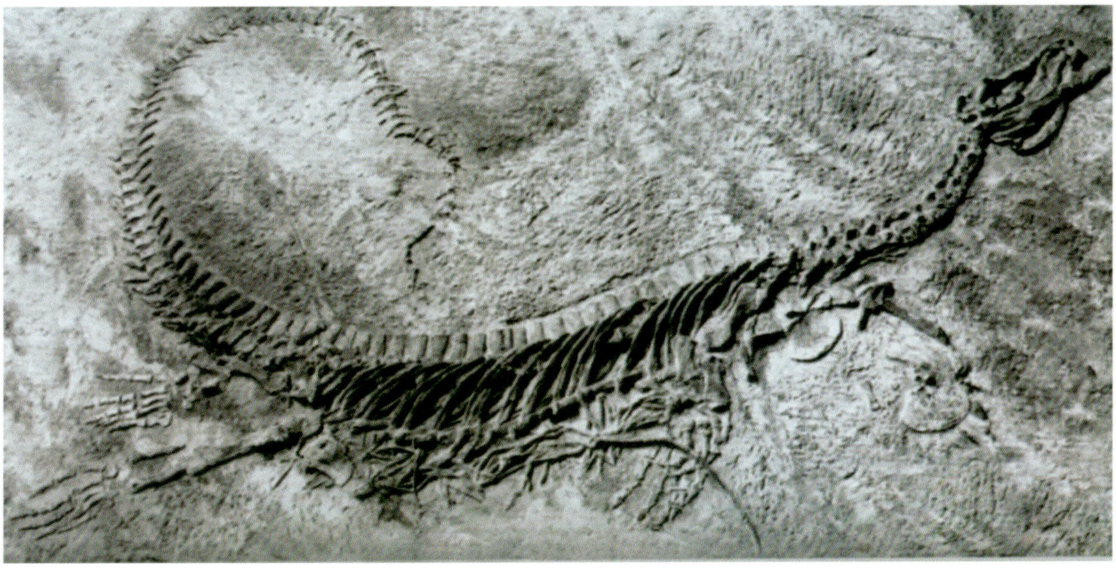

海 龙

图 5-12　海生爬行类

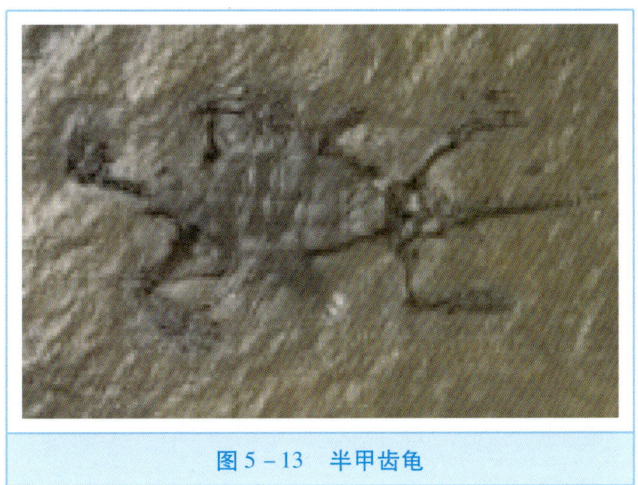

图 5-13　半甲齿龟

图 5-14　鱼 类

(2) 古无脊椎动物亚类。

海百合：海百合是关岭古生物化石群的特征核心成员之一。它不仅数量丰富，而且保存完整，但属种比较单一，目前仅有 1 属 1 种，即 *Traumatocrinus hsüi* Mu（图 5-15、图 5-16）。值得指出的是，以往普遍认为这类海百合是营底栖生活,但最近发现一些呈丛状保存的创孔海百合类化石标本,以网状或铰接状的"根"固着在漂浮的硅化木化石之上,这一发现说明创孔海百合类至少在幼年期是营假漂浮生活,它们曾经依托随波逐流的树干而广泛分布。这种营假漂浮生活的海百合为进一步探讨漂浮型海百合的起源和早期演化提供了化石材料。

图 5-15　许氏创孔海百合

图 5-16　许氏创孔海百合冠部

菊石:关岭古生物化石群中的菊石虽然数量巨大,但种类比较单调,以前粗菊石 Protrachyceras、粗菊石 Trachyceras(图5-17)和副粗菊石 Paratrachyceras 为主,共计3属16种。菊石往往大量堆积在一起形成生物化石层。关岭古生物化石群菊石的菊石壳为平旋式,缝合线复杂,为菊石式及菊面石式,体管多位于腹部,常有突出部。关岭古生物化石群中的菊石从壳体特征看,主要营浮游生活。

双壳类:关岭古生物化石群中的双壳类数量巨大,保存完好。双壳类以薄壳类营浮游或底栖生活的海燕蛤 Halobia(图5-18)、比特蛤 Bittneria 和鱼鳞蛤 Daonella 为主。此外,还有厚壳型营固着生活的牡蛎类。这些双壳类中,海燕蛤的数量最多,最常见的有3种,它们是顾氏海燕蛤 Halobia kui、近细线海燕蛤 Halobia subcomata 和类皱海燕蛤 Halobia rugosoides。

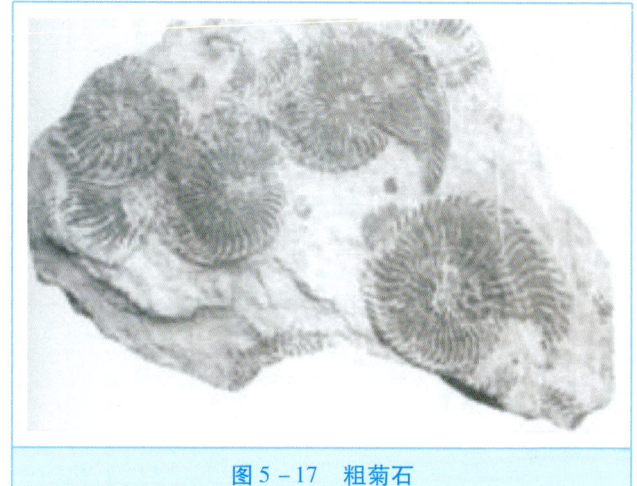

图 5-17　粗菊石

图 5-18　海燕蛤

2. 古植物类

产关岭古生物化石群的地层,无论是从岩相古地理,还是从岩石特征和古生物化石群组合,都表明它们是在海洋环境沉积形成的。植物化石均属异地埋藏,即陆地植物是死亡后冲入海中漂移到此处沉积形成的。共见2属2种,分别是砂地木贼(相似种)*Equisetites arenaceus*(图5-19)和沙兰蓖似查米亚 *Ctenozamites sarrani*(图5-20)。植物化石特征表明其生长在陆地河、湖水体边缘或沼泽地带,指示当时为四季分明的非热带气候。

图5-19　砂地木贼(相似种)

图5-20　沙兰蓖似查米亚

3. 保护利用现状及存在的问题

根据对关岭化石群国家地质公园的实地调查,发现主要存在以下问题:

(1)关岭化石群国家地质公园没有划定具体的公园边界,没有设立明确的边界拐点坐标,只在区域上大致圈划了部分化石地层出露范围。由于没有明确的地质公园边界,所以给公园管理和旅游发展带来了极大不便。

(2)由于关岭化石群国家地质公园的三叠纪古脊椎动物和海百合等化石具有很高的观赏和科学价值,在经济利益的驱动下,公园内化石盗采、盗挖现象非常严重。经实地调查发现,公园内约有200多个盗坑(图5-21、图5-22),加之化石出露范围广,多数区域交通不便,给公园管理部门打击盗采、盗挖带来诸多不便。

图5-21　麻洼村盗坑群

图5-22　梁子上盗采区

(3)关岭化石群国家地质公园目前利用的地质遗迹资源主要为三叠纪古脊椎动物和海百合等化石资源,对其他地质遗迹资源类型的价值挖掘不够,造成公园资源属性较为单一。所以,来公园游玩参观的游客类型也相对单一,公园收入较低,对地方经济发展的带动力度不够。

二、兴义国家地质公园

(一) 概　况

贵州兴义国家地质公园为国土资源部于2004年1月批准建立的国家地质公园,2006年9月28日正式授牌。

2015年10月,黔西南自治州兴义国家地质公园以海洋古生物化石群为主要特色申报创建世界地质公园,目前已经向联合国教科文组织相关机构递交了申报意向书和申报材料。

公园总面积250.17 km²,包括万峰林园区、乌沙园区和泥凼园区三大园区。地跨乌沙镇、白碗窑镇、马岭街道、桔山街道、丰都街道、万峰林街道、敬南镇、则戎镇、泥凼镇等乡级行政单位(图5-23)。

图5-23　公园位置及园区范围分布示意图

公园是以三叠纪罕见的贵州龙动物群化石及其产地、三叠系碳酸盐岩地层为载体的奇特的喀斯特峰林景观为主体,由三叠系岩相突变地质景观构成的高品质、多类型的大型综合性地质公园。兴义市境内三叠系出露面积达2816 km²,占兴义市国土面积的96.6%,而公园内出露地层全部为三叠系,发育了从三叠纪早期至三叠纪末期,从深水盆地到浅海台地,不同时期、不同相位的沉积地层。保存了三叠纪时期形成的发育完整的三叠纪台-盆相变带沉积遗迹和贵州龙动物群古生物化石遗迹,形成了发育于三叠系碳酸盐岩地层中的多姿多彩的喀斯特地貌景观。因此,"三叠纪"是本公园的主题特色。具体可诠释为以下几点:①生命演化之宝——三叠纪化石;②特提斯海之东——三叠纪地层;③沧桑变化之证——三叠纪相变;④峰林地貌之基——三叠纪岩石。

(二)地质遗迹类型

按照《国家地质公园规划编制技术要求》,公园内的地质遗迹类型共分为6大类11类14亚类。一为地质剖面大类,包括沉积岩相剖面类;二为地质构造大类,包括构造形迹类;三为古生物大类,包括古动物类、古生物遗迹类;四为地貌景观大类,包括岩石地貌景观类、流水地貌景观类、构造地貌景观类;五为水体景观大类,包括湖沼景观类、河流景观类、瀑布景观类;六为环境地质遗迹景观大类,包括地质灾害遗迹景观类(表5-4)。

表5-4 兴义国家地质公园地质遗迹类型

大 类	类	亚 类	主要景点
地质剖面	沉积岩相剖面	典型沉积岩相剖面	烘公三叠纪台-盆相变剖面
地质构造	构造形迹	区域构造	乌沙构造盆地
		中小型构造	帐篷构造、大型节理构造等
古生物	古动物	古脊椎动物	海生爬行类、鱼类等
		古无脊椎动物	三叠纪藻礁
	古生物遗迹	古生物活动遗迹	关岭组虫迹化石
地貌景观	岩石地貌景观	喀斯特地貌景观	峰丛、峰林、喀斯特盆地等
	流水地貌景观	流水侵蚀地貌景观	河流侵蚀阶地
	构造地貌景观	构造地貌景观	多层河流阶地
水体景观	湖沼景观	湖泊景观	万峰湖
	河流景观	风景河段	马岭河
	瀑布景观	瀑布景观	马岭河峡谷瀑布群
环境地质遗迹景观	地质灾害遗迹景观	山体崩塌遗迹景观	三叠纪海底崩塌遗迹及现代崩塌堆积体
		泥石流遗迹景观	三叠纪海底泥石流遗迹

(三)主要地质遗迹特征

1. 兴义动物群古生物化石

兴义动物群是指产于兴义乌沙、顶效及其邻区中三叠统晚期法郎组竹杆坡段底部,以胡氏贵州龙为主的海生爬行动物类及鱼类、双壳类、菊石、陆生植物等多门类生物共生的化石群。兴义乌沙、顶效是兴义动物群古生物化石的主要产地。截至目前,发现各类古脊椎动物化石共计25属28种,包括鱼龙超目2属2种、鳍龙超目8属9种、海龙类2属3种、原龙类2属2种、鱼类11属12种。兴义动物群已研究命名的海生爬行动物有14属16种。包括:胡氏贵州龙 *Keichousaurus hui*、杨氏幻龙 *Nothosaurus youngi*、幻龙(未定种)*Nothosaurus* sp.、兴义鸥龙 *Lariosaurus xingyiensis*、岔江黔西龙 *Qianxisaurus chajiangensis*、乌沙安顺龙 *Anshunsaurus wushaensis*、黄泥河安顺龙 *Anshunsaurus huangnihensis*、李氏云贵龙 *Yunguisaurus liae*、绿荫顶效龙 *Dingxiaosaurus luyinensis*、康氏雕甲龟龙 *Glyphoderma kangi*、富源巨胫龙 *Macrocnemus fuyuanensis* 和长颈龙未定种 *Tanystropheus* sp. 等。除上述标本,现还有鱼龙类、海龙类和鳍龙类化石标本也在研究中。

兴义动物群以实体化石为主,同时产出模铸化石和遗迹化石。最主要的为古脊椎动物的实体化石,涵盖鱼龙超目、鳍龙超目、海龙类、原龙类和鱼类。兴义境内的古生物遗迹主要分布在乌沙和顶效两大片区13个地质遗迹点,包括乌沙片区泥麦古、革里、洒布、革居、佳克、干石洞、永康桥、新发、罗家湾、谢米,顶效片区后龙山、光堡堡化石遗迹点,化石出露面积23.34 km²。其中乌沙片区泥麦古和顶效片区绿荫是研究程度最高、古生物化石最丰富的两个遗迹点。

(1)胡氏贵州龙(图5-24)。

分类:动物界,脊索动物门,爬行纲,鳍龙超目,幻龙目,肿肋龙科,贵州龙属,胡氏贵州龙。

特征:胡氏贵州龙系已灭绝的海生爬行动物。成年个体体长20~30 cm。胡氏贵州龙主要靠身体和尾部的摆动在水中游动,四肢骨均呈宽扁状,无疑也是对生存环境的适应。胡氏贵州龙有长的颈部和尾部,长的颈部让其容易将头部露出水面,利于呼吸,并可较大范围地捕食;长的尾部除在水中摆动使其能在水中前进外,还可以控制其前进的方向,有利于维持身体的平衡。胡氏贵州龙主要在浅海水体上部或表层营游泳生活,并且有到海滨及岛屿上短距离活动的可能。胡氏贵州龙有细小而尖锐的牙齿,说明它以水中的浮游小动物为食。另外,众多的胡氏贵州龙及不同发育阶段个体被原地埋藏在一起,表明胡氏贵州龙可能为群居生活。

(2)杨氏幻龙(图5-25)。

分类:动物界,脊索动物门,爬行纲,鳍龙超目,幻龙目,幻龙科,幻龙属,杨氏幻龙。

特征:杨氏幻龙是半海生动物,它们可能过着类似海豹的生活。身长1~2 m,具有长脚趾,趾间有蹼,尾巴可能呈鳍状。杨氏幻龙可能借由摇摆尾巴、四肢及有蹼的脚掌在水中推动前进。杨氏幻龙的头部长,宽广且平坦,它们可能利用具有针状牙齿的长颌部捕抓鱼类与海中的其他动物。杨氏幻龙可能会缓慢跟踪猎物,然后快速展开攻击,通常只有少数猎物可以从其嘴巴挣脱。杨氏幻龙的身体在许多方面类似较晚期的蛇颈龙类,但它们没达到像蛇颈龙类动物般对水生环境的高度适应。一些科学家认为,部分幻龙演化出了蛇颈龙类,例如滑齿龙、浅隐龙。

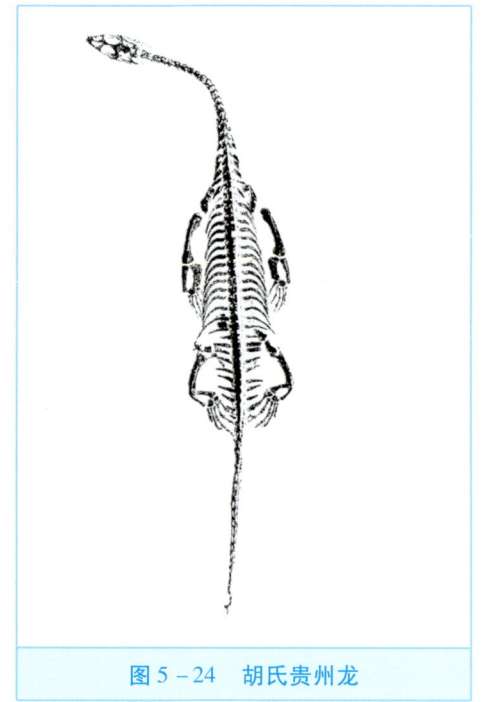

图5-24 胡氏贵州龙

图5-25 杨氏幻龙

(3)幻龙(未定种)。

分类:动物界,脊索动物门,爬行纲,鳍龙超目,幻龙目,幻龙科,幻龙属,幻龙(未定种)。

特征:新种以眶后弓窄、上颌骨和眶后骨在轭骨之后相连、外翼骨形成明显的腹向凸缘、下颌具清晰的冠状突和夹板骨前端进入下颌缝合部等特征区别于幻龙的其他种。支序分析的结果表明杨氏幻龙的原始性仅次于 *Nothosaurus juvenilis*。新种杨氏幻龙具有 *Nothosaurus* 中的一些原始特征,短的下颌缝合部、短的上颌齿列和窄的眶后弓,该新种在法郎组竹杆坡段的发现支持含化石地层为中三叠世拉丁期的结论。

(4)兴义鸥龙(图5-26)。

分类:动物界,脊索动物门,爬行纲,鳍龙超目,幻龙目,幻龙科,鸥龙属,兴义鸥龙。

特征:兴义鸥龙是生存于欧洲及中国贵州三叠纪晚期的海生爬行动物。身长约60 cm,是最小的幻龙之一。与它们的幻龙类近亲相比,鸥龙较为原始,拥有短的颈部与小的鳍状肢。推测它们游泳能力较差,大部分时间在干燥陆地上或在浅水中猎食。在幻龙类中,鸥龙相当独特,其前肢已演化成鳍状肢,而后肢仍保有五根脚趾。在成年的鸥龙化石中曾发现未成年鸥龙的化石,因此它们被认为是胎生动物。也曾在鸥龙化石的胃部发现两个楯齿龙类幼年豆齿龙的化石,由此可推断出它的食性。

图5-26 兴义鸥龙

(5)岔江黔西龙(图5-27)。

分类:动物界,脊索动物门,爬行纲,鳍龙超目,幻龙目,肿肋龙科,黔西龙属,岔江黔西龙。

特征:黔西岔江龙是一种原始的鳍龙超目爬行动物,外表稍微类似水生蜥蜴,只生存于三叠纪。它们的体形修长,体长80~100 cm,头部较大,颈部长,肢蹼状,尾巴长。它们的肢带缩小许多,所以不太可能移动到陆地上。它们的前颌部布满钉状牙齿,显示其以捕食鱼类为生。

图 5-27 岔江黔西龙

(6)乌沙安顺龙。

分类:动物界,脊索动物门,爬行纲,海龙目,阿氏开普吐龙科,安顺龙属,乌沙安顺龙。

特征:乌沙安顺龙生活于中三叠纪的中国,属于海龙类,是安顺龙的第二个种。相较于黄果树安顺龙的两个已知标本,此种的头骨较小,轭骨后突短,向后延伸不超过下颞孔之半;后背区的神经棘高度小于宽度,其背缘有垂向沟、脊,间锁骨十字形,前突基部宽;肱骨外髁沟明显,内髁很发达,在内腹侧有脊但无孔;第五掌骨比第四掌骨稍长,第四指失去一个指节;髂骨板向后背向展开,7个跗骨骨化。

(7)黄泥河安顺龙(图 5-28)。

分类:动物界,脊索动物门,爬行纲,海龙目,阿氏开普吐龙科,安顺龙属,黄泥河安顺龙。

特征:黄泥河安顺龙新种采自贵州省兴义市乌沙镇谢米村上三叠统法郎组竹杆坡段底部。它与邻区发现的晚三叠世黄果树安顺龙和乌沙安顺龙相比,存在如下相似之处:轭骨呈三射形;荐前椎都约为38枚;颈椎约17枚;趾式为2-3-4-5-4。但是,新种与后两者之间最大的区别是:新种的乌喙骨前缘向前延伸较短,而后腹缘向后延伸较远,而后两者的情况刚好相反。新种的乌喙骨的特征与在欧洲发现的中三叠世 *Askeptosaurus italicus* 和晚三叠世诺利期 *Endennasaurus acutirostris* 的较为相近。以上特征表明新种可能为 *Askeptosaurus italicus* 和黄果树安顺龙的过渡类型。黄泥河安顺龙的发现为长颈型海龙类的系统演化和古地理分布提供了重要的证据。

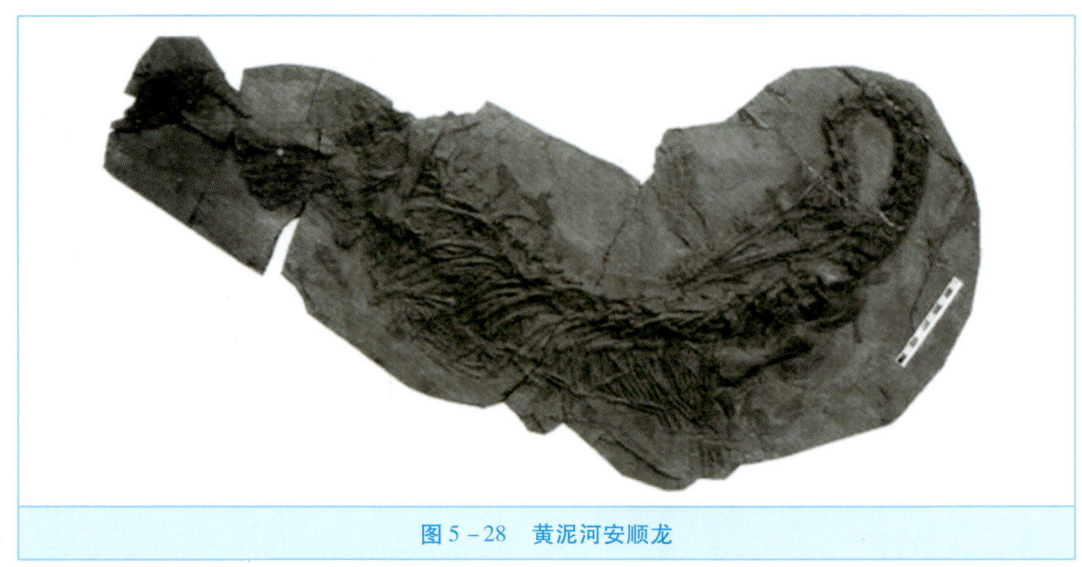

图 5-28 黄泥河安顺龙

(8) 李氏云贵龙(图5-29)。

分类:动物界,脊索动物门,爬行纲,鳍龙超目,蛇颈龙目,纯信龙科,云贵龙属,李氏云贵龙。

特征:李氏云贵龙是海生爬行动物的一种,该化石发现于中国云贵高原和欧洲的三叠纪地层。李氏云贵龙的身长有3 m。李氏云贵龙是目前已知最古老的蛇颈龙类,也是唯一生活在三叠纪的蛇颈龙类。李氏云贵龙在生理上同时拥有幻龙类(腭骨与身体形状)和蛇颈龙类(僵直的脊椎骨)的特征。它们的鳍状肢与头部、长颈部也类似蛇颈龙类。僵直的脊椎骨显示它们能够用鳍状肢推动水而前进。它们的牙齿锐利、众多,适合捕抓鱼类。

图5-29 李氏云贵龙

(9) 绿荫顶效龙。

分类:动物界,脊索动物门,爬行纲,鳍龙超目,蛇颈龙目,纯信龙科,云贵龙属,绿荫顶效龙。

特征:绿荫顶效龙化石采集于绿荫村西面大约150 m处绿荫水泥厂南面采石场出露的中三叠统杨柳井组(拉丁阶)灰黑色中、薄层灰岩中。它的肢骨形态和结构颇为独特,股骨、胫骨、腓骨及跗骨的形状和结构类似于原始的鱼龙类,趾骨形状和数目有些类似于最早的蛇颈龙类,但又与所有已知的鱼龙类和蛇颈龙类的属种均明显不同,曾将其划入鱼龙类中。它是早期海生爬行动物进化的一个比较原始而孤立的新种。它的发现对早期海生爬行动物进化多样性的认识具有十分重要的意义。

(10) 康氏雕甲龟龙(图5-30)。

分类:动物界,脊索动物门,爬行纲,鳍龙超目,楯齿龙目,豆齿龙科,龟龙属,康氏雕甲龟龙。

特征:康氏雕甲龟龙的正型标本保存于浙江自然博物院,身长近2 m,其头骨高度愈合,代表它是一个成年个体。它的以下特征明显区别于我国的 *Psephochelys* 和欧洲的 *Glyphoderma*:①头骨枕部具3枚大型的锥状鳞;②背甲甲片结构更为复杂,具明显的放射状沟/脊结构。

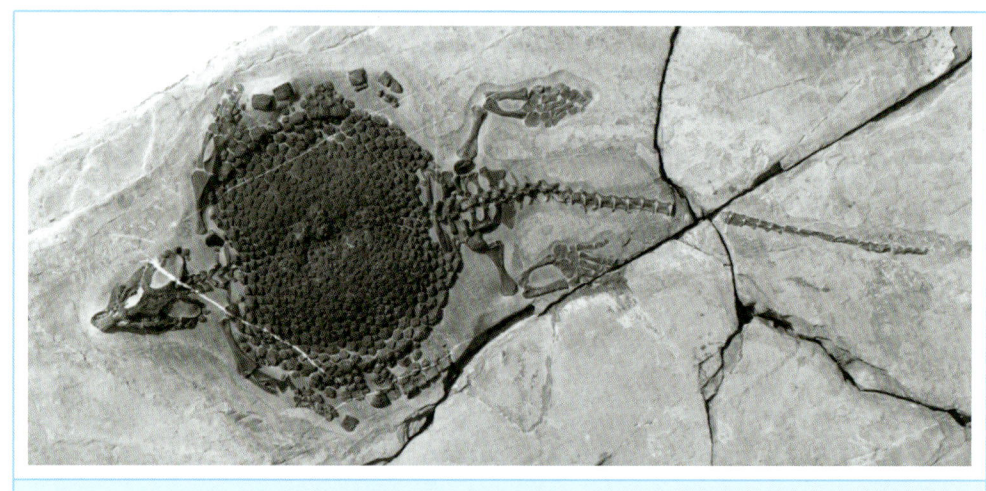

图 5-30　康氏雕甲龟龙

(11) 富源巨胫龙（图 5-31）。

分类：动物界，脊索动物门，爬行纲，原龙目，原蜥科，巨胫龙属，富源巨胫龙。

特征：富源巨胫龙的背椎数目、股骨与胫骨，以及肱骨与桡骨之间相对长度的显著差异区别于欧洲的模式种 Macrocnemus bassanii。这是巨胫龙化石在瑞士圣乔治山地区以外的首次发现，也是中国南方海相三叠系中第一件真正意义上的陆生爬行动物巨胫龙化石在法郎组竹杆坡段的出现，不仅为颇具争议的竹杆坡段时代归属——中三叠世拉丁期提供了新的证据，同时明确显示该地区存在着一个未知的三叠纪陆生动物群和陆地生态系统。这个陆地生态系统很可能起源于此前的安尼期，在拉丁期达到成熟阶段。中生代早期特提斯海北缘的岛屿和岛链，是多种爬行动物，特别是陆生爬行动物东西迁移的重要通道。

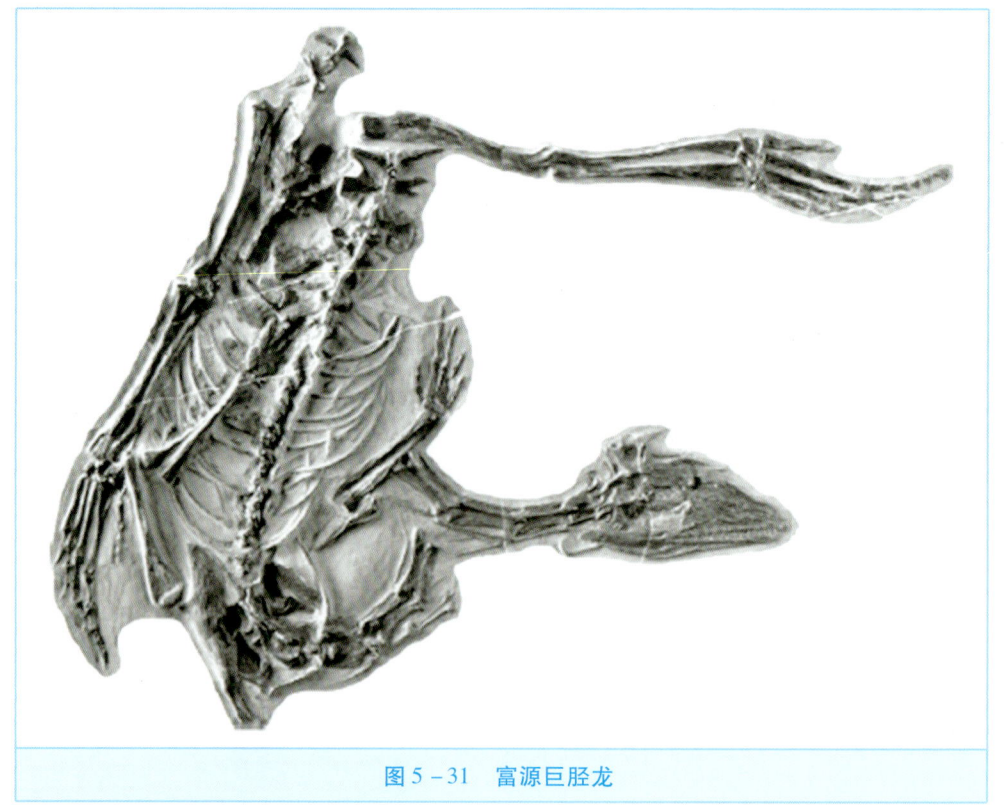

图 5-31　富源巨胫龙

(12)长颈龙(未定种)(图5-32)。

分类:动物界,脊索动物门,爬行纲,有鳞目,长颈龙科,长颈龙属,长颈龙(未定种)。

特征:该标本为一幼年个体的不完整骨架。这是该属在欧洲和中东以外的首次发现。该标本仅保存部分颈椎、躯干和前肢。根据其特殊的颈椎形态,将该标本归入长颈龙属,而区别于另一种长颈的海生原龙类动物——东方恐头龙。该标本的腕骨形态简单,骨化程度弱,表明长颈龙是终生水生的动物。长颈、长颈肋见于多种不同海生爬行动物(如原龙类、初龙类),它们很可能都以"吞吸"的方式捕食。长颈龙化石在我国的发现进一步验证了中国南方三叠纪海生爬行动物群与欧洲西特提斯动物群之间的密切关系。

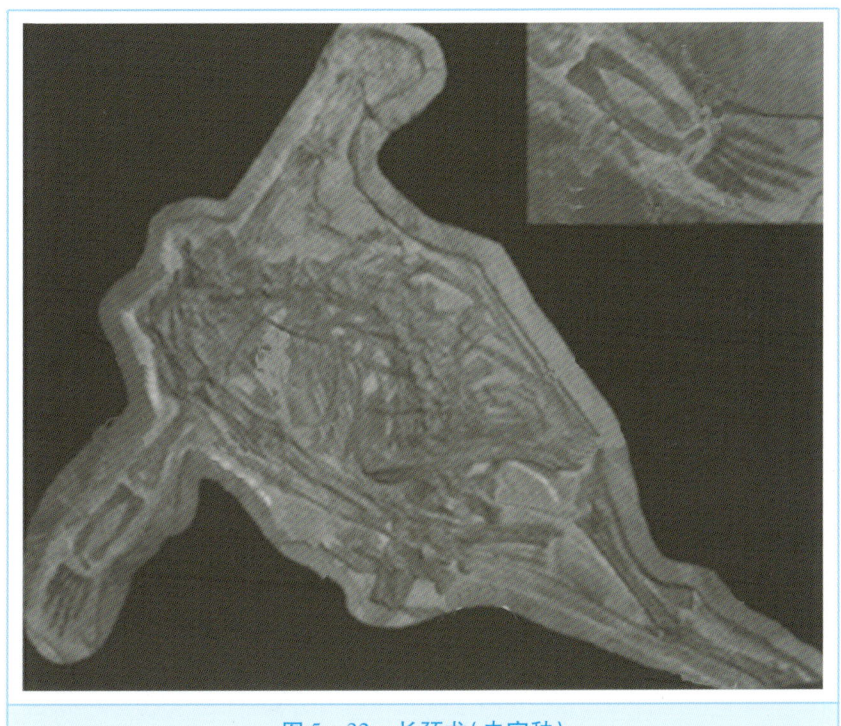

图5-32　长颈龙(未定种)

(13)鱼类。兴义动物群还产有丰富的鱼类化石。经苏德造、金帆、刘冠邦等研究,记述的主要属种有:贵州中华真颚鱼 Sinoeugnathus kueichowensis(图5-33),兴义亚洲鳞齿鱼 Asialepidotus shingyiensis,东方肋鳞鱼 Peltopleurus orientalis,刘氏比耶鱼 Birgeria liui,小鳞贵州鳕 Guizhouniscus microlepidus,小短体鱼 Brachysomus minor(图5-34),秀丽兴义鱼 Xingyia gracilis(图5-35),臀鳞贵州真颌鱼 Guizhoueugnatus analilepida,优美贵州弓鳍鱼 Guizhouamia bellula(图5-36),关岭贵州空棘鱼 Guizhoucoelacanthus guanlingensis,等等。此外,尚有一些其他新的类型,如半椎鱼类、叉鳞鱼类正在进一步研究中。其中,优美贵州弓鳍鱼的发现不仅把弓鳍鱼历史提前了约7000万年,而且对弓鳍鱼的起源和演化都具重要意义。

图5-33 贵州中华真颚鱼

图5-34 小短体鱼

图5-35 秀丽兴义鱼

图5-36 优美贵州弓鳍鱼

兴义动物群是三叠纪生物圈海洋生态系统辐射发展阶段晚期的代表,显示了强烈的西特提斯与东太平洋亲缘性,反映了海生爬行类从初步适应海洋生活到高度适应海洋生活、从近岸生活游向广阔大洋的关键时间节点。兴义动物群化石种类多样,形态差异巨大,反映出这些生物具有各自不同的生活习性。不同的生活习性表明,这些生物在海洋中占据不同生态位,抑或是随环境变化,生态类型发生了转变。对于这些不同门类、不同习性生物间关系的探讨,对深入理解三叠纪生命复苏与稳定生态系统的建立有着重要意义。

2. 喀斯特地貌景观

(1)纳灰河坡立谷峰林(图5-37):位于万峰林景区纳灰河坡立谷中。坡立谷通常指具有陡峭谷坡围绕或半围绕的大型封闭谷地或盆地,具有地表河和地下排水通道,其底部和边缘常有泉或地下河出露,其末端有落水洞将水排出。它可以被暂时淹没,也可以被局部淹没。

纳灰河坡立谷发育于纳灰向斜核部,坡立谷延伸方向与纳灰向斜轴线基本一致。成景地层为中三叠统杨柳井组白云岩地层。谷地四周峰丛环绕,谷地内地势宽阔平坦;散落的石峰点缀其间,石峰海拔1150~1200 m,石峰相对高度30~50 m;浅碟形漏斗错落有致,农田以漏斗为中心呈同心圆状分布;纳灰河沿宽阔平坦的谷地自北而南缓缓流淌,使盆地景色充满了灵气。雄伟的峰丛、俊秀的峰林、蜿蜒的小河、恬静的村落构成一幅"天人合一"的和谐画面。

图 5 – 37　纳灰河坡立谷峰林

（2）泥凼石林：是发育于三叠系垄头组灰岩中的石林地貌景观，由密集林立的石柱、石峰及溶沟、溶槽组合而成，相对高度一般小于 20 m，高者可达 30～40 m。公园内分布面积较大的石林集中在泥凼和红椿 2 处，尤以泥凼石林最为壮观。

石林形成于峰峦叠嶂的喀斯特峰丛洼地中，沿起伏跌宕的山地表面分布，形态上以剑状石林为主。生成此种石林的地貌环境本身就是一幅雄奇壮观的风景画，剑状的石林、浑圆的溶丘、平缓的洼地、尖峭的锥峰组成的透视画面层次丰富、雄奇壮美，粗犷豪放的山野石林风光独树一帜。石林自北东而南西分为风波湾、戴家坝、白马地 3 个景色各异的石林片区（图 5 – 38～图 5 – 40）。

图 5 – 38　风坡湾石林

图 5 – 39　戴家坝石林

图 5 – 40　白马地石林

风波湾石林:位于公园东部,为发育于峰丛山地缓坡地带的坡地石林景观。石林沿北西西向和近南北向两组节理裂隙发育,高度一般为5~12 m,最高可达30 m。石林形态多呈不规则的柱状和剑状,表面溶蚀裂缝纵横交错,可谓"体无完肤",由此而塑造出石林景观的奇特多姿。

戴家坝石林:位于公园中部,为发育于峰丛洼地内的洼地石林景观。戴家坝地势平缓,土层较厚,石林多以高2~5 m的石芽群为主。根部为土层掩盖故较为低矮,高大石柱较少,掩映在竹林、芭蕉林和树丛中,呈现出清幽恬静的石林田园风光。

白马地石林:位于公园西部,为发育于峰丛洼地中的山地石林景观。石林高度一般为5~25 m,其形态以剑状为主,杂有锥状、鱼鳍状、屏风状及柱状等。石林主要分布于洼地南面的锥峰陡坡及西面的台地上。陡坡上的石林尖峭挺拔,石峰簇状如利剑,气势雄奇有如万剑凌空;台地上的石林参差罗列,石柱形态奇异多姿,廊道幽深曲折,穿行其间如陷迷宫。该区台地与陡坡2种石林景观的巨大差异、复杂的地形结构、丰富的景观层次,组合成神奇粗犷的山地石林风光,成为泥函石林的精华。

(3)马岭河峡谷:系马岭河沿海拔1150~1200 m的喀斯特剥夷面急剧下切而成的一条深邃嶂谷。北起马岭街道,南至万峰湖口,全长约37 km,具有"高原峡谷一线天"的神奇特点,是一个以雄、奇、险、秀为特色的峡谷。马岭河峡谷为地缝式的喀斯特嶂谷,除了地表河流侵蚀切割作用以外,峡谷的形成主要与地下河或大型水平溶洞的顶板崩塌有关。峡谷切割深度为200~500 m,两岸垂直的谷坡高度为100~150 m,谷底宽30~50 m,最窄处仅约20 m。马岭河峡谷根据地貌组合可分为3段,即溶原嶂谷段、峰丛嶂谷段、峰丛峡谷段。

溶原嶂谷段(图5-41):从马岭街道至天星画廊,长8 km。系马岭河沿三叠系杨柳井组白云岩地层发育的溶原面深切形成的峡谷地貌。谷顶溶原平缓,偶有溶丘发育,溶原面与峡谷的裂点附近泉点密布,瀑布成群;谷内崖壁陡立,钙华垂悬,怪石嶙峋,水流湍急,是马岭河峡谷的精华段。

图5-41 溶原嶂谷

峰丛嶂谷段(图5-42):从天星画廊至赵家渡,长约14 km。系马岭河溶蚀、侵蚀发育于三叠系杨柳井组白云岩地层中的峰丛洼地形成的峡谷地貌。峡谷两岸峭壁对峙,群峰耸立,漏斗发育,常年泉点、瀑布较少,但丰水期泉点、瀑布仍很发育。谷底地势崎岖、河水湍急、滩多潭深,是开展漂流的理想场所。

峰丛峡谷段(图5-43):从赵家渡至万峰湖口,长约15 km。系马岭河深切发育于三叠系杨柳井组白云岩地层和垄头组灰岩地层中的峰丛洼地、峰丛深洼形成的峡谷地貌。峡谷断面呈"V"形,谷壁陡峻,谷顶峰丛高大挺拔。受万峰湖回水影响,上段峡谷水流湍急,下段峡谷水流平缓。

图5-42　峰丛嶂谷

图5-43　峰丛峡谷

(4)钙华瀑布:是瀑水、泉水飞流导致水体物理化学条件迅速变化,并伴有生物作用使碳酸盐发生过饱和而沉积成的钙华景观,广泛分布于马岭河峡谷悬壁及陡峭的谷坡上,与两岸众多的瀑布跌水形影不离。特别是在马岭河公路大桥附近,高120～150 m、长约2 km的峡谷悬壁上,呈垂幔状、肺叶状、鳞片状、扇状等形态的瀑水钙华层层叠叠、绵延不断,连续分布面积达20万m^2以上,构成马岭河峡谷的绝妙佳景(图5-44、图5-45)。

图5-44　钙华瀑布(垂幔状)

图5-45　钙华瀑布(鳞片状)

3.沉积岩相景观

烘公三叠纪台-盆相变剖面:公园坡坛、烘公一带三叠纪时期地处"扬子碳酸盐岩台地"(以碳酸盐沉积为主的浅海台地,海水一般深数米至数十米)与"右江盆地"(以沙泥质沉积为主的半深海-深海盆地,海水深数百米至 2000 m)的过渡带,保存了大量从台地到盆地、彼此密切关联、反映三叠纪海陆变迁的不同类型的地质遗迹。海平面下降时,台地内部暴露于地表,形成钙质古风化壳;台地前缘则成为古海岸带,形成大型帐篷构造或古喀斯特微型钟乳石、喀斯特角砾岩、渗流豆灰岩等沉积遗迹;在台盆边缘带则出现大规模海底崩塌、滑坡、泥石流-浊流,形成特殊形态的灰岩角砾岩-钙屑浊积岩楔状体。当海平面上升,海水侵入台地,在台地区主要形成浅海相灰岩、白云岩,盆地区形成半深海相泥岩、薄板状灰岩;台地前缘则随着海平面升、降规律性地后退、前进,并形成地表罕见的地层上超、下超景观等。这些不同类型、密切相关、配套出现的地质遗迹资源符合高品级自然遗产的评价要求。

4. 地质灾害景观

三叠纪海底泥石流(图 5-46):烘公角砾岩楔中的灰岩角砾岩保存着典型的泥石流(碎屑流)和"水道"沉积特点,还常见过渡为粗钙屑浊积岩的现象。角砾岩楔中钙屑浊积岩单层的正向递变(浊积岩所含砾石、砂粒在单层下部较粗,向上变细,这种特征称为"正向递变")较清楚,常见重荷模及火焰构造,单层横向延伸不太稳定,在 10 余 m 长的露头范围内可看到尖灭现象。这说明钙屑浊积岩可能是水道天然堤或水道决口扇沉积。由上述特点可见,烘公角砾岩楔为近源水道化斜坡扇沉积。烘公角砾岩楔是中三叠世中后期沉积层序低水位体系域的沉积。此外,烘公角砾岩楔保存着非常典型的泥石流、浊流和近源水道化斜坡扇沉积特征,具有重要的科普教育意义。

图 5-46 三叠纪海底泥石流遗迹

5. 保护利用现状及存在的问题

兴义国家地质公园旅游发展较好,随着申报世界地质公园工作的深入,科考、科普活动日益丰富,基础设施也越来越完善,地质遗迹资源保存及保护整体较好。主要存在的问题有以下几点:

(1)公园边界划定不合理,没有充分考虑地质遗迹资源的完整性,公园周边还有较多重要的地质遗迹资源没有划入或仅部分划入公园范围。如马岭河峡谷东部和南部的峰林、峰丛划入公园范围的不够完整,万峰林园区南部的中三叠世台-盆相变带划定也不够完整。

(2)乌沙园区主要为三叠纪脊椎动物化石,且分布广泛,化石被盗挖、盗采现象虽得到一定的遏制,但很多偏僻地方的盗采、盗挖现象仍然存在。

(3)对公园范围内地质遗迹资源类型和科学、科普价值的发掘较为欠缺,很多美学价值不高但具有较高科普价值的地质遗迹资源利用程度不高,科普解说系统不够完善。

(4)随着社会经济发展,公园范围内及周边城镇化建设、道路修建等给地质遗迹资源保护造成一定的负担和影响。

三、平塘国家地质公园

(一)概　况

平塘国家地质公园于2005年8月由国土资源部批准设立,面积25.83 km²。包含两个园区:掌布园区和打岱河天坑园区。大致分布在平塘县的北、西南向(图5-47)。

平塘国家地质公园是以掌布园区的藏字石(古生物化石组合)和打岱河天坑园区的天坑组合为核心,配合喀斯特地质和地貌景观、水文地质遗迹景观、古生物景观、自然生态和人文景观,集科学价值与美学价值于一身的综合性地质公园。

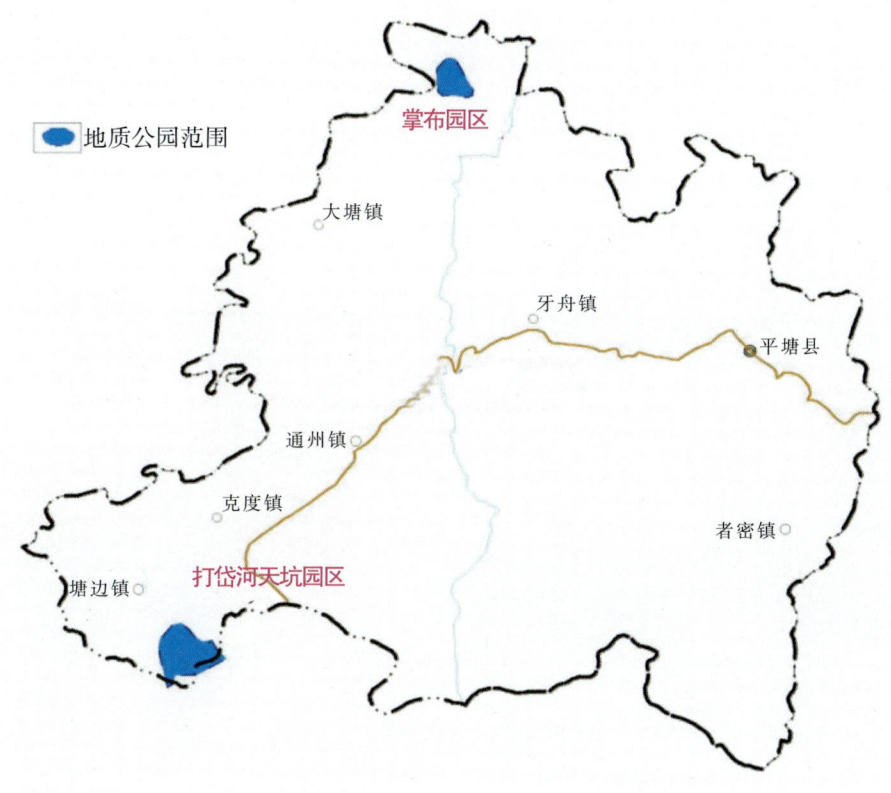

图5-47　公园位置及园区范围分布示意图

(二)地质遗迹类型

按照《国家地质公园规划编制技术要求》,公园内的地质遗迹类型共分为4大类5类6亚类。一为地质构造大类,包括构造形迹类;二为古生物大类,包括古生物遗迹类;三为地貌景观大类,包括岩石地貌景观类、流水地貌景观类;四为环境地质遗迹景观大类,包括地质灾害遗迹景观类(表5-5)。

表5-5 平塘国家地质公园地质遗迹类型

大 类	类	亚 类	主要景点
地质构造	构造形迹	中小型构造	方解石皮壳构造、石蛋崖
古生物	古生物遗迹	古生物遗迹	藏字石
地貌景观	岩石地貌景观	可溶岩地貌(喀斯特地貌)景观	石榜岩、趣水洞(国家级)、躲兵洞、打岱河天坑(世界级)、道坨天坑、夏家坨天坑、安家洞天坑
	流水地貌景观	流水堆积地貌景观	边滩砾石叠加、洪泛沉积淤泥层
环境地质遗迹景观	地质灾害遗迹景观	山体崩塌遗迹景观	漂来石
		地裂与地面沉降遗迹景观	地裂

(三)主要地质遗迹特征

1. 藏字石(古生物化石组合)

产于掌布峡谷谷底右侧的崩塌巨石节理面上。崩塌巨石来源于陡崖上的栖霞灰岩,岩性为灰色、深灰色厚层块状含燧石生物(屑)微泥晶灰岩,燧石呈结核状或条带状,岩层中含有孔虫、珊瑚、海绵及腕足动物等化石,其中有一层主要由钙质海绵古生物化石组成,形似"中国共产党"5个字排成一行,字体大小相当,分布均匀(图5-48)。每个字高约25.5 cm,宽约17.8 cm,高出石壁0.5~1.2 cm。经地质专家和相关学科专家多次识别和鉴定,认为是地质作用自然形成的。

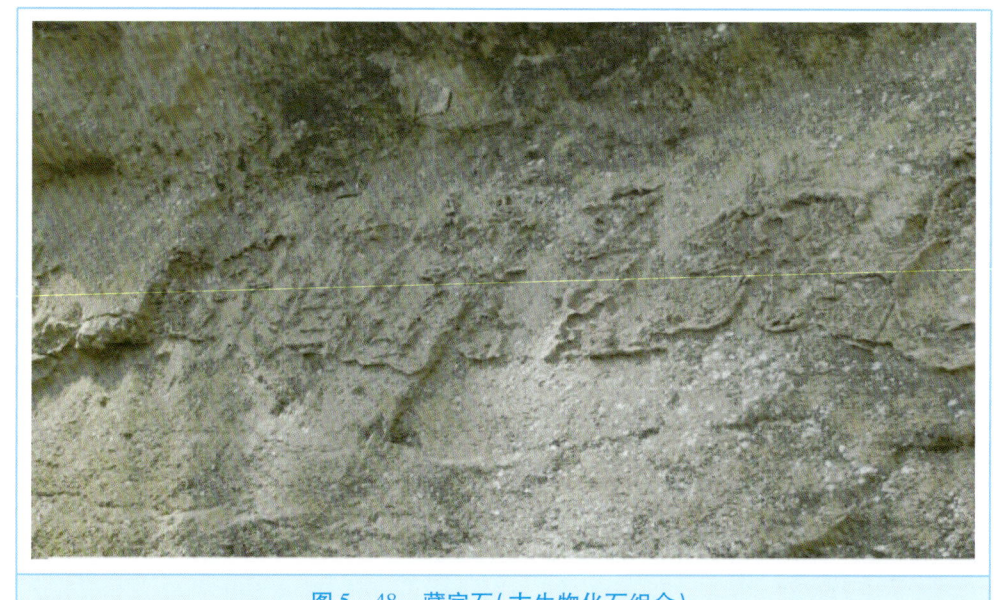

图5-48 藏字石(古生物化石组合)

2. 趣水洞(地下河出口)

地下河出口位于掌布峡谷中段(图5-49),高出掌布河面0.5~1.0 m。从洞口进去约10 m处分为左右两个岔洞,右洞流出的是冷水,左洞流出的是热水,两者的温差约10 ℃。左洞温泉的形成可能与地热异常有关。一冷一热两股水流从同一地下河出口流出是十分罕见的水文地质现象。

图 5-49　趣水洞(地下河出口)

3. 石蛋崖

分布在掌布河上游两岸,是由球状硅质岩薄层组成的高 40～50 m 的陡崖(图 5-50)。"石蛋"是产于上石炭统马平组下部(形成于距今 3.20 亿～2.92 亿年前)顺层排列并突出于岩层面上的球状和椭球状硅质岩。球状单体较小,直径 10～15 cm;椭球状单体稍大,长径 15～20 cm,短径 5～8 cm。球体表面光滑,但无光泽,偶见裂纹。球体沿岩层层面分布,突出层面 2～3 cm,球体之间相距 3～4 cm,其间为碳酸盐岩充填胶结。球状硅质岩层产出的总厚度达 30～40 m,其底部与中厚层状灰岩整合接触,中下部为薄层灰岩与薄层硅质岩互层;中部为薄层肉红色硅质层、石蛋层与薄层灰岩互层,含烟灰色和肉红色硅质扁豆体和透镜体中层状灰岩;中上部为中厚层灰岩。

图 5-50　石蛋崖(球状硅质岩薄层)

球状硅质岩,是富含硅质的碳酸盐沉积物受上覆岩层的压实作用变成坚硬岩石的过程中,由于化学分异作用,硅质在碳酸盐中富集,在表面张力的作用下形成的。碳酸盐沉积物中的硅质来源于海水中的硅质,而海水中的硅质来源可能与右江裂谷带的发生、发展过程中出现的海底热水喷流有关。

4. 打岱河天坑群

打岱河天坑群产出于下、中三叠统中厚层白云岩、钙质白云岩及白云质灰岩中。天坑大小不一,深浅不一,形态各异,分布密集,蔚为壮观。据贵州山水旅游资源勘察开发设计院与贵州地质学会旅游地质分会联合调查表明,打岱河天坑群由打岱河天坑、夏家坨天坑、道坨天坑、安家洞天坑、猫底坨天坑、音洞天坑、打赖坨天坑、八角天坑等12个规模宏大的天坑组成。打岱河天坑是该天坑群中的典型代表之一。

(1)打岱河天坑(图5-51):是中国最大的天坑,坑顶最高海拔1137 m,坑底最低海拔548 m,坑深543.2 m,南北走向长度约18万 m,东西走向长度约1700 m,底部面积约80万 m^2,气势磅礴。打岱河天坑是中国至今发现的天坑或天坑群中顶、底面积最大,容积最大,底部地下河出口最多,底部地表河流最多的天坑,也是地表河流汇流后又在天坑底部再次进入地下河的唯一天坑。

图5-51 打岱河天坑

(2)道坨天坑(图5-52):紧邻打岱河天坑,位于打岱河天坑北西向。该天坑呈椭圆形,坑口长轴方向为北西—南东向,长轴长500 m,短轴长360 m,面积18万 m^2,最大深度414.6 m。

图 5-52　道坨天坑

（3）夏家坨天坑（图 5-53）：与打岱河天坑紧邻，位于打岱河天坑以西。该天坑呈椭圆形，长轴方向为南北向，长轴长 560 m，短轴长 400 m，坑口面积 22.4 万 m^2，最大深度 301 m。

图 5-53　夏家坨天坑

5. 天坑绝壁

绝壁环绕在天坑四周,由中厚层白云岩组成,绝壁最大垂高 300 m(图 5-54)。

图 5-54　天坑绝壁

6. 直立节理峰

直立节理峰(图 5-55)垂高 234.8 m,为中厚层白云岩,原始层理近于水平,直立节理十分发育,破坏了原始层理,造成原始层理直立的假象。直立节理的形成,说明打岱河天坑与地下河及构造作用之间有着密切的联系。

图 5-55　直立节理峰

7. 保护利用现状及存在的问题

平塘国家地质公园面积较小,现有地质遗迹资源的保护较为完善,但整体旅游发展相对滞后。主要存在以下两个问题:

(1)平塘国家地质公园边界划定不合理,主要表现在打岱河天坑园区。目前划定的天坑园区范围太小,其周边还有众多天坑及喀斯特漏斗均未划入公园范围;其南部以县界来划定公园范围,没有考虑地质遗迹资源的完整性。打岱河天坑园区位于目前世界保存最好、面积最大的中三叠世碳酸盐台地上,周边地质遗迹资源极其丰富,科学、科普价值极高,应打破地域界限来划定公园范围,保护地质遗迹的完整性。

(2)平塘国家地质公园对地质遗迹资源的科学研究和宣传力度不够,对公园范围内地质遗迹资源的科学价值、科普价值挖掘不够。比如,打岱河天坑是目前世界上最大的天坑,但现有文献所记载及媒体宣传的世界上规模排前十名的天坑并没有打岱河天坑。

四、六盘水乌蒙山国家地质公园

(一)概 况

六盘水乌蒙山国家地质公园于2005年9月获国土资源部批准建立,2008年10月18日揭碑开园,总面积为341.20 km²。六盘水乌蒙山国家地质公园包含3个园区:北盘江园区、盘县古生物化石群园区和金盆天生桥园区。主要分布于北盘江峡谷、盘州市新民镇羊圈村附近、钟山区金盆苗族彝族乡(图5-56)。

图5-56 公园位置及园区范围分布示意图

六盘水乌蒙山国家地质公园以喀斯特地貌景观和古脊椎动物化石为主要特色,配合中小型构造形迹、流水侵蚀地貌景观、流水堆积地貌景观、构造地貌景观、温泉景观、湖泊景观、瀑布景观、风景河段、滑坡遗迹景观、古无脊椎动物化石、古生物活动遗迹化石、自然生态和人文景观,是集科学价值与美学价值于一身的综合性地质公园。

(二)地质遗迹类型

公园地质遗迹类型丰富多样,按照《国家地质公园规划编制技术要求》,公园内的地质遗迹景观包括:地质剖面、地质构造、古生物、地貌景观、水体景观和环境地质遗迹景观等6大类;地层剖面、构造形迹、古动物、古生物遗迹、岩石地貌景观、流水地貌景观、构造地貌、泉水景观、湖泽景观、瀑布景观、河流景观、地质灾害遗迹景观等12类;全国性标准地层剖面、中小型构造形迹、古无脊椎动物、古脊椎动物、古生物活动遗迹、喀斯特地貌景观、流水侵蚀地貌景观、流水堆积地貌景观、构造地貌景观、温泉景观、湖泊景观、瀑布景观、风景河段、滑坡遗迹景观等14亚类。其中以喀斯特地貌景观亚类遗迹最为丰富(表5-6)。

表5-6 六盘水乌蒙山国家地质公园地质遗迹类型

大类	类	亚类	主要地质遗迹
地质剖面	地层剖面	全国性标准地层剖面	茅口剖面
地质构造	构造形迹	中小型构造形迹	灯窝田褶皱壁
古生物	古动物	古无脊椎动物	盘县古生物化石群(双壳类、腕足动物等)
		古脊椎动物	盘县古生物化石群(混鱼龙类、幻龙类、原龙类等海生爬行动物等)
	古生物遗迹	古生物活动遗迹	盘县古生物化石群(虫迹化石遗迹)
地貌景观	岩石地貌景观	喀斯特地貌景观	乌蒙地缝(上、中、下段)、金盆天生桥、白雨竖井、花夏溶斗
	流水地貌景观	流水侵蚀地貌景观	北盘江峡谷(营盘段、九归段)、野钟嶂谷(宽谷段、窄谷段)、六车河峡谷、格所河峡谷、牂牁河宽谷、茅口峡谷、牂牁湖峡谷临口、法德环状围谷、四方峡谷、阿志河峡谷、牯牛河峡谷
		流水堆积地貌景观	仙人屯河流阶地
	构造地貌	构造地貌景观	坡上草原(山原地貌)、牛棚梁子、茅口构造盆地、阿志河构造盆地、北盘江谷中谷、马蹄心古河道、格枝多层溶洞
水体景观	泉水景观	温泉景观	野钟红岩脚温泉
	湖泽景观	湖泊景观	长海子、牂牁湖
	瀑布景观	瀑布景观	雷劈岩瀑布
	河流景观	风景河段	北盘江、六车河、格所河
环境地质遗迹景观	地质灾害遗迹景观	滑坡遗迹景观	御夫守印古滑坡遗迹、新庄古滑坡遗迹

(三)主要地质遗迹特征

1.茅口剖面

茅口剖面位于北盘江园区东部的牂牁湖景区内,是20世纪30年代乐森璕先生在茅口工作时发现的,以"茅口灰岩"命名,并一直作为标准剖面与同时代地层进行对比。其沉积为一套厚达600余m的灰色、浅灰白色厚层状灰岩及白云质灰岩、生物屑灰岩,是我国南方上扬子地块的中二叠统标准剖面。

2. 盘县动物群及其产地

盘县动物群是产于贵州盘州中三叠世安尼期的Pelsonian亚期(距今约2.35亿年前),以保存完整、数量丰富、分异度高的海生脊椎动物为特色,多门类无脊椎动物(如腕足动物、双壳类等)共生的化石群。

盘县动物群是目前世界范围内发现的中三叠世最老的海生爬行动物化石群。已报道了7属7种,有最为原始的混鱼类分子化石——盘县混鱼龙 *Mixosaurus panxianensis*(图5-57)、最老的鸥龙属分子化石——红果鸥龙 *Lariosaurus hongguoensis*、第二老的幻龙科分子化石——羊圈幻龙 *Nothosaurus yangjuanensis*.(图5-58)、真正适应水生生活的原龙类——东方恐头龙 *Dinocephalosaurus orientalis*、具有水生特征的初龙类——混形黔鳄 *Qianosuchus mixtus*,还有一些未报道的鳍龙类新类型和原始的鱼龙类等。

它们与欧洲发现的相似类群具有较近的亲缘关系,表现出了很强的西特提斯生物属性和跨特提斯海对比意义。盘县动物群是古海洋生态系统经历二叠纪末期生物大灭绝后恢复和重建的实证,是连接西特提斯古动物分区和东太平洋古动物分区的纽带,具有极高的科研价值,是我国继辽西热河小恐龙-鸟珍稀化石群、云南澄江动物群之后在古生物学研究领域的又一重大发现。

图5-57　盘县混鱼龙

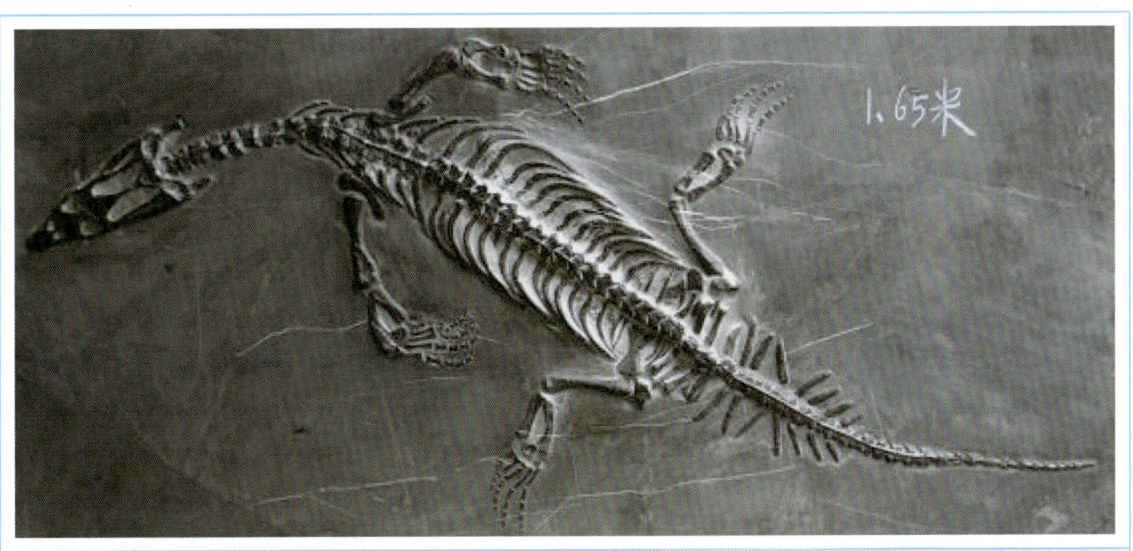

图5-58　羊圈幻龙

3. 花戛溶斗

溶斗又称天坑、麻窝。花戛溶斗(图5-59)的口径960~520 m,是国内开口最大的溶斗。位于花戛苗族布依族彝族乡东北侧3 km,南侧1.25 km为深切700 m的乌都河峡谷。花戛溶斗为椭圆形溶斗,长轴直径700 m,底部长轴直径250 m,深250 m,发育于中、上石炭系碳酸岩中。就其规模而言,该溶斗属世界奇观级。

图5-59 花戛溶斗

4. 白雨竖井

白雨竖井(图5-60)位于盘州市淤泥彝族乡境内,是北盘江园区的一处独立景点。白雨竖井由中国科学院地质与地球物理研究所及法国洞穴专家共同组成的"贵州2003洞穴科考队"发现。该洞发育于石炭系—二叠系马平组碳酸盐岩地层中,深560 m,为世界第二深竖井。该洞上部424 m为垂直洞段,从该深度可见到天空,单绳可直达该处,是世界已知竖井中单绳直达深度最大的。

图5-60 白雨竖井

5. 金盆天生桥

金盆天生桥(图5-61)位于钟山区金盆苗族彝族乡境内,毗邻赫章、纳雍,距六盘水市中心71 km。桥高136 m,桥基跨度50~60 m,桥面宽35 m,桥面长30 m,桥拱厚度15 m,发育在中三叠系碳酸盐岩中,是昔日地下河通道洞穴坍塌后残留洞段。该天生桥可通纳雍,天生桥附近区域还有许多洞穴、伏流及喀斯特峡谷。

图5-61 金盆天生桥

6. 乌蒙地缝

乌蒙地缝(图5-62)位于水城区营盘苗族彝族白族乡西北面,水盘高速公路悬跨地缝。地缝从海拔约2600 m的牛棚梁子山腰,向北东方向一直延伸至海拔不到900 m的北盘江,全长约11 km,相对高差约1700 m,平均坡降在17%左右。乌蒙地缝系沿北东向构造裂隙深切缓倾角的石炭系—二叠系碳酸盐岩地层形成的喀斯特峡谷景观。

图5-62 乌蒙地缝

7. 保护利用现状及存在的问题

六盘水乌蒙山国家地质公园在旅游发展带动地方经济和社会发展方面作用相对较小,除极小区域旅游发展相对较好外,其他绝大部分区域地质遗迹资源基本处于天然保存状态,没有开展旅游活动。主要存在以下几个问题:

(1)园区太分散。六盘水乌蒙山国家地质公园由3个园区组成,但3个园区相互距离均较远,对公园管理和发展带来很大的不便。

(2)公园内很多世界级地质遗迹资源点分布较分散,周边无其他配套资源。如白雨竖井为世界第二深竖井,但距公园太远,中间亦无重要地质遗迹资源,故未能划入公园范围而作为独立遗迹资源点存在。

(3)公园范围划定不够科学,未能充分考虑地质遗迹资源的完整性。如南部的盘县古生物化石群园区,边界划定只考虑了地形地貌等明显地理识别物,但未能充分考虑化石地层的分布,导致周边化石分布地层区域未能划入公园范围,从而未得到有效保护。

五、绥阳双河洞国家地质公园

(一)概 况

绥阳双河洞国家地质公园于2005年12月获国土资源部批准为国家地质公园,总面积139.00 km²。下辖清溪景区、让水景区、双河洞景区和温泉景区4个景区。地处黔北大娄山山脉中部,位于绥阳县与正安县的交界处,地跨温泉镇、旺草镇、青杠塘镇(图5-63)。

图 5-63 公园位置及园区范围分布示意图

绥阳双河洞国家地质公园是以地表、地下白云岩喀斯特地貌景观为主要保护对象，兼有沉积相剖面、古无脊椎动物化石、中小型构造形迹、典型矿物产地、水体景观、环境地质遗迹景观等地质遗迹景观，并融合生态环境、动植物、气候资源及人文景观等旅游资源，集观光、探险、科普科考、休闲度假、康体保健、生态体验等为一体的大型综合性国家地质公园。

（二）地质遗迹类型

公园内的地质遗迹类型共分为7大类11类13亚类，具体见表5-7。

表5-7 绥阳双洞河国家地质公园地质遗迹类型

大类	类	亚类	主要景观
地质剖面	沉积岩相剖面	典型沉积岩相	宝塔组马蹄灰岩
地质构造	构造形迹	中小型构造遗迹	共轭节理、竹林湾帚状构造等
古生物	古动物	古无脊椎动物	角石、笔石等
矿物与矿床	典型矿物产地	典型矿物产地	石膏晶洞
地貌景观	岩石地貌景观	喀斯特地貌景观	洞穴、峰丛、峡谷、钟乳石等
	构造地貌景观	构造地貌景观	多层溶洞
水体景观	泉水景观	温泉景观	水晶温泉
		冷泉景观	大鱼泉
	河流景观	风景河段	池武溪
	瀑布景观	瀑布景观	龙塘子瀑布、团碓窝多级瀑布
环境地质遗迹景观	地质灾害遗迹景观	滑坡遗迹景观	九道门、五峰岭滑坡遗迹
		崩塌遗迹景观	天坑、洞穴崩塌遗迹
	采矿遗迹景观	采矿遗迹景观	石膏矿采矿遗迹

（三）主要地质遗迹特征

1. 古无脊椎动物

（1）角石：头足纲鹦鹉螺亚纲动物的总称。角石具有坚硬的外壳，顾名思义，角石的外壳形状像牛或羊的角，一般是直的，也可以是弯的或盘卷状的。角石从开始发育到最终长成，壳的直径逐渐变大，肉体生长时不断前移并分泌钙质，最后着生在壳体最前部，形成住室。住室后面向壳的尖端一方则形成一系列的气室，气室对角石的上浮下潜和平衡具有重要的作用。角石最早出现在奥陶纪，是曾经十分繁盛的一类海生无脊椎动物，其中鹦鹉螺目鹦鹉螺属延续至今。公园的奥陶系地层中均有角石化石发育，以宝塔组地层中的角石化石最为丰富，主要有中华震旦角石（图5-64）和华南东方米氏角石（图5-65）等。

图 5-64　中华震旦角石

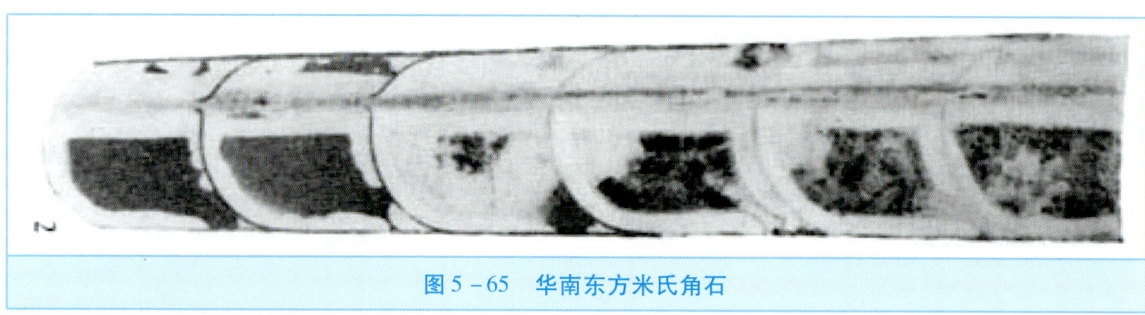

图 5-65　华南东方米氏角石

(2)笔石:笔石化石常呈碳质薄膜保存,很像用笔在岩石上书写的痕迹,"笔石"一名即由此而来。笔石是一类已灭绝了的群体海生动物,属半脊索动物门。最早出现于中寒武世,在早石炭世灭绝。笔石体型很小,一般仅1~2 mm,但笔石体一般大小为几厘米,最大的可达70 cm。公园内笔石化石丰富,奥陶系地层及志留系地层均有发育。其中,水晶温泉西侧山体出露的龙马溪组地层中的笔石化石,不仅数量众多、属种多样,而且保存完好。主要有栅笔石(图5-66)、叉笔石(图5-67)、直笔石等。

图 5-66　栅笔石

图 5-67　叉笔石

2.地表溶蚀地貌景观

(1)峰丛:是公园分布最广的喀斯特地貌景观。多呈锥状,基座相连,且多与洼地、峡谷伴生,峰体相对较高,一般在100~200 m,边坡坡度35°~45°。由于公园内的喀斯特地区岩性以白云岩、白云质灰岩为主,因此峰丛发育多数都不太典型,仅在地下水埋深较大的剥夷面与峡谷的过渡地带发育较为典型,如分水岭两侧、U形谷两侧的锥状峰丛(图5-68)和九道门、五峰岭地区剥夷面与峡谷的过渡地带发育的塔状峰丛(图5-69)。

图 5-68　分水岭峰丛

图 5-69　九道门峰丛

(2)喀斯特峡谷：是在新构造期云贵高原强烈抬升的背景下，在早期形成的古夷平面上河流快速侵蚀下切形成的深邃峡谷。公园内的喀斯特峡谷地貌景观主要分布于公园北部和中部，包括"V"形谷、箱状谷和两岸直立的喀斯特嶂谷。其中，北部的九道门一带多为典型的喀斯特嶂谷(图5-70)，而中部则是以大乌龙沟峡谷和小乌龙沟峡谷(图5-71)等为代表的"V"形谷为主。峡谷两岸坡度大，切割深，相对高差一般为200~600 m，且峡谷区森林覆盖率高，原生性强，生态环境优越。

图 5-70　九道门嶂谷

图 5-71　小乌龙沟峡谷

(3)喀斯特洼地(图5-72)：指面积较大、呈封闭状的负地形，其平面形态有圆形、椭圆形、长条形及多边形，一般底部比较平坦，有第四系松散堆积层。公园内喀斯特洼地发育于金钟山山体顶部的剥夷面上，散布于低矮的丘状峰丛之间，分布海拔主要在1200~1600 m。洼地规模较小，直径多在100~300 m。

图 5-72　喀斯特洼地

（4）喀斯特盆地（图 5-73）：又名坡立谷。常在地壳运动长期相对稳定的地区生成，代表喀斯特发育的后期，多在热带气候条件下形成。盆地底部平坦，有地表河通过，堆积有冲积、坡积及溶蚀残余的各类沉积物。四周一般被峰林、峰丛包围，盆地内峰林稀疏或只有孤峰和溶丘。盆地延长方向多与构造线一致（如沿断裂带、不同岩层的接触面延长），向斜及其他构造洼地都能形成喀斯特盆地。盆地中常有落水洞、喀斯特泉，地表河（溪）迂回曲折，地下水埋藏浅，土肥水丰，是重要的农耕场所。

公园内的喀斯特盆地分布于公园西部的让水景区，为发育于娄山关组白云岩中的喀斯特盆地景观。盆地受北西向分水岭断层控制，呈北西向展布的长条形。盆地四周为白云岩峰丛环绕，坡脚溶洞发育。盆地内地势宽阔平坦，蜿蜒的小溪自北而南缓缓流淌，在盆地南部淤塞形成水塘，使盆地景色充满了灵气。

图 5-73　喀斯特盆地

3. 双河洞系统——地下溶蚀地貌景观

双河洞系统为一发育于中上寒武统娄山关组和下奥陶统桐梓组中，水洞、旱洞并存，结构复杂的巨大的白云岩洞穴系统。现已探明的洞穴全部位于金钟山东南麓山体中，总体发育方向东南-北西向，平面展布总体呈树根状,局部呈网状。由 30 个洞口和 5 条地下河及 133 条大小不等的支洞相互连通而成;剖面上双河洞洞道可分 4 层,上层洞与下层洞之间由倾斜洞道或竖井连通,洞深(相对高差)541 m,最高处为大庆消坑洞洞口,海拔 1190 m,最低处为红罩子洞地下河,能探测到的最下游海拔 649 m。洞道宽一般 10~20 m,最宽处 40 余 m,见有方形、圆形、壶形及"峡谷"等形态特征(图 5-74);洞高一般 10 m 左右,最高 60 余 m;洞内竖井与陡壁发育,最深的竖井达 75 m,一般 15~30 m。洞内空气中二氧化碳含量在 0.035%~0.040%之间,温度常年恒定在 13~15 ℃,湿度 85%~95%,洞穴气候环境和空气质量良好。

图 5-74 双河洞洞道形态特征

据资料,截至 2018 年 4 月,双河洞系统以实测长度达到 238.48 km 成为亚洲第一、世界第六长洞。此外,在白云岩地层中形成如此规模的洞穴,在我国具有唯一性,也是世界最长的白云岩洞穴。值得关注的是,在双河洞系统的调查工作中,由于受时间、装备、技术、人员及经费等因素限制,洞内还有较多未探索点,每一个探索点都有可能把双河洞的长度再向前推进一步。

(1)石膏晶洞:石膏晶洞是双河洞系统中皮硝洞内的一条上层支洞,洞内海拔约 870 m。在该洞穴内长 1 km、面积约 3 万 m^2 的平缓洞道中,沉积了纤维状、结晶状、絮状、莲花状、皮壳状、放射状、钟乳石状、柱状等多种形态的石膏矿物(图 5-75)。其中,在近 800 m 的洞道的洞顶、洞壁,甚至部分洞底都被雪白的石膏矿物所覆盖。既有石膏石笋、钟乳石、石柱、石帘等,亦有婀娜多姿的石膏卷曲石,更有晶莹剔透的石膏晶簇、晶花等,犹如银装素裹的北国。如此大面积富集发育的石膏矿物景观,不仅在我国独一无二,在世界上也十分罕见。更有趣的是,在该洞中随处都可看到石膏沉积过程参与下的造洞作用,沿洞穴周围岩层面或节理面渗出的石膏,由于结晶作用,产生巨大的膨胀力,导致岩层破碎、挤压、崩落,加速洞穴的形成。

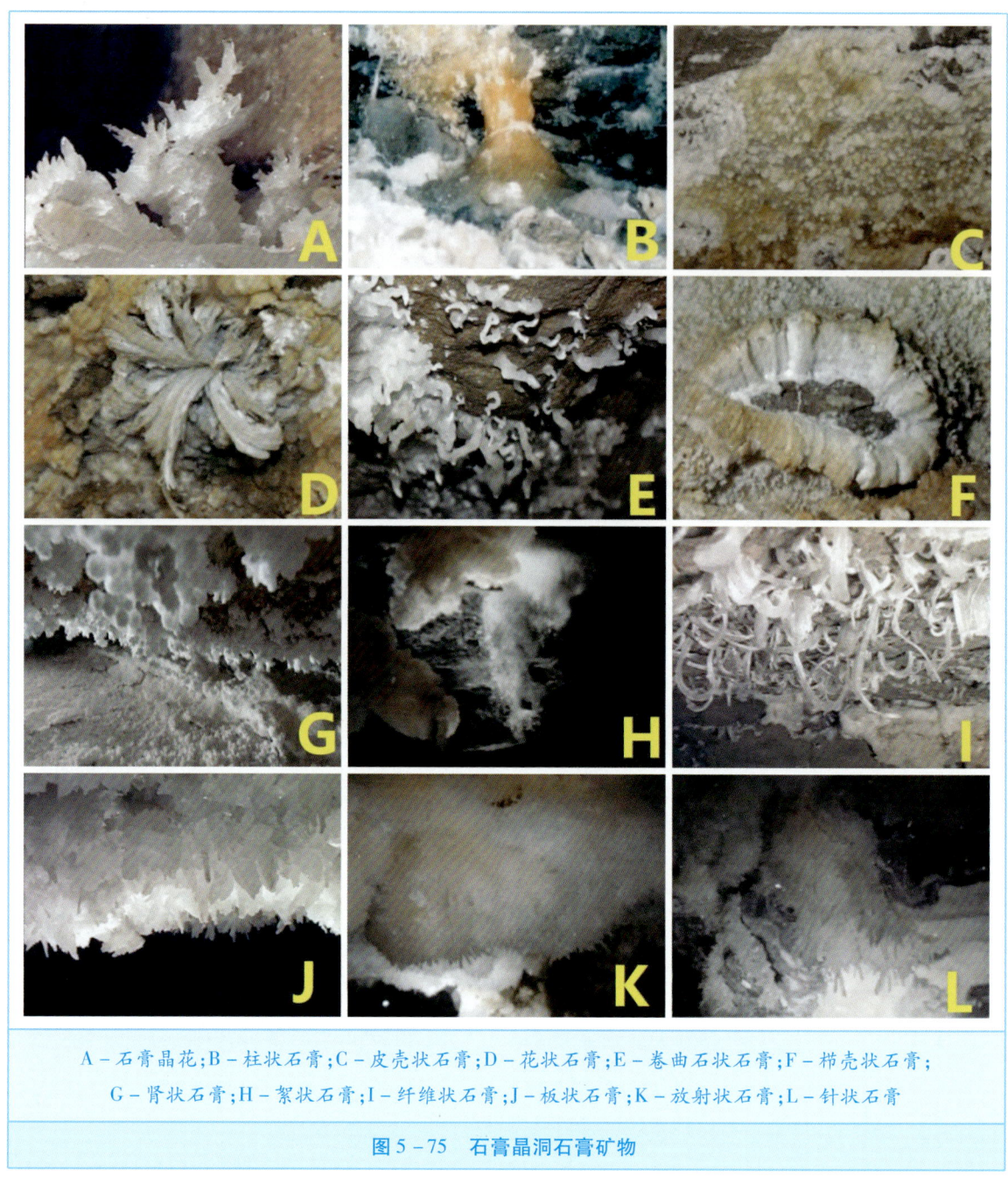

A-石膏晶花；B-柱状石膏；C-皮壳状石膏；D-花状石膏；E-卷曲石状石膏；F-栉壳状石膏；G-肾状石膏；H-絮状石膏；I-纤维状石膏；J-板状石膏；K-放射状石膏；L-针状石膏

图5-75 石膏晶洞石膏矿物

（2）卷曲石洞：卷曲石洞是双河洞系统东部山王洞与小龙洞之间的一条中层支洞，洞底海拔约800 m，洞底平缓。在长约500 m的洞道中发育大量以卷曲石为主的碳酸钙沉积景观，玲珑别致、多姿多彩（图5-76～图5-78）。卷曲石洞内如此规模宏大的卷曲石沉积，在国内洞穴中十分罕见。

图 5-76 毛细水成因的卷曲石

图 5-77 结晶轴偏移的卷曲石

图 5-78 石管堵塞的卷曲石

(3) 团碓窝天坑:是双河洞系统顶板坍塌形成的小型天坑,是新构造运动的间歇性隆升形成的多层洞穴景观。天坑呈北东向展布的长卵形,坑底海拔 740 m,坑顶海拔 900~1000 m。坑内发育了 4 个洞穴和 1 条小溪。4 个洞穴分别为:团碓窝水洞(图 5-79),位于天坑东北部坑底,海拔 740 m,是天坑的最低点,小溪在此没入地下汇入龙塘子地下河;铜鼓皮硝洞,位于天坑西南部的东南壁底,洞口海拔 807 m,是天坑的第二层洞;石膏洞,位于天坑东南部的上部,洞口海拔 870 m,是铜鼓皮硝洞的上层洞穴,在洞内通过 1 条 41 m 深的竖井与铜鼓皮硝洞相连,是天坑内的第三层洞;罗教洞,位于天坑西北部上部,洞口海拔 880 m,与石膏洞同属第三层洞(图 5-80)。另外在天坑坑底还发育了 1 条地下河,地下河发育在石膏洞的 1 条支洞内,由北西流向南东方向,洞底海拔 708 m,海拔比地表河低了 32 m。团碓窝天坑坑内洞穴分布示意图见图 5-81。

图 5-79 天坑底部的团碓窝水洞

图 5-80 天坑上部的罗教洞

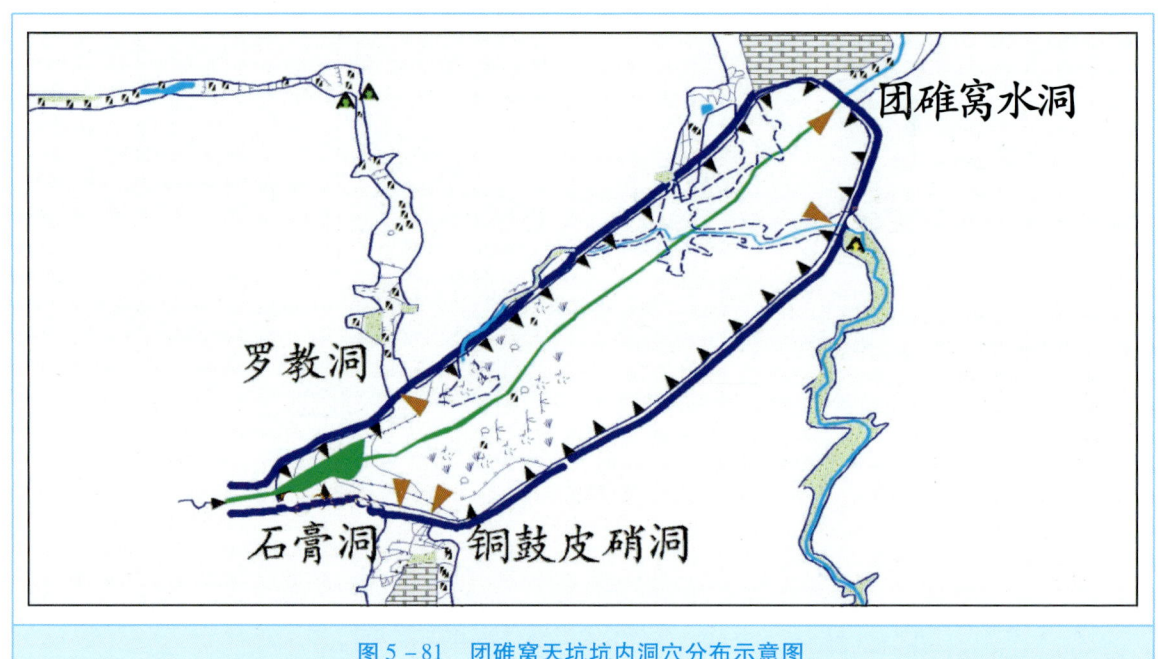
图 5-81 团碓窝天坑坑内洞穴分布示意图

4. 保护利用现状及存在的问题

绥阳双河洞国家地质公园总体地质遗迹资源保存较好,近年来旅游业迅速发展,较好地推动了地方社会进步和经济发展。同时也存在一些问题:

(1)公园发展和地质遗迹资源利用不平衡。公园发展的重点集中在双河洞系统,而洞穴北部龙塘子峡谷和天坑遭到一定程度的人为破坏。

(2)由于把温泉镇全部划入公园范围,给地方城镇建设和经济发展带来一定程度的影响。

(3)随着洞穴探明长度的不断增加,地下洞穴系统的范围可能会在不久的将来超出原考虑的公园范围。此外,北部九道门所划的公园范围也未能把周边重要地质遗迹资源全部划入。

(4)和宽阔水国家级自然保护区重叠,在管理体制上存在一定的矛盾。

六、思南乌江喀斯特国家地质公园

(一) 概　况

思南乌江喀斯特国家地质公园于2009年8月经国土资源部批准为国家地质公园,属铜仁市思南县所辖。公园划分为石林乌江园区及鹦鹉溪温泉园区,总面积96.99 km²(图5-82)。园区地势总体呈东缘及西北高,中、南乌江峡谷地带低的特点。

思南乌江喀斯特国家地质公园属于喀斯特地貌主题公园。公园以喀斯特地貌景观为主体,集地质构造形迹、乌江河谷、水体景观、历史遗迹、民族风情为一体。主要特色:完整的喀斯特地貌体系;有同纬度地区迄今发现的发育较好、生态环境保持佳、保存完整、出露面积大、极具观赏性的连片喀斯特石林。

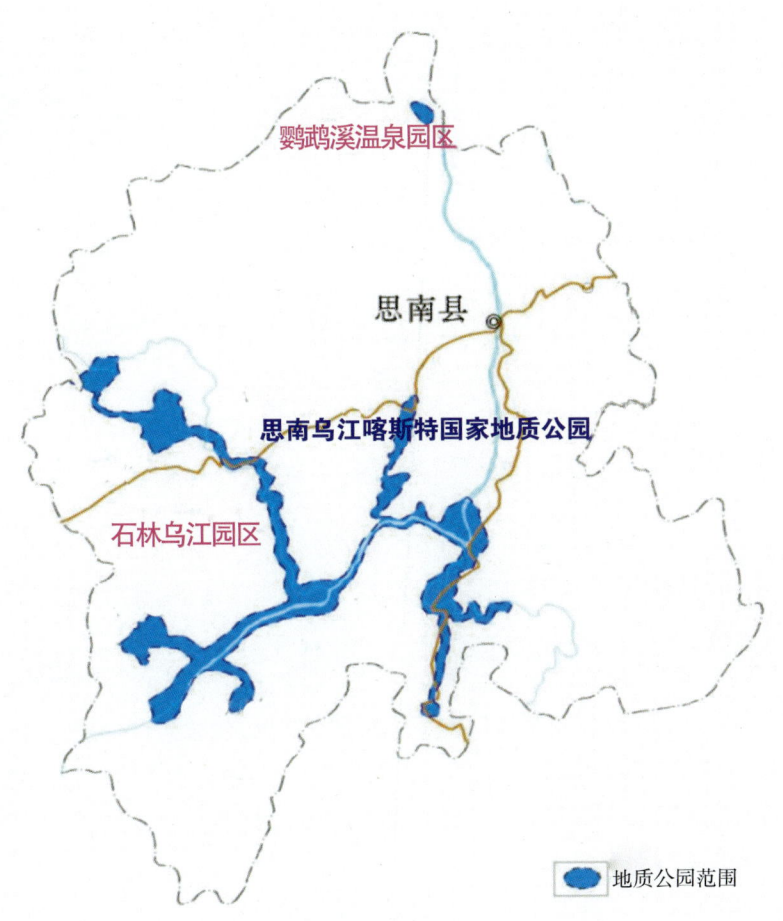

图5-82　公园位置及园区范围分布示意图

(二) 地质遗迹类型

公园内的地质遗迹类型共分为4大类8类11亚类,具体见表5-8。

表 5-8 思南乌江喀斯特国家地质公园地质遗迹类型

大 类	类	亚 类	主 要 景 点
古生物	古动物	古无脊椎动物	角石、菊石
地貌景观	岩石地貌景观	喀斯特地貌景观	喀斯特石林:石芽、溶沟、溶蚀原野、各种形状的个体(锥状、塔状、城堡状、针状、剑状) 地下喀斯特:多层溶洞、地下厅、通天洞、地下河、暗湖、伏流;落水洞、竖井等 洞穴堆积物:滴石类(鹅管、钟乳石、石笋、石柱);流石类(边石、石幔、石旗、钙板、石扇、云盆、石荷叶);石花、石葡萄、卷曲石 其他:地下峡谷、天生桥(穿洞)、天窗、天沟地缝、溶丘、溶蚀洼地、峰丛、残丘、天坑、喀斯特漏斗、盲谷、干谷、断头河、喀斯特泉等
	流水地貌景观	流水侵蚀地貌景观	嶂谷、峡谷、谷中谷;河曲;河床
		流水堆积地貌景观	边滩、江心洲、河漫滩、河流阶地
	构造地貌景观	构造地貌景观	断块山
水体景观	泉水景观	温(热)泉景观	鹦鹉溪温泉、罗湾坨热泉
		冷泉景观	间歇泉、冷泉
	河流景观	风景河段	乌江画廊、黑河峡、岩头河
	瀑布景观	瀑布景观	山涧瀑
环境地质遗迹景观	地质灾害遗迹景观	山体崩塌遗迹景观	崩石、倒石锥、崩积物
		滑坡遗迹景观	杨家坳滑坡遗址

(三)主要地质遗迹特征

1.喀斯特石林

思南石林面积约有 5.2 km²,集中分布在乌江两岸,主要分布在长坝石林和文家店荆竹园,属于典型的溶洼边坡型石林,是中国同纬度地区迄今发现的发育最好、生态保持最佳、保存最完整、出露面积最大的且极具观赏性的连片喀斯特石林。

思南石林在空间上连片分布,在形态上多样相间,石芽发育包含了从青年到老年的各种形态(针状、剑状、塔状、柱状、城堡状)。林区形状多变、景色秀丽,能从小中见大,大中见巧,巧中见奇,奇中见幽。

(1)柱状石林:石灰岩柱状石林中,石柱多呈匀称的圆柱体,高度一般为 10~15 m,直径 2~4 m,柱体表面有细小的竖向溶痕及溶纹发育,圆柱体外观十分光滑。柱状石林的分离度较高,常集中分布在平缓的斜坡台地及山麓,它们有的呈整齐的"一"字形排列,有的成群出现并组合成极富审美情趣的圆柱状石林。代表性景点有四大金刚(图 5-83)、林中林、武士出征(图 5-84)、摩崖仙居、夫子石、天枢门、胜利石等。其中有一体圆中空的石柱,高约 6 m,底径约 3 m,柱体中的溶洞可容纳数人;洞顶开有数个细小的天窗,石柱顶部有溶洞、溶痕组合而成的花蕊状图案,整体造型酷似一朵盛开的莲花,美妙绝伦的石柱造型极为罕见。

图5-83 四大金刚

图5-84 武士出征

(2)剑状石林:是石林地貌中最具特色的单体类型,柱体形态呈剑状、锥状、刀脊状,表面有溶痕、溶沟和溶窝。剑状石林发育在单层厚度大于5 m的灰岩与白云质灰岩中,主要分布在石林景区西部,为流水沿断裂和垂直节理侵蚀,分离灰岩岩体而形成。代表性景点有壁立千仞、剑林、迎刃而解(图5-85)、天权门、寻经问路(图5-86)、独夫石、含光琉璃、复活节岛人像等。

图5-85 迎刃而解

图5-86 寻经问路

(3)墙状(屏风状)石林:石林排列如一面墙,比较常见,高度和宽度一般小于15 m,厚2~4 m,顶部或为锯齿状,或为鱼鳍状。如铜墙铁壁(图5-87),高7~8 m,长16 m,厚0.4 m,主要是流水沿灰岩岩体中走向平行的节理或裂隙溶蚀,裂隙不断扩大后,两侧保留的柱状石芽下部没有分离,犹如两面并列的石墙。其他代表性景点还有将军岩(图5-88)、吉象如意、醉花阴等。

图5-87 铜墙铁壁

图5-88 将军岩

(4)城堡状石林:多由高低不等的柱体呈簇状集中而成,或是上部分布有犬牙状小柱体、直径达几米的石块。一般上部柱体高而细,彼此分离;下部粗而分离较差;上下部分层,远望似城堡。主要分布在三角山东侧和月亮湾北侧,多发育于地势较高的中厚层灰岩体中。代表性景点有师徒取经(图5-89)、心岩、连理石(图5-90)、狭路相逢、别有洞天。

图 5-89　师徒取经

图 5-90　连理石

（5）莲花状石芽：柱体形态呈莲花状、齿状、尖锥状，底部为一水平基座，多出现在剑状石林顶端，以水平溶沟与剑状石林下部隔开，也存在几个底部相连的小石芽围绕而成，高度多为 1～2 m。表面圆筒状溶沟、蜂窝状溶窝发育较好。因灰岩石块顶部具有一定的汇水面积，雨水汇聚后溶蚀岩块顶部，不断下凹，形成四周有石芽的莲花状石芽。主要分布在石林景区的月亮湾北侧，例如莲花座、打坐台（图 5-91）、聚宝盆（图 5-92）。

图 5-91　打坐台

图 5-92　聚宝盆

（6）簇状石林：石林柱体上部分离的高度大于底部分离的高度，类似于石英晶体形成的晶簇。簇状石林是一岩体上部存在多条小裂隙，流水沿裂隙向下溶蚀，岩体上部分离成几个小石芽而成。代表性景点为位于长坝石林入口处的三仙迎客（图 5-93），岩体上部在流水溶蚀作用下分成 3 块高大的石芽，犹如 3 位仙家，翘首伫立，遥望前方，在欢迎远道而来的客人；位于长坝石林西片区的景点虚怀若谷（图 5-94），边缘呈齿形散开，有如绽放的莲花，表面发育有溶管，内部开阔，中间石芽断作 3 节，似唐太宗正在纳谏。

图 5-93 三仙迎客

图 5-94 虚怀若谷

2. 乌江腾龙峡

乌江腾龙峡(图 5-95)位于乌江河岸上游,距思南县城约 3 km。峡谷内的绝壁上有一条 2000 余 m 长的巨龙,因此取名"腾龙峡"。腾龙峡中江水汹涌澎湃,气势雄伟;两岸陡峭,横剖面呈"V"形。腾龙峡发育在构造运动抬升和由坚硬岩石组成的谷坡地段,由乌江强烈下切而成。

图 5-95 乌江腾龙峡

3. 喀斯特溶洞

乌江沿岸的溶洞大小不一、形态各异,有的有通道彼此相连,有的多层发育。多层溶洞最上层大致形成于古近纪。在第一层(上层)溶洞形成后,经过抬升运动,由于侵蚀基准面的下降,在第一层溶洞下面又逐渐发育第二层溶洞(发育过程类似,形成时期为上新世到早更新世)。从上至下第三层溶洞形成年代在中更新世到晚更新世期间,最下层形成于全新世。在间歇性抬升运动与流水溶蚀、侵蚀的共同作用下,就形成了公园内的多层喀斯特溶洞,其具体的地质年代可以比对乌江峡谷的形成阶段。

文宝洞以溶洞和洞穴堆积物出名,位于文家店。共分四层,第一层较连续,已探测长度约1500 m,宽0.8~25.0 m,洞内净空高1.2~6.5 m;第二层(尚未开发)约800 m,宽0.4~7.0 m,洞内净空高0.9~3.5 m;第三、四层尚未探测。文宝洞以奇秀幽深令探访者拍案叫绝,堪称乌江流域第一洞,"洞中有洞,厅外有厅,层层相套,洞洞相连",形成"一景更较一景绝"的奇妙景象。洞内堆积物千奇百态,有滴石(如钟乳石、石笋、石柱、鹅管等)、流石(如边石、石幔、石旗、钙板等),还有石葡萄、卷曲石、洞穴崩塌堆积物等,几乎囊括了喀斯特地下沉积的所有类型,而且形态生动,代表景观有镇洞宝塔(图5-96)、一帘幽梦(图5-97)、擎天双柱及仙人拜寿等。

图5-96　镇洞宝塔

图5-97　一帘幽梦

4.天生桥

天生桥(图5-98)位于石林乌江园区的思林黑河峡,堪与世界级的六盘水金盆天生桥相媲美。洞顶与地面之间的岩层厚20~30 m,形成一座天然的桥梁,桥的顶部有道路相通。洞体净空高65~70 m,长368 m,洞内宽2.6~9.3 m,洞内瀑布落差4.2 m,是贵州最大的地下河与峡谷景观,也是国内较长的天生桥之一。洞内时而乱石堆积,时而流水淙淙,洞壁陡峭,几不可攀,洞内有洞,分层明显,反映了新构造运动以来该区域地壳的间歇性抬升,科学价值典型。

图 5-98 天生桥

5. 保护利用现状及存在的问题

思南乌江喀斯特国家地质公园重要地质遗迹资源总体保护较好,但旅游发展较滞后,石林景区旅游发展相对较好。地质公园存在的主要问题有:

(1)公园沿乌江及支流划定,范围太大,很多区域内无重要地质遗迹资源,以其他自然和人文景观为主。

(2)鹦鹉溪温泉园区,经实地调查,原温泉出水口位于村庄内(图5-99),现已盖房屋保护,通过引水到县城开发温泉酒店(图5-100)。此园区离主园区距离远,且资源单一,利用价值不大,没有作为独立园区发展的必要。

图 5-99 鹦鹉溪温泉

图 5-100 九天温泉度假村

七、黔东南苗岭国家地质公园

(一)概　况

黔东南苗岭国家地质公园于2009年8月经国土资源部批准为国家地质公园,属黔东南自治州所辖,总体面积225.47 km²。公园划分为㵲阳河园区、革东园区及雷公山园区(图5-101)。其中,㵲阳河园区地跨黄平、施秉、镇远三县,划分为云台山景区、杉木河景区、上㵲阳景区和下㵲阳景区4大景区,面积为118.67 km²。革东园区属剑河县管辖,划分为革东古生物化石景区和剑河温泉景区,面积25.29 km²。雷公山园区地跨雷山、台江两县,划分为雷公山景区、雷公坪保护区和台江原始森林草原景区,面积81.51 km²。

黔东南苗岭国家地质公园是以革东古生物化石为核心,以㵲阳河白云岩喀斯特地貌、雷公山浅变质碎屑岩地貌为特色,融合原生态苗族、侗族民族文化的大型地质公园。该公园地质遗迹类型丰富,主要有地质剖面、古生物、地貌、水体4个大类地质遗迹景观,极具科学研究价值、科普价值和休闲旅游价值。

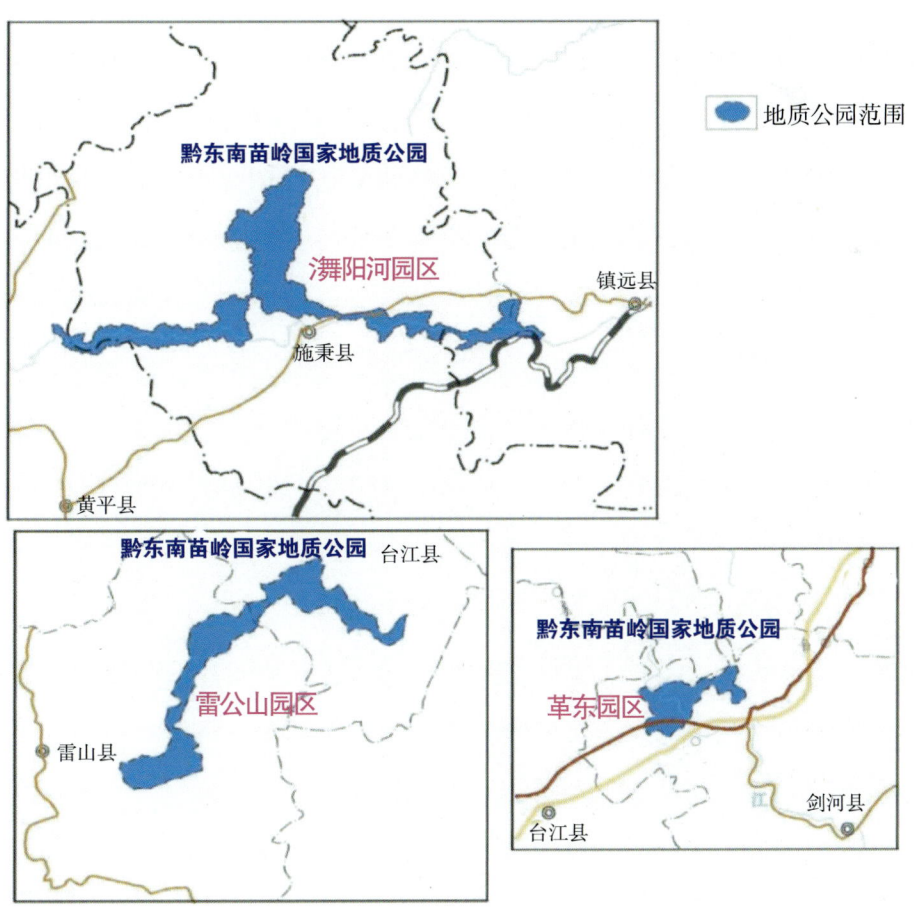

图5-101　公园位置及园区范围分布示意图

(二)地质遗迹类型

公园内的地质遗迹类型有沉积岩相剖面、古动物、古植物、岩石地貌景观、构造地貌景观、流水地貌景观、泉水景观、湖沼景观、河流景观和瀑布景观等10类,共计14个亚类,具体见表5-9。

表5-9 黔东南苗岭国家地质公园地质遗迹类型

大 类	类	亚 类	主要景观
地质剖面	沉积岩相剖面	全球界线层型剖面（俗称"金钉子"）	乌溜-曾家岩剖面
		区域性标准剖面	五河剖面
古生物	古动物	古无脊椎动物	乌溜-曾家岩凯里生物群产地、苗板坡剖面凯里生物群产地、北旧坡剖面凯里生物群产地、八养马剖面凯里生物群产地等
	古植物	古植物	宝石苑叠层石群
地貌景观	岩石地貌景观	喀斯特地貌景观	云台山白云岩喀斯特地貌、五指峰石柱群、黑冲柱状峰丛岭、黑冲峰丛U形谷、笔架山台状峰丛、上濂阳峰丛峡谷、水中月天生桥、下濂阳峰丛峡谷、天门洞天生桥、平塘坡溶洞群等
		碎屑岩地貌景观	台状中山、波状中山、脊状中低山
	流水地貌景观	流水侵蚀地貌景观	上濂阳谷中谷、上濂阳曲流河、诸葛洞峡谷、下濂阳U形谷、响水岩峡谷、幽谷长廊、翁密河峡谷、巫背沟峡谷、激情滩、神龙滩
	构造地貌景观	构造地貌景观	印地坝构造盆地、高碑构造盆地、高碑断层崖、雷公山断块山、雷公山一级剥夷面等
水体景观	泉水景观	温泉景观	抛瓜温泉、剑河温泉
		冷泉景观	龙泉、天井
	湖沼景观	沼泽湿地景观	莲花坪台原湿地、雷公坪高山湿地、玉龙潭高山湿地、小雷公坪台原湿地、掌水坪台原湿地
	河流景观	风景河段	上濂阳风景河段、下濂阳风景河段
		漂流河段	杉木河漂流河段、翁密河漂流河段
	瀑布景观	瀑布景观	三叠水瀑布、响水岩瀑布群、交密瀑布群、玉龙潭瀑布

(三)主要地质遗迹特征

1. 乌溜-曾家岩剖面

乌溜-曾家岩剖面位于革东园区,东经108°24′50.21″,北纬26°44′50.51″,剖面总厚度约200 m,其中凯里组厚214.2 m(图5-102)。以印度掘头虫作为寒武纪第三统的标志性化石,是世界上目前已知寒武系第二统和第三统典型化石间隔距离最短的剖面。2018年,国际地质科学联合会将其作为寒武系第三统和第五阶的全球标准层型剖面。全球层型点位"金钉子"位于该剖面凯里组底界之上52.8 m处,这是我国所获得的第11枚"金钉子",一举超过意大利,成为全世界"金钉子"最多的国家。目前全球寒武系第三统被正式命名为苗岭统,名称来源于贵州黔东南自治州境内的苗岭山脉;第五阶被正式命名为乌溜阶,名称来源于第五阶全球层型剖面起点——乌溜坡。

图5-102　乌溜-曾家岩剖面及"金钉子"

2.凯里生物群

凯里生物群由贵州大学赵元龙等发现并命名,产于剑河县革东镇八郎村寒武系凯里组中上部粉砂质黏土(页)岩中,包括海绵动物、腔肠动物、蠕形动物、腕足动物、软体动物、水母状化石、叶足动物、节肢动物、棘皮动物及宏观藻类等10个大类群,共128属动物、18属藻类化石的大型布尔吉斯页岩型化石生物群,是我国继云南澄江生物群之后发现的第二个重要的布尔吉斯页岩型动物群,是澄江生物群的极好补充。时间属中寒武世早期,距今5.2亿年,居于加拿大布尔吉斯生物群和中国云南澄江生物群之间,填补了二者之间的空白,成为全球早期生物演化链上的重要一环。

凯里生物群以世界独有的软躯体动物——贵州轮盘水母等生物享誉世界。凯里生物群发现娜罗虫、微网虫、奇虾、古蝠虫、奥托也虫、非三叶虫等节肢动物和水母状动物、棘皮动物、软躯体动物化石等(图5-103),而微网虫、奇虾类等均为首次发现。在凯里生物群中,几乎有所有现代动物门类的祖先代表及已经灭绝的动物门类胚胎化石。另外,经中美有关方面专家共同研究,确定了在凯里生物群中发现的颗粒化石是胚胎化石,这是三大布尔吉斯页岩型生物群中首次发现。目前,作为我国寒武纪发现年代最晚的布尔吉斯页岩型动物群,凯里生物群是我们窥视寒武纪第三世初期海洋生物多样化及生态复杂化和三叶虫首次大规模灭绝、复苏的窗口,是探讨动物寒武纪大爆发之后演化过程的重要化石宝库。

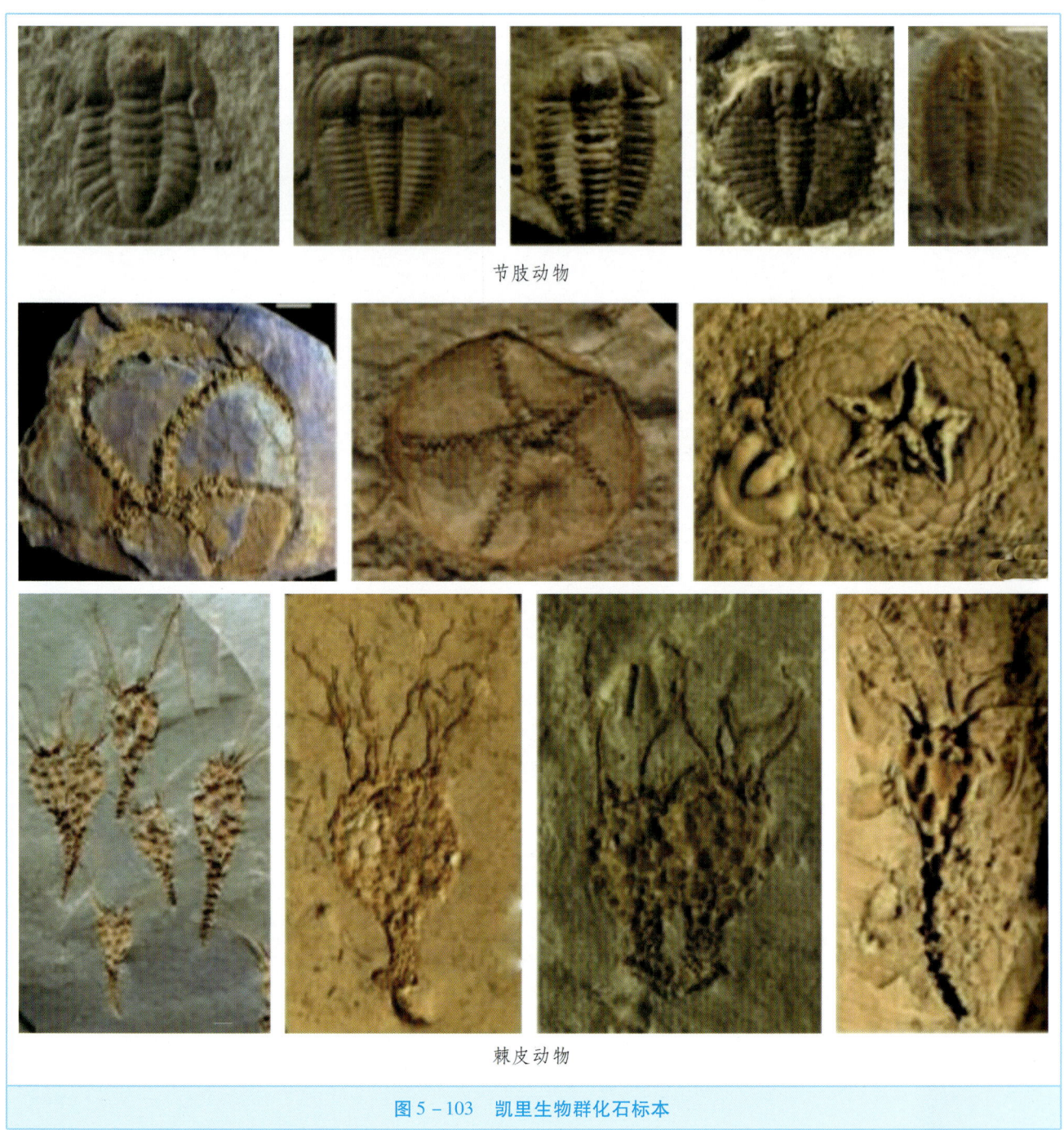

节肢动物

棘皮动物

图 5-103 凯里生物群化石标本

3. 云台山白云岩喀斯特地貌

云台山白云岩喀斯特地貌（图 5-104）位于潕阳河园区云台山景区云台山、黑冲一带。该处寒武系白云岩地层沉积厚度大、分布广泛，产状平缓，垂直节理发育，为园区白云岩喀斯特地貌景观的形成奠定了地质基础。流水沿着白云岩垂直节理不断地溶蚀、侵蚀切割，岩石沿节理面不断崩塌形成了形态各异的峰丛、峰林、峰柱、刃状山、方山，以及塔状石峰在上、锥状山峰在下的组合类型。云台山白云岩喀斯特地貌代表着世界上最典型、最壮观的白云岩喀斯特地貌，填补了中国南方喀斯特发育演化中白云岩类型的空白，具有极高的科研价值。

图 5-104　云台山白云岩喀斯特地貌

4. 上潕阳峰丛峡谷

上潕阳峰丛峡谷(图 5-105)位于贵州省黔东南自治州施秉县,是潕阳河深切寒武系碳酸盐岩地层形成的峡谷地貌景观,长约 4 km。谷底狭窄而谷口较宽,谷壁下部较陡而上部较缓,总体呈"V"形,相对高差 100~200 m;谷坡、沟谷发育,谷壁常不连续;谷顶峰丛、孤峰发育,谷坡常发育柱状、塔状白云岩岩块。

图 5-105　上潕阳峰丛峡谷

5. 杉木河峰丛峡谷

杉木河峰丛峡谷(图5-106)位于㵲阳河园区中杉木河景区,是杉木河深切寒武系碳酸盐岩地层形成的峡谷地貌景观。园内峡谷长度约25 km。杉木河峰丛峡谷系高原晚期强烈抬升、主河道迅速下切数百米形成,谷窄水急、比降大、冲积物不发育,谷坡陡直,深切呈"V"形、箱形,两侧为基座相连的白云岩锥状峰丛,峰顶石柱、石塔发育。

图5-106 杉木河峰丛峡谷

6. 交密瀑布群

交密瀑布群(图5-107)位于雷公山园区中台江原始森林草原景区,系雷公山差异性隆升的产物,为发育于掌水坪台原至雷公山山脚的瀑布群。从掌水坪台原至雷公山山脚的巫背沟,海拔从1600 m骤降至900 m,落差近700 m;掌水坪台原湿地密布,水量充沛,加之该地出露地层为新元古界番召组变质砂岩和板岩互层,产状平缓,岩性软硬相间,从而形成了雄壮的交密瀑布群。初步统计,交密瀑布群落差30 m以上的瀑布有18个,其中最大落差的白岩脚瀑布落差高达200多 m;小型瀑布、跌水不计其数。瀑布群沿线森林茂密,植被完整,河水清甜,奇石林立。

图 5-107　交密瀑布群

7. 保护利用现状及存在的问题

黔东南苗岭国家地质公园旅游发展较慢，地质遗迹资源保护较好，重要地质遗迹资源未受到破坏。目前主要存在以下几个问题：

（1）该地质公园的雷公山园区，以湿地、森林等自然资源为主，位于黔东南自治州州级自然保护区内，以生态和生物多样性为主，地质遗迹资源不是其主体资源。

（2）公园范围划定不能充分体现地质遗迹完整性，在革东园区和潕阳河园区均存在此现象。其中，随着科考和科研的深入，革东园区目前新发现的几处把椰生物群的化石产地均位于园区外；潕阳河园区云台山白云岩地貌景观所划区域太小，未能完整体现其整体性。

（3）资源利用率低，科普活动发展缓慢，解说系统不完善。

八、赤水丹霞国家地质公园

(一)概　况

赤水丹霞国家地质公园于2012年4月经国土资源部批准为国家地质公园,属赤水市所辖(图5-108)。公园划分为大同-丙安园区和两河口-元厚园区。其中,大同-丙安园区共划分为四洞沟、红石野谷、丙安3个景区,两河口-元厚园区共划分为狮子岩、桂园林2个景区。

赤水丹霞国家地质公园以丹霞地貌、瀑布景观、孑遗植物等为主要特色,兼有典型沉积岩相剖面、峡谷地貌、小型构造(X型节理、波痕)、古生物活动遗迹等,它们不仅是相关学科领域学术研究的课题方向,也是进行科普教育难得的宝贵题材。赤水丹霞国家地质公园将多种类型的地质景观集中在一起,自然状态总体保持良好,具有很好的系统性和完整性,是人们观赏游览、度假休闲的极佳场所。

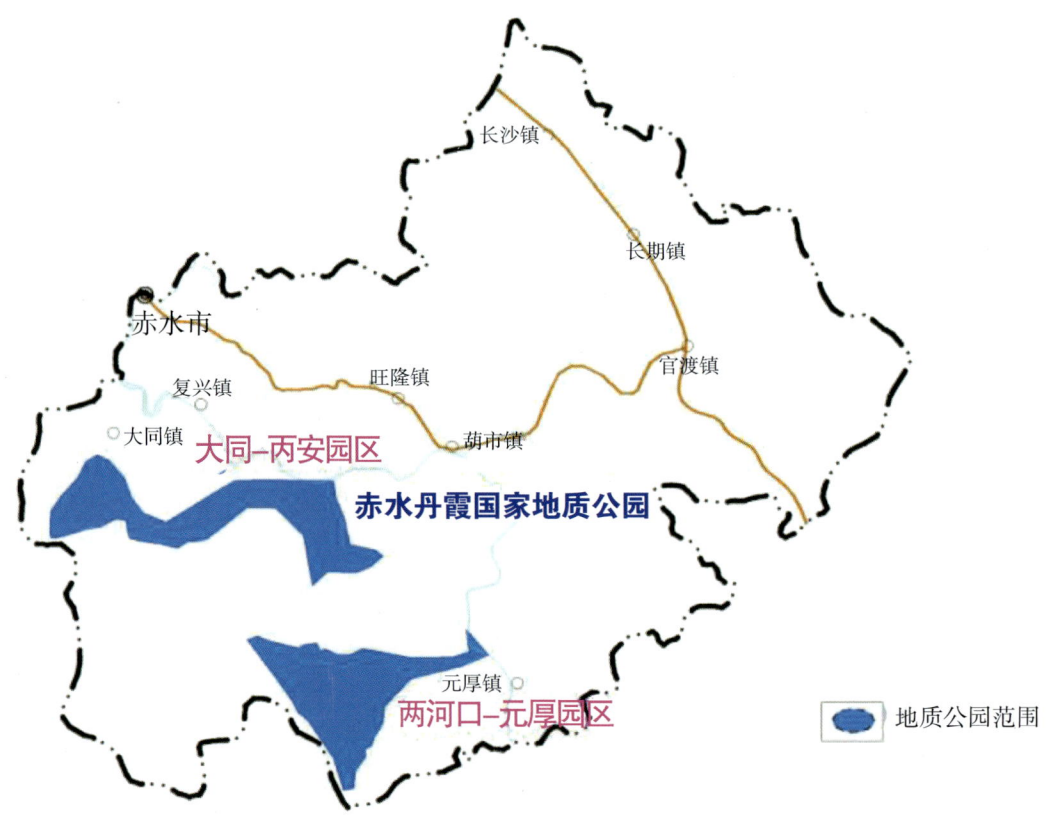

图5-108　公园位置及园区范围分布示意图

(二)地质遗迹类型

公园内的地质遗迹类型总共有6大类10类10亚类,具体见表5-10。赤水丹霞是亚热带巨厚红层在新构造运动作用下丹霞地貌发育演化的杰出范例,是晚新生代以来地球历史演化的突出例证。其中,丹霞岩壁、丹霞石柱及丹霞石峰为正地貌类型,大型单体洞穴及蜂窝状洞穴为负地貌类型。

表 5-10 赤水丹霞国家地质公园地质遗迹类型

大 类	类	亚 类	主要景点
地质剖面	沉积岩相剖面	典型沉积岩相剖面	丙安侏罗系—白垩系剖面
地质构造	构造形迹	中小型构造	波痕、泥裂、交错层理、X型节理
古生物	古动物	古脊椎动物	鱼化石
	古生物遗迹	古生物活动遗迹	恐龙脚印
地貌景观	岩石地貌景观	碎屑岩地貌景观	丹霞岩壁、丹霞石峰、丹霞石柱(象形丹霞)、丹霞洞穴、天生桥、壶穴等
	构造地貌景观	构造地貌景观	峡谷地貌
水体景观	湖沼景观	湖泊景观	玛瑙滩、百米大滩
	河流景观	风景河段	赤水河
	瀑布景观	瀑布景观	昌水岩瀑布、迎宾瀑、三叠瀑、神仙椅瀑布、姊妹瀑、盆景瀑布、百丈崖瀑布、四洞沟瀑布群、百丈五连瀑等
环境地质遗迹景观	地质灾害遗迹景观	山体崩塌遗迹景观	古崩塌堆积体

(三)主要地质遗迹特征

1. 丹霞岩壁

(1)昌水岩(图5-109):位于两河口镇马鹿村沙坝头东,是典型的丹霞岩壁的代表。整个崖体相对高度500 m左右,与地面垂直壁立,壁面裂纹纵横交错,通体色泽红艳,在阳光的照射下灿若明霞。昌水岩恰好位于所处沟谷的地貌裂点上,瀑布的存在和不断溯源侵蚀后退,使得与瀑布直接接触的岩石遭受不断的侵蚀而优先后退,岩石被侵蚀后,瀑布两侧的岩石因压力的释放而沿垂直节理面发生频繁的重力崩塌,内凹的弧形陡崖初步形成。此后,随着溯源侵蚀的不断进行,裂点不断后退,弧形陡崖的高度和深度等方面均逐步扩大,最终形成了现在的规模。

图 5-109　昌水岩

（2）佛光岩（图 5-110）：位于五柱峰村，是巨型丹霞岩壁的典型代表，呈马蹄形水平展布，相对高度近 400 m，直线宽约 660 m（弧长 1000 余 m）。在阳光的照射下红艳似火，如同一幅精美绝伦的山水画，极具视觉震撼力。

图 5-110　佛光岩

（3）丹霞绝壁（图 5-111）：位于两河口镇，是赤水丹霞地貌最具表现力的形态要素之一。该岩壁长 860 m，高 70 余 m，与地面垂直。壁体为典型的侏罗纪古湖沉积岩，经 2 亿年的地壳演变而成，壁面裂纹纵横交错,通体色泽红艳,在阳光的照射下灿若明霞。

图 5-111　丹霞绝壁

(4)赤壁神州(图 5-112):位于金沙村,岩壁呈弧状,上、下部多处被植被覆盖,红色的块状砂岩明艳如火,远观似一幅中国地图,具有较高的观赏价值。

图 5-112　赤壁神州

2. 丹霞石峰

(1)十八罗汉拜观音(图 5-113):位于两河口镇马鹿村沙坝头东南侧,是丹霞石峰的典型代表。岩壁上下均被茂密的植被覆盖,岩体沿着近东西走向成一道道沟壑,主要是不同岩性的岩石在水流、风力等作用下差异风化的结果。远看,裸露的岩石似一个个神态迥异的罗汉,在膜拜着对面的观音像。

图 5-113　十八罗汉拜观音

（2）五柱峰（图 5-114）：位于五柱峰村，是赤水最为典型的丹霞石峰景观，五根与母岩半分离的高大丹霞石峰并排而立，远望宛若巨掌，惟妙惟肖。石峰高数十米，直径 10 余 m。五柱峰是岩石沿节理强烈崩塌的结果。白垩系嘉定群地层倾角平缓，质地坚硬，不同规模的 X 型垂直节理十分发育。五柱峰恰好处于一深切沟谷的一侧，由于河流的强烈切割，沟谷两侧的岩石因压力释放而大量崩塌。五柱峰受几条较大平行节理的控制，重力崩塌使得节理之间的岩体凸出成为柱状景观。

图 5-114　五柱峰

3. 丹霞石柱（象形丹霞）

公园内的象形丹霞在地貌类型上属于丹霞石柱，其高度大于直径，多呈方形或圆形，低矮者（高度小于直径）可称为石墩。丹霞石柱（象形丹霞）是一种发育奇特的造型地貌，造型形象逼真，具有较高的观赏价值。

（1）翻天大印（图 5-115）：位于马鹿坝东南，下部为厚层碎屑岩地层，中间夹有一薄层泥岩，软弱层的风化和剥蚀使得底部岩石整体崩塌,呈上宽下窄。

(2)灵芝石(图 5-116):位于两河口镇,酷似一把巨伞或一朵灵芝,是一尊丹霞岩体经崩塌节理和风雨剥蚀而形成的石柱,当地人冠予"万年石伞"和"亿年灵芝"的雅称。灵芝石通体红艳,伞顶周长 17 m,伞身高 6.2 m,伞柄最细处周长 1.2 m。

图 5-115 翻天大印

图 5-116 灵芝石

4. 大型单体洞穴

属于丹霞洞穴的一种,在丹霞地貌区非常普遍。此类洞穴是在水流侵蚀、风化、崩塌等多种因素共同作用下形成的,与喀斯特洞穴完全不同。

(1)丹霞石刻(图 5-117):位于红石野谷景区,是丹霞地貌岩穴的代表性景观。穴顶至穴底最高处达 16 m,穴长 110 m,深约 10 m。穴中绝壁上有大面积天然形成的蜂窝状、水纹状蚀痕,再加之整个岩穴色泽红艳,间插着斑驳陆离的铁青色苔迹,更显出岩穴的古老与美艳。中国丹霞地貌专家黄进考察评价其"天然石刻,奇妙无穷,举世罕见"。

图 5-117 丹霞石刻

（2）蜂窝状洞穴（图5-118）：五柱峰村及红石野谷景区均有分布。这种在岩壁上广泛分布、大小均匀、密集相连的微型洞穴群，在我国的丹霞地貌中，发育在西南高山地区的还是较少见的。同时，该洞单穴直径均在30 cm以下，洞穴延伸长达80 m，均呈层状排列，如此整齐、细密的排列形式，在我国南方丹霞地貌中较为少见。

图5-118　蜂窝状洞穴

5. 瀑　布

受构造抬升和河流侵蚀基准面下降的影响，河流下切强烈，原本连续分布的高原面正在不断解体之中，形成众多高矮不同、形态迥异的单级瀑布及极为壮观的阶梯状瀑布群。

（1）昌水岩瀑布（图5-119）：位于昌水岩崖壁中央，呈柱状，宽60多m，瀑布从山顶倾斜而下，落差达300~500 m，倾流而下的水声如雷，宛若银蛇穿洞。此外，从地壳运动的角度看，昌水岩瀑布可视范围内呈5级梯度，每一级阶梯的高度因山体的高度不同而不同，水流倾斜而下，如天女散花，美不胜收。

图5-119　昌水岩瀑布

(2)迎宾瀑(图5-120):位于狮子岩景区。马鹿坝支流河段发育着多种样式的瀑布。其中,下游河段发育有一梯级瀑布,由于岩层成层性的差异,瀑布级数较多,每一级的相对高度也不同,形状变化万千,而且水流的作用又会反过来作用于岩石,造成基岩不断向后向深扩大,瀑布的节点也因此不断溯源侵蚀后退,在相对高度近百米的基岩上分布着梯级多达10级的瀑布,极具观赏价值。

(3)三叠瀑(图5-121):位于狮子岩景区。由于构造抬升,基岩成不同梯度,水流在渗透性较差的岩石上受重力作用向下流动,形成高矮不同的跌水,在宽阔的台地上可看到3级梯级明显的瀑布。

图5-120 迎宾瀑

图5-121 三叠瀑

(4)神仙椅瀑布(图5-122):位于狮子岩景区。水流沿梯级基岩自上而下,受重力作用流向下游较宽阔的台地,下游由于汇水面积增大而形成潭。瀑布与下部水潭构成一个整体,二者相辅相成,远观似山中神仙休憩时的座椅,故名神仙椅。

(5)燕子岩瀑布(图5-123):位于燕子岩景区。丰水季瀑布宽可达8~10 m,枯水季也可达3 m以上,瀑布高30~40 m。

图5-122 神仙椅瀑布

图5-123 燕子岩瀑布

(6)四洞沟瀑布群:位于大同河支流闽溪,两岸"U"形峡谷成天然河道,因河道有4级瀑布,而当地人称瀑布为"洞",故俗称四洞沟。4级瀑布分别为水帘洞、月亮潭、飞蛙瀑、白龙潭(图5-124~图5-127)。瀑宽均在40 m左右,在不到5 km的河道上,4级瀑布落差不算小,而且形态各异,落差大者近50 m,且沿途可以不断看到山洞流泉倾斜而下,如天女散花、飞珠溅玉,形成一个姿态万千的瀑布群落,景致独特。

图5-124　水帘洞

图5-125　月亮潭

图5-126　飞蛙瀑

图5-127　白龙潭

（7）佛光岩瀑布（图5-128）：位于五柱峰村佛光岩丹霞岩壁中央,呈柱状,宽40 m。瀑布从山顶倾泻而下,落差达到184 m,高度为赤水地区之冠。

（8）神女瀑布（图5-129）：与佛光岩瀑布相比,神女瀑布又显示出另一种壮观。瀑布从300多m高的梯级山崖上蜿蜒而下,勾画出一幅美景。瀑布由于形态婀娜而被当地人称为"神女瀑布"。

图 5-128　佛光岩瀑布

图 5-129　神女瀑布

（9）十丈洞瀑布（图 5-130）：又名赤水大瀑布，位于赤水河一级支流风溪河上，高 76.2 m，宽 80 m，雨季流量可达 300 m³/s，蔚为壮观，是众多瀑布的杰出代表，其高度、宽度及水流量等均堪与著名的黄果树瀑布媲美，有"丹霞第一瀑"的美誉。

（10）中洞瀑布（图 5-131）：位于十丈洞瀑布下游 2 km 处，落差 18 m，宽 75 m，远观似银珠织帘垂挂谷中，与十丈洞瀑布相映成趣，是中国帘状瀑布的典型代表。

图 5-130　十丈洞瀑布

图 5-131　中洞瀑布

6. 保护利用现状及存在的问题

赤水丹霞国家地质公园旅游发展较好，地质遗迹资源保存、保护状况良好。存在的问题主要体现在两方面：一方面，公园范围划定没有充分考虑地质遗迹资源完整性，周边重要地质遗迹资源未划入公园范围；另一方面，公园范围地质遗迹资源调查不够详细，部分重要地质遗迹资源实际分布位置和资源分布图位置相差甚远，对大部分地质遗迹资源的调查和评价不够深入。

第三节 省级地质公园

一、乌当省级地质公园

(一)概　况

乌当省级地质公园于 2004 年 5 月经贵州省国土资源厅批准为省级地质公园,总面积为 50.53 km²,主要分布于贵州省贵阳市乌当区东风镇(图 5-132),距贵阳市中心 15 km,仅有一个园区。按功能不同,进一步分为来仙阁景区、道桥景观景区、乌当田园风光景区、情人谷景区、鱼洞峡景区、奥陶纪景区、地质广场和其他 9 个独立景点。

乌当省级地质公园是以地质地貌、地质(含构造)剖面、多门类古生物、第四纪冰川、喀斯特地貌、河流地貌及人文、历史、民族风情、生态景观为一体的综合性地质公园,属赏景、游乐、科研、地学教学、科普旅游、疗养、度假和学生夏令营性质的中型省级地质公园。

图 5-132　公园位置及园区范围分布示意图

(二)地质遗迹类型

公园内的地质遗迹类型共分为5大类8类9亚类,具体见表5-11。

表5-11 乌当省级地质公园地质遗迹类型

大 类	类	亚 类	主要景点
地质剖面	沉积岩相剖面	典型沉积岩相剖面	黄花冲剖面
地质构造	构造形迹	区域构造	乌当断层、高堰断层、S/O岩溶不整合面
古生物	古人类	古人类	猫猫山古人类遗址
	古动物	古无脊椎动物	奥陶纪公园
地貌景观	岩石地貌景观	可溶岩地貌景观	溶沟及石芽、峰丛、洼地、溶丘、溶洞、漏斗及落水洞、天生桥
	冰川地貌景观	冰川刨蚀地貌景观	冰川U形谷、冰川擦痕、角峰、冰斗、羊背石
		冰川堆积地貌景观	冰漂砾
	构造地貌景观	构造地貌景观	峡谷地貌
水体景观	河流景观	风景河段	河流阶地、边滩、心滩、河漫滩、河湾

(三)主要地质遗迹特征

1. 黄花冲剖面

黄花冲剖面位于乌当区黄花冲一带,是1974年南京古生物研究所建立的黄花冲组的层型剖面,其岩性为灰色厚层至块状生物屑微-细晶灰岩,厚度>60 m,产有独特的珊瑚动物群、海百合茎、苔藓虫、腹足动物、头足类、介形虫等化石。根据所含化石,黄花冲组应为一跨时代的岩石地层单位,其时限大致相当于中奥陶世早期至晚奥陶世五峰期早期到中期。黄花冲组之上为志留系高寨田组的砾屑灰岩,为典型的岩溶不整合面,代表了中奥陶统黄花冲组上覆构造运动界面,记录了贵州中部首次成陆的时间。

2. 奥陶纪公园

奥陶纪公园位于距东风镇约1 km的大洼、高坡、高院、小谷龙一带,面积约5 km²,是典型地质剖面和古生物景观为一体的地质遗迹。区域内完整出露中、下奥陶统地层,从老至新依次为桐梓组、红花园组、湄潭组、牯牛潭组和黄花冲组。该地段古生物化石丰富,含腕足动物、腹足动物、三叶虫、笔石、珊瑚等(图5-133),沉积岩类型齐全,沉积构造特征明显,地质构造形迹复杂多样。

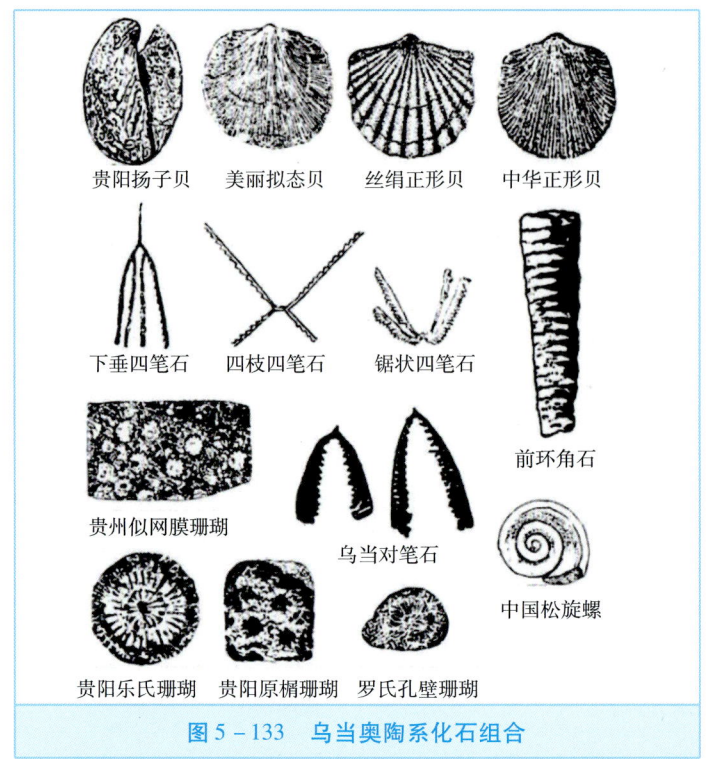

图 5-133 乌当奥陶系化石组合

3. 冰川遗迹

冰川遗迹位于园区北部洛湾一带,主要包含冰川刨蚀地貌景观中的冰川 U 形谷、冰川擦痕、角峰、冰斗、羊背石及冰川堆积地貌景观中的冰漂砾。其中冰川 U 形谷为山谷受冰川侵蚀形成的,谷地平直宽阔,谷坡陡,谷地横向呈"U"形。冰漂砾是经冰川搬运的巨砾,随冰川翻山越岭,散布于冰川所到之处,当冰川消退后,巨砾便停留沉降堆积于此(图 5-134)。

图 5-134 冰漂砾

4. 峡谷地貌

峡谷地貌主要沿南明河、鱼梁河和鱼洞河分布,地貌景观有峡谷、嶂谷、阶地、心滩、深槽、浅滩、河湾等。

其中鱼洞河峡谷和情人谷水质清澈，沿岸为当地居民经营的农家乐及烧烤摊位，是城区居民夏日休闲避暑的好去处(图5-135)。

图5-135 情人谷(左)及鱼洞河峡谷(右)

5. 神秘的古人类文化遗址

位于洛湾盆地西侧的大堡猫猫山文化遗址，其时代约处于旧石器时代晚期或新石器时代初期，距今大约1万年。猫猫山古人类文化遗址可分为2处，即靠东的一号洞和靠西的二号洞，皆为洞穴型。一号洞露天，发现遗存较少。二号洞入口较小，洞内干燥暖和，遗存物较多，经考古学家发掘，洞内有经原始人打制的石核、石片等石器和具有一定石化程度的哺乳动物残骸、螺壳等，并发现人类的用火遗迹。

6. 保护利用现状及存在的问题

根据对乌当省级地质公园实地调查，发现主要存在以下问题：

(1)只划定大致范围，没有确定边界拐点坐标。

(2)地质公园范围内有大量居民聚居地，比如乐湾国际等居民区均位于地质公园范围内，给地质公园发展带来诸多不利。

(3)地质公园附近有贵阳市的垃圾填埋场及污水处理厂，给地质公园发展带来诸多不利。

(4)地质公园部分重要地质遗迹已遭破坏，如黄花冲剖面(图5-136)、冰川遗迹等。

图5-136 原黄花冲剖面所在地现状

二、独山省级地质公园

(一)概　况

独山省级地质公园于 2005 年 12 月经贵州省国土资源厅批准为省级地质公园。独山省级地质公园位于独山县境内(图 5 - 137),面积为 708.60 km²。包括兔场 - 深河桥景观区、在君峡谷 - 盟军飞机场景观区、羊凤 - 二层坡景观区、温泉景观区、南线景观区。

图 5 - 137　公园位置及园区范围分布示意图

独山省级地质公园是以著名的独山泥盆系—石炭系典型剖面、峰丛、峡谷、瀑布,浓郁而独特的文化、茂密的原始植被及喀斯特地貌为主的地质公园,是集赏景、休闲、游乐、度假、科研和科普性质于一身的综合性

（二）地质遗迹类型

按照《国家地质公园规划编制技术要求》中地质遗迹分类标准，公园内地质遗迹景观包含7大类9类12个亚类。其中大类为地质剖面、地质构造、古生物、矿物与矿床、地貌景观、水体景观、环境地质遗迹景观；9类包含地层剖面、构造形迹、古生物遗迹、典型矿物产地、岩石地貌景观、泉水景观、河流景观、瀑布景观、地质灾害遗迹景观；12亚类包含全国性标准剖面、区域大型构造、古生物活动遗迹、典型矿物产地、碎屑岩地貌景观、可溶岩地貌景观、温（热）泉景观、冷泉景观、风景河段、瀑布景观、山地崩塌遗迹景观、滑坡遗迹景观，具体见表5-12。

表 5-12 独山省级地质公园地质遗迹类型

大类	类	亚类	主要景点
地质剖面	地层剖面	全国性标准剖面	独山泥盆系—石炭系典型剖面
地质构造	构造形迹	区域大型构造	独山断层、烂土断层、月里断层、独山背斜等
古生物	古生物遗迹	古生物活动遗迹	布寨泥盆纪生物礁，地坝泥盆纪点礁，晚泥盆世珊瑚、腕足动物、苔藓、层孔虫等生物种类的演化与灭绝，天马迹（生物遗迹化石——动藻迹Zoophycos），心石（腕足动物化石的断面）
矿物与矿床	典型矿物产地	典型矿物产地	半坡锑矿、鸡窝寨铅锌矿等
地貌景观	岩石地貌景观	碎屑岩地貌景观	在君峡谷、深河峡谷、紫林山峡谷等
		可溶岩地貌景观	双虹洞、神仙洞、蝙蝠洞、先民洞、双虹洞天窗、独山盆地、上司盆地、下司盆地、独秀峰、友谊峰等
水体景观	泉水景观	温（热）泉景观	温泉
		冷泉景观	文江泉、凉亭泉
	河流景观	风景河段	新民河、甲捞河
	瀑布景观	瀑布景观	鸡窝寨瀑布、深河桥瀑布、紫林山瀑布等
环境地质遗迹景观	地质灾害遗迹景观	山体崩塌遗迹景观	在君峡谷崩塌、深河峡谷崩塌、麻尾象鼻山崩塌等
		滑坡遗迹景观	兔场滑坡、黔桂公路黑石关段滑坡等

（三）主要地质遗迹特征

1. 在君峡谷-盟军飞机场景观区

（1）泥盆系地质剖面：位于独山县城东北面和西南面2个地方。在地质剖面上，生物遗迹化石等景观散落于地质剖面的两侧；瀑布或跌水群、河流深潭、地下河等喀斯特地貌，原始植被等自然景观随地质剖面时隐时现。同时独山丹林组中丰富的植物化石是贵州省生物大规模登陆的主要代表。

许多专家学者在此做了大量的调查与研究工作，使之成为国家级的典型泥盆系标准地质剖面（图5-138），是全球著名的地史时期泥盆纪—石炭纪浅海碳酸盐台地相标准地质剖面，是这一时期地层发育最好、最完整，古生物化石群最多的地方。

图 5-138　泥盆系地质剖面

（2）在君峡谷（图 5-139）：位于独山县新民河上游支流，为断裂型喀斯特深切河谷，河谷深 100~200 m，一般宽 200~400 m，但最窄的地方不足 100 m。谷底河水为一类水质，地下河和地表河时出时隐，泉眼零星散布于谷底的小道旁。谷边陡，三角崖多数直立，谷壁上溶洞穿空而幽深，原始植被茂盛。谷坡上为平坦的台地，少数民族村落坐落其间。

在君峡谷是泥盆系地层剖面的重要一段。在君峡谷和谷内的文江泉均为当地百姓为纪念著名的地质学家丁文江先生（字在君）而命名的。在在君峡谷上，不但可以饱览大自然的美丽风光，而且可以在河水和森林的歌声中感受地球的悠悠岁月与生物的亿年进化。

图 5-139　在君峡谷

（3）鸡窝寨瀑布群：位于在君峡谷的东端，鸡窝寨的北侧。地表径流在流经受小型断层影响和岩性差异而导致的陡崖时，形成了宽 5~20 m、高 50~100 m 的瀑布群。主瀑布常年有水，发育于中泥盆统独山组鸡窝寨段的下部和宋家桥段的上部，因岩性的差异性而形成一瀑三迭的神奇景观。雨季时期，与主瀑布相距百余米的对面崖上，季节性小溪也从崖上飞下"四道银河"，形成十分壮丽的半弧状瀑布群自然景观。

（4）生物灭绝与复苏：据中国科学院南京地质古生物研究所廖卫华的研究，在独山泥盆系地层剖面上，发生了晚泥盆世的 F/F(弗拉斯/法门期)生物集群灭绝事件(图 5-140),与白垩纪末的恐龙大灭绝事件等一起被称为全球五次生物灭绝事件。

在独山县城北 1 km 的卢家寨附近,F/F 生物集群灭绝事件的开始被"上苍"固定于一块高不足 3 m 的巨石上。距生物集群灭绝事件之下约 0.5 m 地层中,生物(珊瑚、层孔虫等)犹如"回光返照"般异常丰富,更增添了这一生物灭绝事件的可观性。在 F/F 生物集群灭绝事件开始之上约 20 m 的地层中,微生物岩零星出现。生物灭绝事件过程及之后的复苏,正是当今科学界研究的热点。

图 5-140　F/F 生物集群灭绝事件剖面外观

2. 羊凤-二层坡景观区

(1)二层坡漏斗群(图 5-141):位于独山县羊凤-二层坡景观区内,受断层的控制,10 余个大型的漏斗呈近"一"字排开,紧随着著名的石炭系地质剖面发育约 5 km,漏斗间隔在 100~200 m。漏斗多呈圆形、椭圆形或不规则状,一般面积在几千平方米至数万平方米,深度为数十米至百余米;漏斗底或平或尖,形态不一,平坦的漏斗底部为肥沃的良田(鸭蛋田)(图 5-142);漏斗壁或陡或缓,较缓的为果林(花果山)。

图 5-141　二层坡漏斗群

图 5-142　二层坡平底漏斗

（2）上泥盆统—石炭系地质剖面（图5-143）：经丁文江先生和A.葛利普教授对独山石炭系地层进行的系统研究，以及其后近1个世纪中外专家、学者的不断研究，独山的上泥盆统—石炭系地质剖面几乎可见于中国的所有地学类教科书中，全世界的地学工作者几乎无人不知"独山上泥盆统—石炭系地质剖面"，它直接或间接地影响着全球地学研究的进步和发展。上泥盆统地质剖面与位于在君峡谷-盟军飞机场景观区内的泥盆系地质剖面相衔接或补充。

图5-143 上泥盆统—石炭系地质剖面

在此剖面上，泥盆纪末的生物集群灭绝事件和生物复苏、石炭纪时期的全球性冈瓦纳大陆冰川事件、晚泥盆世—石炭纪的生物进化等地质景观均良好地出露和再现；森林公园和水库，以及漏斗群、地下河等自然景观总与地质剖面相随。此地较完整地浓缩了喀斯特地貌的远古和近古的形成和发育历史，是良好的科普基地。

3. 兔场-深河桥景观区

（1）深河峡谷（图5-144）：位于独山县城北约7 km处，为喀斯特深切河谷，谷坡多为陡岸或绝壁，河水清澈见底，河中有跌水群和深潭。深河峡谷的谷壁是独山泥盆系地质剖面的补充剖面，F/F生物集群灭绝事件的阶段性灭绝过程在此十分清晰地展现，是研究F/F生物集群灭绝事件原因的又一个良好剖面。

图5-144 深河峡谷

(2)夹缝岩(图5-145):位于影山镇翁台村。夹缝岩是独山"紫林山国家森林公园"的有机组成部分,距县城45 km,区内以山势雄伟、气势磅礴、地层古老、山石构型奇特而出名,出露的地层为泥盆系,岩性主要为砂岩。区内主要景点有:坛子湾、观音石、观音山瀑布、将军岩、田园风光,以将军岩最具有代表性。夹缝岩尚未开发,是原生态的景点,没有经过任何修饰,如同一块天然的碧玉等着人们去发掘它的美丽。

(3)翻天印(图5-146):位于影山镇紫林山村。为一倒立似大印的巨型岩石,上宽下窄,顶部为2 m见方的平台,远看像一枚朝天大印,因此得名"翻天印"。其高约3 m,上部宽约2.5 m,下部宽约1 m。该石为早泥盆系砂岩自然风化形成。该石位于山脊之上,处于陡崖边,站在此处可以看见远处峡谷风光及成群的山脉,蔚为壮观。

图5-145 夹缝岩

图5-146 翻天印

4.南线景观区

(1)双虹洞(图5-147):位于上司镇拉旺村,距独山县城35 km。双虹洞为一喀斯特洞穴。双虹洞发育于上石炭统的灰岩中,洞口高80~90 m,宽20~30 m,两壁近直立,洞顶呈圆拱形。洞口外40~50 m处有一拱形的"天生桥",高约100 m,跨度40~50 m,"桥"面宽10~50 m。地表河从洞口流入洞内,形成地下河;溶洞内钟乳石、石笋、跌水及深潭随处可见。距洞口300~400 m处有一近圆形"天窗"直通地表,高约200 m,"天窗"下阳光可照射的露出地下河水面的地方有喜湿性灌木、草本和苔藓类植物,郁郁葱葱。"天窗"壁陡直,壁面上着生有较为粗大的、造型奇特的木本植物,各种鸟类也筑巢于壁面上。从洞口绕坡而上,未见"天窗",但见无数的飞虫在旋转的气流中形成一冲天之柱。"天窗"周围是一椭圆形的大型漏斗,直径300~400 m,高50~100 m,四周植被十分茂盛。

图 5-147 双虹洞

这一溶洞可能是喜马拉雅运动和新构造运动的地壳抬升所导致,溶洞壁面上和"天窗"壁面上仍保留着不同阶段的侵蚀阶面。

(2)南部喀斯特地貌(图 5-148):沿黔桂公路和贵(阳)新(寨)高等级公路两侧,喀斯特锥峰林立,喀斯特洼地、大型漏斗和溶洞等喀斯特地貌十分发育。从北而南,座座锥峰紧紧相连,驼峰发育,喀斯特洼地多呈槽状,至南部孤峰在喀斯特洼地上拔地而起,地表水和地下河时隐时现,展现了喀斯特发育的全过程。

图 5-148 南部喀斯特地貌

(3)布寨生物礁(图 5-149):位于下司镇,距独山县城 63 km。布寨生物礁为中泥盆世的两个不同时期的生物礁叠置在一起形成的大型生物礁,厚度在 600 m 以上,面积 4~5 km²。布寨生物礁出现在中国许多的地学类教科书中,已成为研究古代生物礁的经典地区。

图 5-149　布寨生物礁

5. 温泉景观区

麦粒蜓带冰期（图 5-150）：位于独山县城东侧 35 km 处的本寨附近，在马平组底部发育有 1.5 m 厚的紫红色、杂色富铁质古风化壳，是受晚石炭世早期麦粒蜓期全球冰期的影响所致。

图 5-150　麦粒蜓带冰期

6. 保护利用现状及存在的问题

根据对独山省级地质公园实地调查，发现主要存在以下问题：

（1）由于公园园区数量过多、面积过大，且过于分散，公园范围内很多区域没有重要地质遗迹资源。公园只划定大致范围，没有确定边界拐点坐标。

(2)公园范围内有大量居民聚集地,比如独山县城、上司镇等均位于公园范围内,给城镇建设带来诸多不利。

(3)公园部分地质遗迹已经被破坏,如大河峡谷、赖子潭瀑布等地质遗迹已遭破坏。

(4)公园只有大河口景区和夹缝岩景区开发较好,设施较完善,但景区内解说系统不完善,多数景区没有开展旅游科普活动。如大河口景区、夹缝岩景区虽然地质遗迹保护措施较好,但是缺少解说系统。

三、花溪省级地质公园

(一)概　况

花溪省级地质公园于2006年3月经贵州省国土资源厅批准为省级地质公园,总面积为91.60 km²,包含4个景区:青岩景区、花溪-天河潭景区、高坡场景区和孟关景区(图5-151)。

花溪省级地质公园是以三叠纪青岩—孟关以北地区经历了7次"沧海桑田"的地质遗迹景观组合为中心,配合喀斯特地质和地貌景观、水文地质遗迹景观、古生物景观和峡谷地貌景观、自然生态和人文景观,集科学价值与美学价值于一身的综合性地质公园。

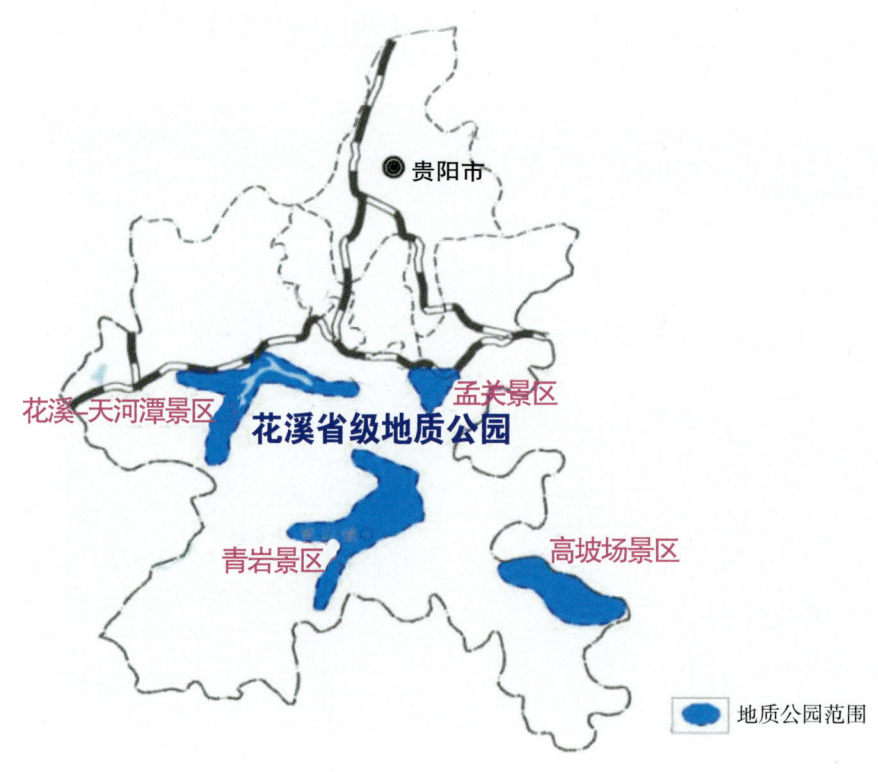

图5-151　公园位置及园区范围分布示意图

(二)地质遗迹类型

公园内地质遗迹景观包含6大类11类11亚类,具体见表5-13。

表 5-13 花溪省级地质公园地质遗迹类型

大 类	类	亚 类	主要景点
地质剖面	地层剖面	地方性标准剖面	青岩剖面
	沉积岩相剖面	典型沉积岩相剖面	狮子山三叠纪台盆相变剖面、不整合面、上超现象、下超现象
地质构造	构造形迹	中小型构造	帐篷构造、关岭组岩块白云岩
古生物	古动物	古无脊椎动物	化石山青岩生物群
	古生物遗迹	古生物活动遗迹	大冶组虫迹化石
地貌景观	岩石地貌景观	喀斯特地貌景观	峰丛、天生桥、天窗、天坑、溶洞、峡谷、天河潭瀑布钙华
	流水地貌景观	流水侵蚀地貌景观	鸡公山河流侵蚀地貌
水体景观	湖沼景观	湖泊景观	天河潭
	河流景观	风景河段	车田河、花溪水库
	瀑布景观	瀑布景观	卧龙潭瀑布、印色田瀑布、高坝瀑布、中坝瀑布
环境地质遗迹景观	地质灾害遗迹景观	山体崩塌遗迹景观	三叠纪海底崩塌遗迹景观

(三) 主要地质遗迹特征

1. 簸箕山-狮子山沉积相景观

簸箕山-狮子山沉积相景观主要为杨柳井组第一段白云岩的向上变薄、台地边缘后退与盆地相泥岩上超的景观组合(图5-152)。杨柳井组第一段白云岩最突出的宏观特征是层理清晰,单层厚度自下而上总体变薄(在沉积学中把单层厚度自下而上变薄的地层序列称为"向上变薄"或"向上变深"的层序,认为是在水体逐渐加深过程中沉积形成的),特别是同簸箕山关岭组的块状白云岩和狮子山垄头组的厚层灰岩对比之下,上述特征更为明显。

图 5-152 簸箕山-狮子山碳酸盐台地前缘沉积景观

此处关岭组与杨柳井组之间的界面为一地表暴露不整合。杨柳井组第一段下部由中、厚层泥粒白云岩-纹层状白云岩的滨潮坪相沉积旋回组成,个别旋回顶部的纹层状白云岩还发育了小帐篷构造(图5-153);

上部为中、薄层白云岩组成,是潮下沉积。这说明杨柳井组第一段下部沉积时海水较浅,潮坪常暴露于海面之上,之后海水渐深,为中三叠世中期的海侵沉积(三叠纪第五个沉积层序的海侵体系域沉积)层序。

中三叠世中期的海侵不仅使杨柳井组第一段白云岩单层"向上变薄",同时还导致台地前缘后退并被盆地相新苑组上部泥岩超覆(图5-154)。用层序地层学解释,这种现象表明:由于海侵期的海水不断加深,台地上的沉积物已无法填满迅速增大的沉积物容纳空间(海底与海面之间的空间),在这种情况下沉积物的"惰性"(搬运途中就近沉积的特性,即只要近处有可容纳的空间就不到更远的地方去沉积的特性)发挥了作用,于是导致沉积中心向沉积物源区或台地内部移动,台地外缘的沉积物供应量逐渐减少,沉积物覆盖面积渐渐收缩,台地边缘亦随之逐步后退。这也正是本区中三叠世中期台地边缘后退的原因。

图5-153 杨柳井组一段下部帐篷构造

Ty1-杨柳井组;Tx-新苑组;T1t-垄头组

图5-154 中三叠纪中期台地前缘后退沉积

在狮子山脚,垄头组与新苑组呈高角度"S"形下超接触关系,垄头组直接盖在盆地相的新苑组泥岩之上,说明中三叠世后期扬子碳酸盐岩台地曾经向盆地推进并"占领"了此前的盆地边缘带,是由台地上碳酸盐沉积物向盆地进积造成的。台地上的沉积物向盆地进积,一般以一定的原始倾斜角度向盆地沉积层下超,这在沉积盆地地腹岩层的地球物理图像中常见,但在地表观察这种景观却非常难。因为要在地表观察这种景观所要求的条件十分苛刻,要下超面在地表的延伸线大体垂直于原始倾斜的进积层层面,并且下超面上出露的进积层要有一定的厚度,否则进积层的原始倾斜角也显示不出来。这种现象在我国其他地区基本没有见到,具有很高的典型性和稀有性。

综上所述,杨柳井组第一段白云岩的向上变薄、台地边缘后退和新苑组上部泥岩的超覆,以及台地沉积物向盆地进积,对上述沉积学、层序地层学的理论解释做了极好的验证,是一套有密切成因联系、较高科学价值、特殊观赏性的地质遗迹景观组合。在簸箕山与狮子山之间的一个很小范围内可同时看到它们,更难能可贵。

2. 贺禄寨角砾岩楔

出露于孟关贺禄寨西北侧碳酸盐岩台地前缘斜坡之上,其楔状体形态非常清晰(图5-155),总厚0～380 m。角砾岩楔下部为碎屑流沉积的灰岩角砾岩、薄层钙屑浊积岩、薄层灰岩互层,夹少量灰黄色钙质泥岩;上部为白云角砾岩、白云岩(实为灰岩角砾岩和灰岩的白云岩化产物)互层。灰岩角砾岩单层厚3～5 m,角砾成分包括台地边缘相的含Tubiphytes礁灰岩、颗粒灰岩和台地前缘斜坡相的薄层灰岩,大小角砾混杂,灰泥杂基支撑,其中含Tubiphytes礁灰岩、颗粒灰岩的大角砾非常醒目,最大角砾长轴可达2.3～3.9 m。角砾岩楔内部岩层并非完全整合,有时可见它们之间有明显的角度差异,这是后期水道化泥石流侵蚀切割早期沉积物造成的局部不整合现象(图5-156),是典型的泥石流角砾岩楔内部结构特征。

hw-贺禄寨角砾岩楔;Tgl-关岭组台地边缘相白云岩;Tx-新苑组盆地相泥岩;
Tyl-杨柳井组白云岩,向南下超于新苑组泥岩上;Tlt-垄头组灰岩向南进积于新苑组泥岩上

图5-155 贺禄寨角砾岩楔航照

hw-贺禄寨角砾岩楔;Tgl-关岭组台地边缘相白云岩;Tyl-杨柳井组白云岩

图5-156 台地前缘斜坡贺禄寨角砾岩楔上超关岭组

贺禄寨角砾岩楔向北迅速超覆尖灭于关岭组厚层块状白云岩构成的台地前缘斜坡之上，二者呈上超不整合接触关系；向南伸入盆地后被农田掩盖，它与新苑组中部砂岩、泥岩同期形成，推测二者为指状穿插相变关系。贺禄寨角砾岩楔上覆地层为杨柳井组第一段白云岩，二者之间由北向南呈平行－低角度下超接触关系；当贺禄寨角砾岩楔向北上超尖灭后，杨柳井组即平行不整合于关岭组之上；继续向北，杨柳井组与关岭组的接触关系被掩盖，但延伸到贵阳城边可见渣状钙结壳（钙质地表风化壳）和帐篷构造。上述地层几何关系说明：扬子碳酸盐岩台地上缺失与贺禄寨角砾岩楔—新苑组中部砂岩、泥岩同期的沉积记录；在此期间，台地应处于遭受风化剥蚀的地表暴露状态。因此，贺禄寨角砾岩楔是扬子碳酸盐岩台地在中三叠世早、中期发生海陆变迁（三叠纪第四次海陆变迁）的重要物证。用层序地层学术语来说，贺禄寨角砾岩楔是三叠纪第五个沉积层序的低水位体系域沉积。

贺禄寨角砾岩楔标定了中三叠世早、中期扬子碳酸盐岩台地前沿的位置，记录了中三叠世早期台地边缘后退（从张家湾撤退到将军岩附近）这段历史。从其底界形态和含 Tubiphytes 礁灰岩、颗粒灰岩、斜坡相薄层灰岩角砾等还可以看出：当时在孟关附近，扬子碳酸盐岩台地已形成了含 Tubiphytes 礁灰岩镶边的前缘陡坡，目前所见关岭组块状白云岩构成的台地边缘是后来白云岩化的产物。此外，贺禄寨角砾岩楔的厚度还反映了它开始形成时孟关附近右江盆地边缘的海水深度至少已达 380 m。

贺禄寨角砾岩楔的形态完美，与相邻地层单位之间的接触关系、几何关系非常清楚，这是贺禄寨角砾岩楔最宝贵的特点，国内外罕见。

3. 青岩阶底界层型

第二届全国地层委员会三叠系工作组于 1999 年 12 月提议建立我国中三叠世早期年代地层单位的对比标准——青岩阶，指定青岩阶底界层型在贵州省贵阳市花溪区青岩镇，并以菊石、*Paradanubites*、*Paracrochordiceras* 和牙形石在连续沉积地层序列中的首现位置定义其底界。

青岩阶的底界层型位于青岩古镇南门停车场南侧山坡下部，在一段薄层白云岩的连续沉积序列内，连续出现了 *Neospathodus homeri*—*Neospathodus qingyanensis*—*Chiosella timorensis* 的牙形石序列，*Chiosella timorensis* 的首现位置已被精确标定。这与全国地层委员会所定义的青岩阶底界完全一致。

根据国际地层委员会的规定，各级年代地层单位都必须用其底界的界线层型来下定义。如"阶"必须用阶的底界层型下定义，"系"和"统"内一般都有两个以上的阶，它们也必须分别用其底界层型，也就是它们底部阶的底界层型定义。由此可见，"阶"是年代地层划分中最重要的基本单位。在我国，中三叠统内包括两个阶，下部的叫青岩阶，上部的阶待定。青岩阶的底界就是中三叠统的底界。按照国际、国内通用的年代地层表，中三叠统或青岩阶底界年龄为距今 2.41 亿年，青岩阶顶界年龄约为距今 2.33 亿年，凡是在距今 2.41 亿～2.33 亿年之间形成的所有地层均可根据其年代属性命名为青岩阶。什么是划分中三叠统或青岩阶底界的客观物质标准呢？那就是青岩古镇旁的青岩阶底界层型提供的上述牙形石序列。因此，青岩阶底界层型的科学价值是不言而喻的，说得通俗些，上述牙形石序列就是我国划分中三叠统或青岩阶底界的"国标"。

4. 中三叠世晚期的垄头组地层剖面

垄头村是中三叠世晚期地层垄头组的标准（层型）剖面所在地。这里的垄头组厚约 400 m，下部主要由灰色至浅灰色厚层泥粒灰岩—钙质微生物纹层灰岩的滨潮坪旋回组成，其中泥粒灰岩常含葡萄石等包壳颗粒，纹层灰岩中鸟眼构造非常发育，少数旋回顶部可见层状喀斯特裂隙；上部主要由灰色至浅灰色厚层泥粒灰岩—豆粒灰岩或钙质微生物纹层灰岩的小旋回组成。豆粒灰岩与钙质微生物纹层灰岩多遭受了较强的古喀斯特化，充填着微型钟乳石的喀斯特裂隙纵横交错，局部呈喀斯特角砾岩状。上述岩石组合说明，垄头组下部以潮下沉积为主，上部则遭受地表喀斯特化成岩改造较强，因此是在海水总体向上变浅的海退——地表暴露过程中形成的。用层序地层学术语来说，垄头组是中三叠世中、晚期沉积层序高水位体系域的沉积。

5. 大型帐篷构造

簸箕山顶出露的大型帐篷构造(图5－157)和角砾状钙结壳均位于关岭组顶部,二者伴生,层位相同。它们的出现说明簸箕山在当时处于台地边缘古海岸带。关岭组顶部岩层在花溪区内出露较差,但向台地内部追溯,在贵阳市区多处可见浅灰微黄、微绿色的渣状钙结壳。这进一步证实,中三叠世中期海水退出了碳酸盐岩台地,台地顶面曾长时间暴露于地表,是本区经历三叠纪第四次海陆变迁的证据。

青岩马桑坝一带,安顺组第一段顶部滨潮坪相白云岩中的古海岸带大型帐篷构造非常发育。马桑坝东缘为其中心地带,帐篷构造分布最密集,甚至彼此包容、联合发育。由于碳酸盐岩台地暴露于地表,当时海岸带附近尚未完全固结的潮坪相白云质沉积物形成大型干裂,而风暴潮又经常带来高盐度、富含碳酸钙镁离子的海水。在这种情况下,风暴潮带来的碳酸钙镁离子就加入大型干裂片所含的白云石矿物晶格中,使其继续长大。随着干裂片内白云石矿物不断长大,干裂片体积渐增,于是其边缘越来越向空中翘起,形成了帐篷构造景观(图5－158)。

图5－157 簸箕山帐篷构造

图5－158 马桑坝帐篷构造

6. 保护利用现状及存在的问题

花溪省级地质公园4个园区较为分散,各园区旅游发展不平衡,其中以花溪－天河潭景区和青岩景区旅游发展最佳,其他很多地质遗迹景观处于自然保存或无人管理状态,没有开展旅游和利用,部分地质遗迹资源遭到不同程度破坏。主要存在以下问题:

(1)花溪省级地质公园没有划定明确的公园边界,没有确定边界拐点坐标。

(2)花溪省级地质公园由4个独立园区组成,地质公园园区数量过多且过于分散,公园范围内很多区域没有重要地质遗迹资源,范围内居民点众多。

(3)由于公园一直没有揭碑开园,没有成立专门的公园管理机构,所以近年来随着经济社会发展,城镇建设和道路修建等工程致使部分地质遗迹资源遭到不同程度的破坏,如青岩阶剖面、青岩生物群化石点等。

(4)公园科普设施不健全。由于花溪省级地质公园的花溪－天河潭景区和省级风景名胜区有很多重叠,故一直以普通观光旅游为主,对于公园内天生桥、天坑、天窗、溶洞及峡谷等地质遗迹景观的科普解说有欠缺。

第六章　贵州拟建地质公园

建立地质公园的主要目的有3个：保护地质遗迹，普及地学知识，开展旅游促进地方经济发展。地质公园分4级：县（市）级地质公园、省级地质公园、国家级地质公园、世界级地质公园。根据2016年度全省旅游资源大普查成果及《西南地区重要地质遗迹调查（贵州）成果报告》，拟在贵州建设一系列县（市）级、省级、国家级及世界级地质公园。本书提出的地质公园的布局是以贵州省旅游资源大普查成果为依托，拟在旅游资源，特别是地文景观及水域风光等自然景观密集处建立地质公园。

第一节　拟建世界级地质公园

优越的自然条件造就了贵州千岩竞秀、万水争流的自然景观，瀑布、溪流、湖泊、洞穴、石林、温泉广布。古人云："旧说天下山，半在黔中青；又闻天下泉，半在黔中吟。"确是贵州绮丽多姿风光的写照。

贵州被世人称为"沉积王国""古生物王国"，地层发育齐全，自新元古界至第四系均有出露。特别是震旦系至三叠系海相地层层序连续，其间多为整合接触。地层中富含多门类生物化石，且保存完好，其中不乏具有重要意义的古生物化石和古生物化石群。贵州是我国研究沉积地层和古生物化石的重要地区。

贵州各时代地层，特别是显生宇地层中富含古生物化石，由于各时代地层的形成环境具有明显的多样性和多变性，从而使古生物的分布具有明显的生态分异，古生物的内容更加丰富多彩，且古生物的生态群落类型多样。在古生物地理分区上，新元古界—志留系为澳大利亚生物区系，泥盆系—三叠系为古特提斯区系，晚二叠世植物群为大羽羊齿植物群。震旦系—三叠系不仅建立了较为系统的各主要门类的生物地层序列，而且发现了一些重要的生物化石（如早三叠世的 Annalepis、第四纪的毕节巨猿等）和生物群（如瓮安生物群、瓮会生物群、凯里生物群、关岭生物群等）。

贵州各时代地层大多连续完整、层序清楚且出露好，受后期构造变动、变质作用影响较小，地层中的各类原生结构、构造、序列及古生物化石保存完好，是研究我国乃至全球各时代地层，特别是石炭系—二叠系地层的重要地区。据《中国地层表》（2014），已有15个阶（南皋阶、都匀阶、台江阶、岩关阶、大塘阶、德坞阶、罗苏阶、滑石板阶、达拉阶、紫松阶、隆林阶、罗甸阶、祥播阶、关刀阶、新铺阶）的命名和层型剖面落户在贵州。剑河革东乌溜-曾家岩剖面已被推荐为全球寒武系第三统底界的候选层型剖面，桐梓红花园剖面已被确定为奥陶系最上部赫南特阶全球层型的辅助剖面。

从以上看,贵州有得天独厚的地质遗迹资源条件。从目前已有的8处国家级地质公园看,有望跨入世界级地质公园潜力的有平塘国家地质公园(即大贵州滩世界地质公园)、绥阳双河洞国家地质公园、赤水丹霞国家地质公园、兴义国家地质公园、黔东南苗岭国家地质公园;此外,还有梵净山(拟报铜仁世界地质公园)(表6-1)。这些地质公园,地质遗迹资源禀赋独特而丰富,具有极高的保护价值。

其中,兴义国家地质公园已入围世界级地质公园(待认证),而铜仁以梵净山独特的地质遗迹景观及世界自然遗产为依托,也正在积极申报世界级地质公园。由于赤水丹霞国家地质公园、绥阳双河洞国家地质公园等国家级地质公园资源情况在前一章中已叙述,本章不再重复。但上述国家级地质公园要成为世界级地质公园,一定要加强地质遗迹调查工作。

表6-1 贵州拟建世界级地质公园名录

序号	公园名称	特色	公园类型	现状
1	铜仁世界地质公园	依托梵净山国家级自然保护区,以贵州出露最古老的岩石、万山汞矿遗址为依托	碎屑岩地貌、矿山遗址	正准备申报世界级地质公园
2	大贵州滩世界地质公园	依托世界最独特的三叠纪孤立碳酸盐台地、平塘国家地质公园,打造世界级地质公园	古生物埋藏地、世界最大三叠系古生物礁滩	国家级地质公园
3	绥阳双河洞世界地质公园	依托绥阳双河洞国家地质公园,详细补充调查周缘相关地质遗迹资料	溶洞	国家级地质公园
4	赤水世界地质公园	依托赤水丹霞国家地质公园(丹霞地貌),详细对园区内地质遗迹进行调查评价,提高景区级别	丹霞地貌	国家级地质公园
5	兴义世界地质公园	依托兴义国家地质公园峰丛景观、峡谷景观及古生物化石产地,打造以喀斯特景观为主的公园	峰丛地貌、峡谷、古生物埋藏地	国家级地质公园,已入围世界级地质公园,待联合国教科文组织审定
6	苗岭世界地质公园	以剑河寒武系"金钉子"剖面、凯里生物群及雷公山碎屑岩地貌景观为园区特色	地质剖面、化石群	国家级地质公园

一、铜仁世界地质公园

(一)基本概况

拟建铜仁世界地质公园,位于贵州省铜仁市的印江、江口、松桃3县,其中的梵净山系武陵山脉主峰。森林覆盖率95%,有植物2000余种(其中国家保护植物31种),动物801种(其中国家保护动物19种),被誉为"地球绿洲""动植物基因库""人类的宝贵遗产"。

拟建的铜仁世界地质公园地处云贵高原东部边缘向湘西低山丘陵过渡的山缘斜坡地带,是镶嵌在武陵山腹地的一颗璀璨明珠。地质遗迹包括世界唯一的高山峰林地貌梵净山;记录了生命起源重要证据的震旦系陡山沱组瓮会生物群;洲际范围上超大型成冰纪间冰期大塘坡式锰矿;同纬度发育最好、保存最完整的思南喀斯特石林;历史悠久、蜚声海外、名扬千古的中国千年汞都,是危机矿山转型发展的典范。地质学上,梵净山地区主要地貌以梵净山高山峰林地貌和思南喀斯特地貌景观为主体,以举世闻名的古冰川气候事件、古生物遗迹和成冰纪间冰期超大规模锰矿富集景观为主要特色,兼有典型的地质构造事件等诸多地质遗迹,完整记录了扬子台地地质演化及云贵高原边缘新元古代至古生代和早中生代的地质演化历史,也展现了少数民族文化与地质遗迹融合过程中沉淀的深厚文化遗产。梵净山地区犹如一座巨大的天然地质博物馆,将地球的地质和生命演化过程展现在人们面前,是地球馈赠给人类的最珍贵的遗产,具有广泛而深远的科学价值、科普价值、美学价值和全球对比意义。

(二)地质遗迹类型

拟建的铜仁世界地质公园中各类地质遗迹及人文景观丰富,其中旅游资源大普查中普查到优级资源129处,旅游资源极为丰富,地质遗迹类型主要以地貌景观、峡谷景观为主,具体见表6－2。

表6－2 拟建铜仁世界地质公园资源统计

大类	类	级别	数量/处
地质遗迹	岩石剖面	三级	2
	构造剖面	三级	1
	岩土体地貌景观	五级	4
		四级	6
		三级	14
	构造地貌景观	三级	2
	水体地貌景观	五级	1
		四级	1
		三级	38
人文景观		五级	2
		四级	15
		三级	43
合计			129

(三)典型地质遗迹景观

1. 梵净山(五级)

梵净山位于江口县太平镇,由地文景观、生物景观和建筑与设施等组成。地文景观特征为原始洪荒,全境山势雄伟、层峦叠嶂,溪流纵横、飞瀑悬泻。标志性景点有红云金顶、月镜山、万米睡佛、蘑菇石、万卷经书、九龙池、凤凰山等。生物景观特征为珍贵稀有,现有植物种类2000余种,被列为国家保护植物的有31种,其中国家一级保护植物6种、二级保护植物25种。有珙桐林、铁杉林、水青冈林、黄杨林等44个不同的森林类型。濒临灭绝的黔金丝猴被誉为"地球的独生子",仅存700余只,是国家重点保护的珍稀动物。

梵净山自古就被佛家辟为"弥勒道场"。以红云金顶日月升天为中心,以四大皇庵、四十八脚庵群星满地作接引。红云金顶与月镜山之间,正殿承恩寺与卫星殿堂形成犄角之势,拥拱绝顶二佛。红云金顶是梵净山之核心。绝峰上两殿鼎峙,两佛临銮,是南宋白莲社在"人间净土"建设上的点睛之笔,是佛教名山发展史上的一个奇迹,是红云之上盛开的一朵奇葩。梵净山这种神奇、神圣的自然现象和人文遗迹,被科学界誉为"地球和人类之宝";佛教界则视为"同体大悲"的菩萨精神的人间实相。梵净山景观见图6-1。

图6-1 梵净山景观

2. 梵净山金顶(五级)

梵净山金顶(图6-2)位于江口县太平镇梵净山村,属地质地貌过程形迹中的凸峰。该单体为青白口系金竹坪组一套浅变质泥岩、砂岩、复理石。梵净山金顶在新金顶的对面,承恩寺的背后,古称月镜山,海拔2493 m。梵净山金顶是梵净山的一个景点群,最突出的特色是千奇百怪的石崖,因此,游客们又将这里誉为"一座奇石大观园"。

图6-2 梵净山金顶

3. 梵净山蘑菇石(五级)

梵净山蘑菇石(图 6-3)位于江口县太平镇梵净山村新、老金顶之间,属奇特与象形山石类。该单体为青白口系芙蓉坝组的变质砂砾岩。在承恩寺背后的山顶上,去老金顶的路旁有一个景点群,蘑菇石就在其中。蘑菇石高约 10 m,上半部分高约 4 m,下半部分高约 6 m,是冰雪刨蚀的残存体。蘑菇石原本是方方正正的,由于柱体下部岩性较软而风化速率较快,年深日久遂成上大下小、头重脚轻之状;蘑菇石的形态更为奇妙,石柱下部软质岩层的一侧沿裂隙面被整体掏空,使上部硕大的桌状岩块一半悬空而处于极限平衡状态。蘑菇石岌岌可危、似倒非倒的绝妙造型为梵净山独具魅力的象征,一方巨石屹立于山顶悬崖处,看似一触即倾,其实岿然不动,已经亿万年风雨,却依然顶天立地,傲视苍穹,最具鬼斧神工之奇韵,是梵净山标志性景点,已成为梵净山的精魂和象征。

图 6-3 梵净山蘑菇石

4. 梵净山新金顶(五级)

梵净山新金顶(图 6-4)位于江口县太平镇梵净山村承恩寺正对面,是地质地貌过程形迹中的凸峰。该单体为青白口系芙蓉坝组的变质砂砾岩,屹立在高耸入云的梵净山主脊上,是海拔 2200 m、高 100 多 m、直径约 40 m 的圆柱角峰。峰柱岩性为 X 垂直裂隙十分发育的浅变质岩,峰柱基座为构造不整合面上坚硬的底砾岩,因此,高峻的峰柱方能拔地而起。新金顶的攀爬过程为单向通行,一侧是人工刻凿出的天梯,旁边为铁索链连接水泥柱的围栏,在艰险的地方需要紧抓铁索链方能上行,在向上攀爬过程中仅能容纳一个人通行,异常艰险;另一侧为人工修筑的石梯,旁边有石围栏,做工精致,相比另外一边较容易通行,不过石梯非常陡峭,需一步一步慢慢下行。总的说来,整个攀爬及下行过程都非常艰险。

新金顶是梵净山最具特色的标志性景观,日出日落之时,红云缭绕,瑞气蒸腾,颇为壮观,故又名"红云金顶"。伫立新金顶之上,风云聚合,方圆八百里景观尽收眼底,神奇的佛光时隐时现,有诗赞曰"红云隔断脱烟蒸,濯濯灵山佛式凭"。新金顶突兀峭耸,被金刀峡劈分双峰,两峰之间有一石桥凌空飞架。石桥两边各建一殿,左边敬的现世佛释伽,叫释伽殿;右边供的是未来佛弥勒,叫弥勒殿。古时都以铁瓦做盖,两殿都有石崖作为屏障,好似屏风,一名说法台,一名晒经台。

图6-4 梵净山新金顶

5.翻天印(四级)

翻天印(图6-5)位于江口县太平镇梵净山村,属奇特与象形山石类。该单体为青白口系芙蓉坝组的变质砂砾岩,位于九皇洞东侧的山崖顶端平台上。石头造型像一枚倒着放的图章,也叫飞来石。与蘑菇石一样,翻天印是冰雪刨蚀的残存体,原本是方方正正的,由于柱体下部岩性较软,风化速率较快,年深日久遂成上大下小、头重脚轻之状。翻天印像一块突兀的巨石将九皇洞庇护得严严实实,使其不受风吹雨打,巨石上方面积 $3 \sim 4 \, m^2$,呈梯状分布。因为它与蘑菇石相似,也有人叫它"小蘑菇"。翻天印下面有两个天然圆坑,大一点的坑终年积水叫"金盆",小一点的盛满香灰叫"玉炉"。据传,当年九皇娘娘每天晨昏参天拜佛时,先在金盆洗手,再到玉炉插香。此地既有传说又有美景,让游客难以忘怀。

图6-5　翻天印

6. 梵净山金顶摩崖（四级）

该单体位于江口县太平镇梵净山村，属地质地貌过程形迹中的岩壁与岩缝。该单体为青白口系金竹坪组的一套浅变质泥岩、砂岩、复理石。梵净山金顶摩崖位于老金顶上，海拔2336 m。该摩崖岩层结构稳定、纹理分明，由于长期受风化作用，岩壁面状凸起物早已被磨平，在阳光的照耀下映射出金光，似佛光普照一般，是梵净山的一大奇观。

7. 黑湾河峡谷（四级）

黑湾河峡谷（图6-6）位于江口县太平镇梵净山村，属峡谷段落。该单体为梵净山群回香坪组的变质细碧岩-石英角斑岩、基性-超基性岩熔岩、砂岩、泥岩等。黑湾河位于梵净山东南麓，全长大约30 km。黑湾河与其东边的马槽河等河流汇合成太平河，流入锦江。沿黑湾河而行，便可进入古朴神奇而又别致优雅的溪峡风景区，峡谷内森林密不见天；两岸峰峦对峙，欲与天公试比高；河中怪石嶙峋，水流湍急；树上钩藤交错，萝蔓拂地；桥下泉响叮咚，清流潺潺；悬崖烟云环绕，处处飞瀑。真是"峰回水转疑无路，长亭小阁有桥引；鸟语花香闻佛笑，灵山无处不生机"。山门处的竹林中有碑林，共有50余块，为赵朴初、启功等知名人士及书法大家的杰作。碑林处还有一长年不枯的龙泉，人称"圣水"，入山者必饮一口，清冽甘甜，滋润肺腑。黑湾河峡谷是从南大门上山的必经之地。游客一进山门最先欣赏到的就是黑湾河峡谷风光，四周植被茂盛、水流湍急、乱石堆砌，像是一幅美丽的山水画，配上空气中弥漫着的植物清香，刚进入景区便让人心旷神怡，神清气爽。

图 6-6　黑湾河峡谷

8. 黄岩睡佛（四级）

黄岩睡佛（图 6-7）位于江口县怒溪镇河口村，属地质地貌过程形迹中的奇特与象形山石类，为典型的喀斯特地貌景观。睡佛长约 1 km，远远看去，可以清晰地看到睡佛的眼、耳、口、鼻，甚至连眼睑也能清楚地看见。睡佛山体是被植被包裹着的，所以远看是绿色的。睡佛是平躺着的，远看可以看到它和蔼的面容，有种酣然入睡的感觉。根据地质地形资料，睡佛岩性为浅灰色细晶白云岩，层位为寒武系高台组。

睡佛景观不是随处可见的，在这里你会感慨大自然的鬼斧神工。在此处往东眺望，或春或夏，或早或晚，或晴空万里，睡佛均可一收眼底。天晴时，仿佛能看到淡淡的佛光从山上散发出来，心中的阴霾也会瞬间消失殆尽；大雾天气时，那朦胧感让人有种置身于云端的感觉，睡佛也显得更加迷人。那巨大的身影，伴随四季风云，似隐似现，与河口山水浑然一体，给来来往往的游人一种江山多娇的感受。

图 6-7 黄岩睡佛

9. 万卷书(四级)

万卷书(图 6-8)位于江口县太平镇梵净山村"翻天印"和"老金顶"之间,属奇特与象形山石类。该单体为青白口系芙蓉坝组的变质砂砾岩,有一石山高约 20 m,整座山崖都是层层叠叠、堆砌有序的页岩。万卷书也是冰雪刨蚀的残存体,原本是方方正正的,由于岩性较软而风化速率较快,年深日久遂成势如卷帙浩繁的古代典册齐天堆放,气势宏伟。古人有一首诗写道:"牙谶玉轴是谁储,万卷堆来混沌初。遍地纵遭秦火劫,名山还有未烧书。"赋予了此景人文的光辉。

图 6-8 万卷书

10. 新金顶一线天(四级)

新金顶一线天(图 6-9)位于江口县太平镇梵净山风景区红云金顶上正中处,山峰直立,高近百米,上半部一分为二,最窄处不足 1 m,高约 50 m,仅能一人通过。要登上金顶,唯有一线天峡谷铁链可攀,两面悬崖峭壁险峻至极,石梯坡度50°~60°,可谓"一夫当关,万夫莫开"。

图6-9 新金顶一线天

11. 神龙潭(四级)

神龙潭(图6-10)位于江口县太平镇,属天然湖泊与池沼之潭池类,为第四系地层,是一套黏土砂砾岩。神龙潭俗名龙塘、犀牛塘、风神潭。神龙潭宽约10 m,长约40 m,形如一口铁锅,状为圆形,底似漏斗,深不可测。从高空鸟瞰,神龙潭像一条游动的鱼。神龙潭潭水清冽,浮映蓝天,犹如镜,远观如蓝宝石。神龙潭潭底有一巨大的泉水冒出,为其水源,潭水水流量大,冬暖夏凉,温变至微,年平均水温在15~20 ℃;水质优良、甘甜可口,经权威部门检测,水质达到国家一级标准,自古以来就是云舍村土家人生活饮用和农田灌溉的生命之源。泉水外涌形成河流,名叫龙塘河,流程不超里,注入太平河,可谓最短河。据介绍,神龙潭的水非常神奇,其颜色会随着季节和气候的变化而变化,或深蓝,或青绿,或绿中带紫,如翡翠般晶莹剔透,村民可根据潭水的颜色来预测天气,更神奇的是泉水还会不定期倒流,原因未知。龙塘河是云舍村土家人的母亲河,全村人饮用、洗涤、灌溉、造纸、旅游,全靠这条河。因此,他们对神龙潭倍加珍惜。神龙潭里没有任何漂浮物,水质一尘不染,极具观赏价值。

图 6-10 神龙潭

12. 拜佛台(三级)

拜佛台(图 6-11)位于印江土家族苗族自治县梵净山景区内。拜佛台为朝山古道山脊中一块比较陡峻的岩壁,长 2~5 m,宽不到 1 m。由于四周都是悬崖,古道上岩石磨得很光,周围的风比较大,游客在这里需从石头上跪地爬过,同时在这个位置看前方的金顶就像一尊打坐的菩萨,游客都会有心无心地给打坐的菩萨磕头,所以就把这里叫"拜佛台"。

图 6-11 拜佛台

13. 冰川石臼(三级)

冰川石臼(图6-12)位于江口县太平镇寨抱村,属冰川侵蚀遗迹类,位于亚木沟景区内,亚木沟溪水穿流而过。冰川石臼处于全是裸露的石板地段,面积约10 m²,四周环境优美,河面上全是石头和大石板,地面的石板上有很多的圆形石坑,石坑的大小不均,错乱排列在石板上,仿佛是人为凿出来的,"冰川石臼"由此而得名。石臼的形成应该是很久以前石面上覆盖着厚厚的冰川,随着时间的推移,一些冰层开裂,融化的冰雪从缝隙中流进去,犹如水钻一般冲击着岩石,常年的侵蚀使原本坚硬的石头表面形成了凹痕。

图6-12 冰川石臼

14. 打铁沟山丘型旅游地(三级)

打铁沟山丘型旅游地(图6-13)位于江口县怒溪镇河口村,既属综合性自然旅游地亚类,又属地质地貌过程形迹亚类的峰丛。该旅游地属喀斯特地貌,面积约14 km²,出露地层为寒武系清虚洞组、高台组、石冷水组,岩性为灰岩、白云岩。区内奇峰秀美、连绵起伏,喀斯特地貌的溶洞、溶槽、峰丛、峰林、孤峰、地下河等均有发育,溪流、山泉、瀑布散布其间,竹海绿波翻卷。这是除梵净山景区、亚木沟景区之外的又一个美景集中区。

图6-13 打铁沟山丘型旅游地

15. 梵净山金顶芙蓉坝组底砾岩遗迹(三级)

梵净山金顶芙蓉坝组底砾岩遗迹位于江口县太平镇梵净山村,属综合性自然旅游地亚类、自然标志地类型。位于梵净山国家级自然保护区内,在武陵运动之后形成,覆盖于梵净山群不同地层之上。底砾岩在区域上并不稳定,断续分布,多为棱角状、无分选、杂乱堆积,其上为变质杂砂岩,新鲜面呈深灰色,风化后显紫红色。与此同时,底砾岩之下的地层岩性从沉积岩到火成岩均有所展现,是一处难得的天然地质科学博物馆。

16. 剪刀峡(三级)

剪刀峡(图6-14)位于印江自治县梵净山景区,为朝山古道山脊中一道陡峻(近90°)的岩缝,宽60~70 cm。它像一把朝天的剪刀,从山中剪出道路,从岩缝中可以一眼看到金顶。在晴天,有时可以看到瀑布云。

图6-14 剪刀峡

17. 骆驼山(三级)

骆驼山(图6-15)位于江口县怒溪镇河口村凯里沟峡谷的山峰处,属奇特与象形山石类。山体高差60余m,岩石为寒武系清虚洞组灰岩、白云岩。由于长年风化,远观岩石组合形成一神似"骆驼"的形态,其由两部分组成,前面山体为"骆驼"的头部,后面山体为"骆驼"的躯体部位,即"驼峰"。

图 6-15　骆驼山

18. 马槽河峡谷（三级）

马槽河峡谷（图 6-16）位于梵净山国家级自然保护区内，全长 16 km，因一段河道像马槽而得名。其发育于青白口系红子溪组的浅变质泥岩、砂岩之上。马槽河峡谷是明清时期湖广香客朝拜梵净山的主要道路，沿途有水源寺、普阴寺、朝天寺。这里风光秀丽，有黔金丝猴、大鲵、珙桐等珍稀动植物，还有贵州巡抚岑毓英围剿刘满时设立的都司衙门遗址。但由于年久失修，峡谷内的寺庙及都司衙门遗址都不复存在，其消失原因连常住于此的村民也不得而知，需相关部门重新修建。峡谷的尽头有一条通往梵净山的小路，直通万步云梯的回香坪。整个峡谷处于梵净山国家级自然保护区的核心区，植被保存完好，风景优美，河水清澈，是天然氧吧。

图 6-16　马槽河峡谷

19. 牛尾河峡谷(三级)

牛尾河峡谷(图6-17)位于江口县德旺土家族苗族乡坝梅村,是一个集雄、奇、险、秀为一体的地方。河流深切峡谷最大深度达1500多m,峡谷全长约4 km,峡谷宽约15 m。出露地层为梵净山群灰绿色板岩与灰色粉砂岩,偶夹灰绿色凝灰岩,在中下层夹有玄武岩。峡谷两侧崖壁陡立;峡谷中共有多级小型跌水,跌水之下多为深潭,跌水落差2~5 m,水质极好,水量充沛。高落差使得这段河流更加湍急,常常是险滩密布、群石错出、急湍奔泻,时而清流漱石,一滩白浪;时而水平如镜,静若处子;时而波涛翻滚,声若奔雷。峡谷两岸是高耸入云的悬崖峭壁,嶙峋峥嵘;两侧树林茂密,峰林层峦叠嶂,环境幽静,景观优美。该峡谷属梵净山环线,若从大土至中林寺修一条木栈道,可形成一条独立的旅游线路。

牛尾河是辰水的源头,现在国务院已竖立"辰水之源"保护碑,并拨专款以加强对水资源及植被的保护。牛尾河河水向西流经坝梅村,并入梅溪再向东流,叫顺溪,再往下曰提溪、大江、锦江、辰溪,进沅江,入洞庭,汇长江。

牛尾河峡谷风光很美,有百亩*鸽子花树,有大岩嵌瀑布群,有深不见底的黑潭,有幽深的峡谷,美不胜收。峡谷很美,石壁上偶尔有几朵小花不分季节地绽放,站在坝溪田坝中间环顾四周,苍山如黛、鸟语花香。

图6-17 牛尾河峡谷

20. 思过崖(三级)

思过崖(图6-18)位于江口县太平镇梵净山村两个高峻的山崖间,山崖由层层叠叠的砂板岩堆砌而成,发育于青白口系金竹坪组的浅变质泥岩、砂岩之上。两座山崖一高一低,形成的岩缝长约20 m,紧邻九皇

* 1亩≈667 m^2。

洞,壁如削,仅能容一人穿行。

图6-18 思过崖

21. 岁月沧桑(三级)

岁月沧桑(图6-19)位于江口县太平镇寨抱村,在亚木沟的中段,沟中央的石头上有"岁月沧桑"4个红色大字。沟两旁为原生的呈书页状的岩石露头,资料表明其为武陵山脉系玄武岩体系。其发育于青白口系红子溪组的浅变质泥岩、砂岩之上。从冰川时代、海洋时代到陆地时代,历经无数的岁月演变,沉积着每个时代的特征,亚木沟沟壑两旁的崖壁无不显露出岁月的痕迹。

图6-19 岁月沧桑

22. 万宝岩(三级)

万宝岩(图6-20)位于江口县太平镇梵净山村,属奇特与象形山石类。该单体为青白口系芙蓉坝组浅变质泥岩、砂岩、复理石,位于梵净山高2100余m处,在承恩寺下面。站在旅游商品休息区向西北方可看到有一整座石山,全由砾石、泥质胶结而成,似一个凸出的球体,在阳光下辉耀出一山的珠光宝气,于是人们便把这座孤立独特的石山称为"万宝岩"。它是梵净山一部不朽的地质编年史。因为有它的存在，人们才知道8.6亿年前这里本是汪洋大海，由于地壳的分崩离析，不断隆升、褶皱，铸就了梵净山350余km的神奇山体。这座石山就是当时从海底抬升起来的原石，底砾岩就是沧海桑田的见证。

图6-20　万宝岩

23. 万米睡佛观景台（三级）

万米睡佛观景台（图6-21）位于印江自治县。梵净山一大奇观——万米睡佛，又为佛中佛，佛头3个、坐佛2尊，寓意"五福临门"，且长达万米，为世界之最，极像大肚弥勒。千百年来当地百姓把梵净山称作"大佛山"，山即是一尊佛，佛即是一座山。只见一座绿油油的大山，连绵起伏，就如同一尊佛像躺在山上。

图6-21　万米睡佛观景台

24. 万年神龟（三级）

万年神龟（图6-22）位于江口县太平镇寨抱村，属奇特与象形山石类。位于亚木沟景区内，亚木沟溪水穿流而过。神龟高度近1.5 m，体长近2 m，坐落于河中间，一侧为石壁，石壁下溪水常年流淌，神龟在一旁看着远方，仿佛借流水捎去千言万语。

图 6-22 万年神龟

25. 犀牛之吻（三级）

犀牛之吻（图 6-23）位于江口县怒溪镇河口村，属奇特与象形山石类。总体高约 3.5 m，宽约 6 m。寒武系清虚洞组的豹皮灰岩由于长期受雨水冲刷和风化作用形成该象形山石。该单体由左右两座石山组成，左边形似一美丽高贵女子，高约 3.5 m，宽约 2 m，含蓄地低下了她的额头；右边形似一只犀牛，高约 3 m，宽约 2.5 m，蹲于石头之上，微微仰起头向美丽女子的额头靠近，仿佛要亲吻该女子。两者之间为一圆形拱门，门后为一片石芽和小树，犹如士兵手拿刺刀保卫着他们的爱情，因而此处景观被称为"犀牛之吻"。

图 6-23 犀牛之吻

26. 长寿谷（三级）

长寿谷（图 6-24）位于印江自治县团龙村旁，全长约 2.4 km，呈东西向展布，东至贡茶观光园，西至团龙村。长寿谷内古树繁多,当地有民谣"树长此谷树长寿,人到此谷人寿长"。长寿谷源于梵净山腹地的"V"形深谷,谷内溪水清澈见底,飞流瀑布无数,多古树、奇峰、绝壁,青山如黛,百花丛生。主要景观有古树群、群龟竞寿、福禄寿喜潭、灵山宝玉等。

图 6-24　长寿谷

27. 枕状玄武岩(三级)

枕状玄武岩(图 6-25)位于黑湾河峡谷内。枕状玄武岩是玄武岩的一种,属于基性火山岩,为水下火山喷发,熔岩在水中迅速冷却、凝结而成的产物。枕状玄武岩球体中心由较粗粒的岩石组成,周围为极细粒结构。岩石外形大多为稍不规则的椭圆状、浑圆状,形似枕头,所以称为"岩枕"。

图 6-25 枕状玄武岩

该火山岩形成于新元古代梵净山期,层位为梵净山群回香坪组。国内外地质科学家、专家曾前往黑湾河考察,大家对区内枕状玄武岩的完整性、标准化、精美性的认识是高度一致——完美!中国科学院院士肖序常观察后说:"梵净山枕状玄武岩是世界上同时期同类火山岩中最具代表性的,最有科学价值的,最完美的。"

梵净山枕状玄武岩世界罕见,在贵州乃至中国甚至全球都是唯一的,形成时间是距今8.4亿年前左右。梵净山枕状玄武岩是在独特的地质构造背景条件下的海底玄武岩岩浆喷发后遇海水迅速冷却形成的,是十分珍贵的地质遗迹,具有独特的美学价值和科学价值。

二、大贵州滩世界地质公园

(一)概 况

板庚滩命名于20世纪60年代,曾在世界地质学界引起轰动,位于黔南布依族苗族自治州平塘、惠水、罗甸一带。1988—1991年,经过3年考察,在贵州发现三叠纪动物群化石的地层、地带和板庚滩连在一起,统一冠名为"大贵州滩"。地质学界流传一句名言:研究三叠纪,不研究大贵州滩难于进展,看大贵州滩而不看板庚滩等于没看。在大贵州滩区域数百平方公里的范围内,洞穴密布,地下河纵横,漏斗、竖井、天坑成群,锥状、剑状奇峰无数,集中体现了喀斯特地貌的所有特征。

拟建大贵州滩世界地质公园,目前园区内已建有1处国家级地质公园(平塘国家地质公园),地质遗迹丰富。平塘国家地质公园资源情况前文已作介绍,本章不再复述,只补充一些其他特别的地质遗迹景观。

(二)地质遗迹类型

拟建大贵州滩世界地质公园中,各类地质遗迹及人文景观丰富,其中旅游资源大普查中普查到优级资源共 61 处,旅游资源极为丰富,具体见表 6-3。

表 6-3 拟建大贵州滩世界地质公园资源统计

大　类	类	级　别	数量/处
地质遗迹	构造剖面	三级	3
	岩土体地貌景观	三级	32
		四级	5
		五级	2
	水体地貌景观	一级	7
		二级	2
人文景观		三级	1
		四级	6
		五级	3
合计			61

(三)主要地质遗迹特征

1. 大贵州滩罗甸边阳生物灭绝事件遗址

大灭绝事件指在很多地质时期里,地球上的生物遭到大规模的毁灭,灭绝率数十倍乃至数百倍地上升的地质现象。该遗址为发育于上二叠统吴家坪组与下三叠统大冶组界线之间的生物大灭绝事件。

二叠纪与三叠纪之交的生物大灭绝事件现今为科学研究热点之一,贵州省境内主要研究点有:威宁金钟、惠水克脚、盘州娃都、六枝中寨、遵义高桥、关岭新发、遵义港口、紫云四大寨等。该点属于"大贵州滩"台地内部浅水相区,位于罗甸县边阳镇岩洞湾南部小路边,分布范围 2500 m²。

根据 2013 年版《贵州省区域地质志》划分吴家坪组与大冶组界线为标准,确定了本次调查的界线。界线点出现标志层位于吴家坪组顶部与大冶组界线附近,露头尺度观察界线之下为吴家坪组岩石中生物化石数量较多的,占据岩石的 80%,上部大冶组岩石中仅见少量双壳化石(图 6-26)。

吴家坪组(图 6-27)为一套台地碳酸盐岩沉积,该地区吴家坪组厚度约 400 m。岩性为深灰至灰黑色中—厚层状或块状含燧石泥晶生物屑灰岩、薄层灰岩、骨架灰岩,局部含碳泥质或白云质灰岩。该组内含蜓、珊瑚、海绵动物、腕足动物、管壳石、藻等化石。

大冶组为一套浅水碳酸盐岩沉积,以吴家坪组含燧石灰岩结束,以平行不整合覆于其上的薄层灰岩出现作为本组底界标志。岩性以一套薄—中层泥质灰岩、粒泥灰岩为主。

图6-26 二叠纪与三叠纪生物大灭绝界线

图6-27 吴家坪组岩石特征

2. 罗甸边阳三叠系藻丘化石产地

罗甸边阳三叠系底部出现的藻丘(钙质微生物骨架灰岩)代表了二叠纪末期生物大灭绝后,早三叠世生物复苏初期十分单调的生物群特征,是揭露生物大灭绝奥秘、研究三叠纪生物复苏和环境变化不可多得的重要对象。

(1)化石资源类型及特征:罗甸边阳三叠系藻丘由蓝藻构成,蓝藻局部富集处表现为纹层状钙质微生物骨架灰岩透镜体或丘状体,一般长30～40 cm,高10～50 cm。与其伴生的化石还有介形虫(图6-28)、有孔虫、小型腹足动物化石。

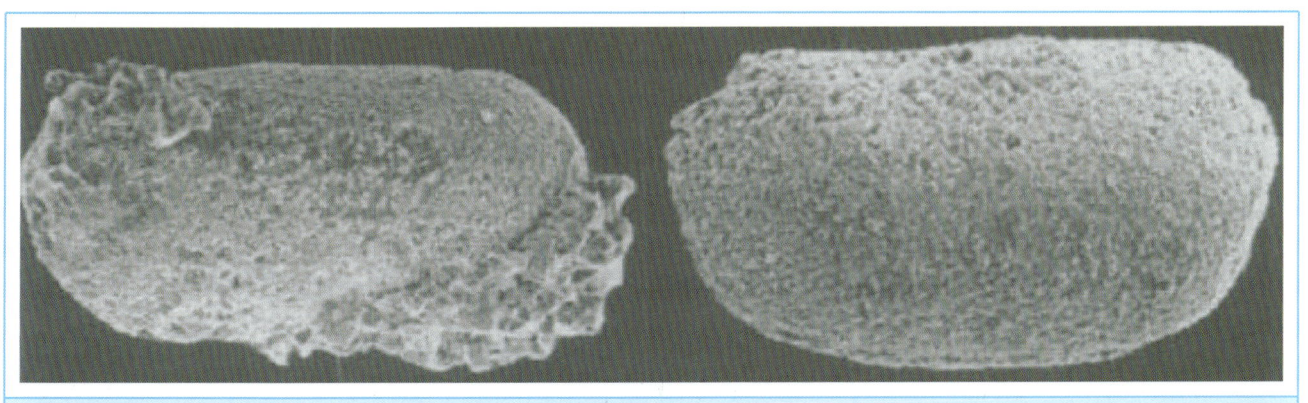
图6-28 与藻丘伴生的介形虫(左:*Roundyella* sp.,右:*Byhocypis* sp.)

(2)化石产地分布及化石赋存特征:罗甸边阳三叠系藻丘毗邻二叠纪与三叠纪生物大灭绝事件界线点,与罗甸边阳生物灭绝事件遗址归属同一化石产地,产地面积0.92 km²。

藻丘赋存于大冶组中,岩性为中厚层纹层状钙质微生物骨架透镜体或丘状体(图6-29),呈北西—南东向逆坡展布,产状253°∠51°,厚约10 m。岩石表面"花斑状"构造发育,"花斑"为灰白色,在局部形成较大的藻叠层,"花斑状"构造主要由微晶方解石基质中散布有斑块状粗晶方解石造成。其之下为二叠系吴家坪组中厚层状至块状的灰黑色礁灰岩,礁灰岩中含大量的有孔虫、䗴化石,二者之间为整合接触;之上是典型的早三叠世的薄层灰岩,二者接触面起伏不平,为整合接触关系(图6-30)。

图6-29 纹层状藻丘

图6-30 藻丘与薄层灰岩接触特征

3. 罗甸三叠纪生物礁化石产地

罗甸三叠纪生物礁为安尼期至拉丁早期发育于板庚孤立碳酸盐台地边缘的管壳石生物礁。管壳石以分枝管状为主,直径1~3 mm,由暗色隐晶碳酸盐微粒组成(手标本上呈灰白色分枝细条),内部常有若干近同心状生长带,生长带间有时见暗色层,体内中央有一空管。管壳石还有分枝横格状、壳状等形态。管壳石是归属未定的生物,国际上曾先后将其归属蓝绿藻、水螅、有孔虫、海绵动物等,它是罗甸三叠纪生物礁最主要的造架生物。罗甸三叠纪生物礁可分为前礁亚相、礁核亚相。

(1)前礁亚相:发育于礁体向盆一侧,与盆地边缘青岩组和边阳组相变,宽200~600 m。为浅灰、灰色块状角砾灰岩、漂砾灰岩及生物碎屑颗粒(泥粒)灰岩,砾石大小、形态各异,成分为礁灰岩和生物碎屑灰岩,生物碎屑以造礁生物骨屑为主,其次见有孔虫、棘皮动物和双壳类等。生物碎屑灰岩微相特征与台缘浅滩相近。

(2)礁核亚相:台缘生物礁的主体,宽可达1500 m,高可达750 m。可分为安尼期和拉丁早期两个造礁时期。安尼期礁体为下部礁体,拉丁早期礁体为上部礁体,其间有一古剥蚀面,礁体形态上呈一凹缺,礁后发育大型帐篷构造带。下部礁体包括强壮管壳石骨架灰岩、细弱管壳石骨架(胶结)灰岩;上部礁体包括强壮管壳石骨架灰岩、细弱管壳石骨架(胶结)灰岩和六射珊瑚、管壳石、串管海绵骨架灰岩。两礁体间为厚约20 m的海绵状生物黏结灰岩层。

罗甸三叠纪生物礁化石产地位于罗甸县边阳镇南部,在生物礁保存及出露较好的地段划分了2个化石点,分别为冗林大坡生物礁化石点及红岩大坡生物礁化石点。

红岩大坡生物礁化石点(图6-31)产地面积约0.716 km²,总体呈北西—南东向展布。微地貌为山地半坡,坡度陡峭,仅在乡村公路壁可观察到红岩大坡生物礁化石点特征,公路壁露头情况良好。

冗林大坡生物礁化石点(图6-32)产地面积约1.853 km²,总体呈北西—南东向展布,微地貌为一喀斯特峰丛,礁体位于整个山峰,由于调查时期为盛夏季节,植被茂密,在山脚可观察到有岩石露头零星出露,可见少量化石出露。

图 6-31 红岩大坡生物礁化石特征

图 6-32 冗林大坡生物礁化石特征照片

4. 关刀剖面

罗甸三叠纪生物礁化石产地化石赋存的主要层位为三叠系垄头组,代表黔中地区中三叠世拉丁期礁(滩)相沉积,是垄头组整合于坡段组灰岩、花溪组白云岩或杨柳井组第三段白云岩之上,法郎组竹杆坡段灰岩、黑苗湾组黏土岩(或灰岩)、改茶组黏土岩(或白云岩)之下的一套台缘生物礁(滩)相以灰岩为主的碳酸盐岩,时代为关刀(安尼)晚期—新铺(拉丁)期。

罗甸三叠纪生物礁化石产地垄头组典型剖面以边阳关刀剖面为例,岩性特征如下:

(1)第一段:浅灰至灰色厚层球粒、泥粒灰岩与核形石泥粒灰岩(颗粒灰岩)不等厚互层,以球粒、泥粒灰岩为主,局部核形石泥粒灰岩富集。球粒灰岩中常见生物扰动构造及潜穴,局部发育间隔式生长的聚环柱状叠层石,宏观上呈单柱和分枝柱状,直径一般 10~30 cm。核形石泥粒灰岩的核形石颗粒大小不均,最大直径可达 6 cm,常见不明显的逆粒序。化石稀少,仅见少量大腹足及介屑。本段厚约 420 m。

(2)第二段:灰色厚层球粒、泥粒灰岩与中—厚层藻席纹层灰岩构成旋回沉积,局部富含核形石,单个旋回 1~10 m。下部和上部旋回密集。球粒灰岩中常见生物扰动构造和生物潜穴,偶见叠层石,藻席灰岩中窗格、泥裂、鸟眼等构造极为发育。化石稀少,见少量大腹足、有孔虫、介形虫及粗枝藻等。本段厚 336~420 m。

（3）第三段:浅灰、灰色厚层含生物碎屑球粒泥粒(颗粒)灰岩,偶见核形石泥粒(颗粒)灰岩,顶部为灰、深灰色薄至中层鲕粒泥粒(颗粒)灰岩,含核形石生物碎屑泥粒(颗粒)灰岩。见大量腹足动物,生物碎屑为腹足屑、介屑、有孔虫等,顶部还见大量棘皮屑、珊瑚碎屑、介形虫等。距顶 20 m 处产牙形石 Neogordolella mombergensis,N. constricta;距顶 19 m 处之上大量产牙形石 N. polygnathiformis,N. tadpole 等。本段厚约 210 m。

该组在孤台南北边缘(红岩大坡、老动坪等)变为块状滩相沉积,下部 750 m 为灰色块状管壳石骨架礁灰岩,礁前为角砾灰岩,礁后为灰色块状生物碎屑球粒泥粒(颗粒)灰岩;上部(约 1100 m)为浅灰—灰色块状生物碎屑球粒(藻砂屑)泥粒(颗粒)灰岩。

5. 罗甸玉

罗甸玉(图 6-33)产于贵州省罗甸县龙坪镇城东社区,其化学成分及玉石特性与我国新疆和田地区及青海昆仑山脉一带所产软玉相近,属于优质的软玉矿。罗甸玉以山料为主,根据玉色分类可分为纯白、灰白和青白 3 类。玉质为半透明,白度好,质地细腻,光泽度好,抛光后呈脂状光泽,具有极高的收藏价值和经济价值。罗甸玉常见到的为石料(山料产出),颜色白中带灰,部分纯白色,少量淡绿色,极少黄色。山料的光度好,但油润度不够,表面干涩。从加工后雕件成品看,白度尚可,有骨瓷感。透明度稍差的可由透光度弥补,抛光后有油润感。

罗甸玉作为最近几年发展起来的玉石产业,不仅给罗甸县带来了极大的发展,同时也弥补了贵州省玉石出产的空缺,现已在全国各地上市销售。

图 6-33 罗甸玉

6. 罗甸大小井

罗甸大小井(图 6-34)位于罗甸县城东北面 21 km 处。1985 年,中、法两国专家考察大小井风景区后,对其赞不绝口,称之为"东方洞穴博物馆",可与世界著名游览胜地——法国南部的伏克田兹泉相媲美。《人民日报》《文汇报》曾分别以《涌泉喷珠山峦叠翠暗湖幽深——罗甸县发现洞穴奇观》《罗甸县发现一奇特风景区》为题对其做了详尽报道,引起海内外众多专家、学者和旅游爱好者的关注,先后有德国、美国、印度尼西亚、英国、加拿大等国家的专家、学者到大小井风景区考察游览。

该地质遗迹点位于大贵州滩(罗甸孤立碳酸盐岩台地)南缘与南盘江盆地的交界处,为中国最大喀斯特伏流系统的出口。遗迹由两个伏流出口(大井和小井)、峰丛、喀斯特洞穴、天坑(天窗)等组成。大井位于东侧,为不可进入的伏流出口,上游 100 m 处有一天坑,直径 200 m。小井位于西侧,为不可进入的伏流出口,上游 100 m 处有一斜上洞穴与地表相通,再向上约 200 m 处,伏流洞顶崩塌形成两个直径 100~200 m 的天坑。两伏流出口(大、小井)在下游 200~300 m 处汇合形成沫河。大、小井北侧(上游方向)为峰丛区,南侧为硅质碎屑沉积侵蚀地貌区,南北侧为两种不同的地貌景观,且三叠纪台缘斜坡海底泥石流角砾岩楔发育很好。

伏流出口在中国南方较常见,但罗甸大小井为中国最长的伏流系统的出口,且两个出口虽相距仅 200 m,但分属两个不同的伏流系统,这样的现象较少见。

图 6-34 罗甸大小井景观

7 牛 河

牛河(图 6-35)位于平塘县掌布镇联合村,整体上由北向南流,河水碧绿如翡翠。从掌布镇最高处(海拔 1190 m)俯观,牛河宛如一条水龙穿梭、腾跃于群山之间。牛河全长 11.7 km,平均水深 7~10 m,水面宽窄不一,平均宽约为 40 m。北起干鱼河下游,南抵槽渡河水库大坝。二叠系、三叠系地层在河流侵蚀作用及构造作用下形成了峡谷、谷地格局,2013 年槽渡河大坝建成,使牛河水位整体上升,河面变宽。

图 6-35 牛 河

8. 天德洞天坑

天德洞天坑(图6-36)位于罗甸县沫阳镇大井村,由大井出水口经天德洞进入,坑内四面绝壁,壁上有洞;坑底有溶洞并有积水;天坑整体为瓢形,堆积有大量溶塌岩。地质年代为三叠纪,岩性为白云岩。坑中建有观景台和安全步道,东北方向为天生桥,早年当地也称天锅洞。天生桥沿坑外侧往内犹如灶台锅沿,桥下的陡壁高约100 m,游客可在此观美景。天生桥旁侧见一断层,断层产状67°∠82°,岩层受断裂影响及强烈的水冲刷溶蚀,坍塌形成天坑。

天坑可由一小溶洞进入,溶洞通道宽1.0~1.5 m,高1.4 m左右,局部地段更矮,走30 m可到天坑内;天坑四周绝壁,壁高80~120 m,底宽约100 m;天生桥呈椭圆状,高20~30 m,宽15~20 m。

图6-36 天德洞天坑

9. 五行天坑群

五行天坑群位于罗甸县沫阳镇白龙村,距平塘500米口径球面射电望远镜(FAST)基地3 km。五行天坑分为金坑、木坑、水坑、火坑、土坑。金坑(图6-37)洞口形状为近圆形,直径约100 m,坑底亦为圆周状,犹如直筒,四周悬崖绝壁,表面呈白色,坑底内植被茂密,属于罕见地质景观。天坑四面雄奇险峻,青树翠蔓,浓荫蔽日,鸟语花香;坑底原始森林茂盛,树木品种繁多,生态保护完好,森林覆盖率达80%以上。置身其中,能让人感受到大自然惬意之美,享受到世外桃源闲适之乐。

天坑出露地层为中三叠统垄头组白云岩,产状40°∠11°。

图 6-37　五行天坑(金坑)

10. 羡塘燕子洞

羡塘燕子洞(图 6-38)位于惠水县羡塘镇桃源村,距惠水县城 74 km。燕子洞洞口高大,洞口垂直高度 215 m,比曾入选吉尼斯世界纪录的最大的单体天然洞穴——马来西亚沙捞越洞还要高大,被称为"天下第一高大洞穴"。燕子洞以洞内栖息众多的白腰雨燕而得名。每年春季,有 40 万~50 万只燕子归来;当秋季燕群离去时,加上繁育的燕子,可达近 100 万只。

燕子洞先后成为省级风景名胜区主体景区,被评为第一个"亚太国际地理标志公园",入选"中华100大生态美景奇观""世界喀斯特美景(中国区)范例""首届世界奇迹金皮书44项世界自然奇迹",还在"首届国际雨燕保护会议"上被命名为"国际爱燕总部基地"。

洞口位于该段河流峡谷的最上游,大致呈狭长的矩形,宽 25~30 m,高 80~90 m,资料显示为国内溶洞洞口最高的洞穴。洞壁近直立,顶端呈拱形,洞口顶部山体岩石厚 40~60 m。洞内约 150 m 处分岔为两个支洞:上方为干洞,一般宽 1~2 m,高度不一,高处达 50~60 m,低矮处需爬行才能通过,已知长度近1.5 km,具体长度仍未探明。洞内有 3 个面积约 1000 m² 的洞厅,其中可见较多钟乳石、石笋及少量石柱、钙华水池。下方为湿洞,水流从洞中冒出,形成地下河。有一水量较大的河流从洞口流出,自北东向南西方向流淌,河宽 10~20 m,深 1~2 m,水流湍急但无较大落差的跌水,适于漂流;洞口外为河流深切峡谷,峡谷底部宽 50~100 m,洞口处崖壁高约 150 m,往河流下游方向逐渐减小为 70~80 m。河流两岸崖壁大多呈灰白色直接裸露,沿岩石裂隙和层理面发育,壁上有较多小型溶蚀孔洞,崖壁陡直高耸,气势恢宏,景象颇为壮观。河流经约 400 m 长的峡谷后进入骑龙洞。该洞为一穿洞,位于骑龙山下,洞口略呈方形,宽约20 m,高约30 m,长约 150 m,洞中溶蚀构造较不发育,喀斯特景观较少。河流流出骑龙洞后,河道及峡谷逐渐变得开阔,经约 1 km 峡谷至羡塘田坝结束。

燕子洞洞口右岸崖壁顶端有天然形成的面积约 400 m² 的宽阔平台,名为观燕台,是观赏候鸟活动及峡谷景致的绝佳位置。

图 6-38　羡塘燕子洞

11. 阴阳洞

阴阳洞(图 6-39)位于平塘县掌布镇掌布村,洞口宽约 12 m,高约 10 m,洞内有大量的钟乳石。阴阳洞为地下河出水口,洞口方向 250°。洞内有两条地下河,在洞中可以划船,水清澈得可以看见石头上的花纹及游鱼的鳞片,夏天丰水季节可以坐游艇在洞内游玩。该洞中两条暗洞,分由两个岔洞流出,右岔洞流出的是冷水,左岔洞流出的是热水,两者温差约 10 ℃,构成一热一冷的天然奇观。

图 6-39　阴阳洞

12. 周家土峰丛

周家土峰丛(图6-40)是位于罗甸县龙坪镇云盘村周家土一带的峰丛景观,其沿县道X958旁沟谷低洼一侧延伸,在沟谷低洼中拔地而起,显得格外突兀、奇特。且其形态各异,有尖尖的三角锥形,有圆圆的馒头形,峰体大小不一,陡峭直立;远远而视,重峦叠嶂,苍翠俊秀,令人眼前一亮。其地层岩性为浅灰色厚层状生物灰岩,可见海百合茎等化石。单个峰体直径大小一般为50~150 m,高30~60 m,峰丛整体面积4 km²左右,地层产状285°∠26°。

图6-40 周家土峰丛

13. 石门坎峡谷

石门坎峡谷(图6-41)位于逢亭镇翁牛村石门坎电站下游2~3 km处。峡谷沿蒙江两岸连绵约2 km,陡崖耸立,高50~100 m,为块状灰岩,因崖壁缝隙较少而致植被难以着生。石门坎峡谷危岩陡峭,景观奇、险、峻、秀,使人不禁感慨大自然的鬼斧神工。该段水域风光极佳,两岸陡崖倒影水中,随着微波摇曳,婀娜多姿。

图6-41 石门坎峡谷

第二节　拟建国家级地质公园

根据贵州省旅游资源大普查成果,贵州拟建14处国家级地质公园(含国家矿山地质公园),其在省内分布情况见表6-4。这些拟建国家级地质公园,至少含1处国家级以上地质遗迹资源,2处以上省级地质遗迹资源,地质遗迹特征鲜明,景观丰富,建成后可保护一大批国家级及以上地质遗迹景观。

表6-4　贵州拟建国家级地质公园名录

序号	公园名称	特色	公园类型	面积/km²	现状
1	从江刚边国家地质公园	以花岗岩、变质岩地质遗迹及峡谷、瀑布地貌为特色	峡谷地貌	231.75	未建地质公园
2	荔波七彩桫椤谷国家地质公园	以峡谷地貌为特色	峡谷地貌		未建地质公园
3	沿河乌江山峡国家地质公园	以乌江峡谷地貌为特色	峡谷地貌	277.63	未建地质公园
4	德江洋山河峡谷国家地质公园	以峡谷、溶洞地貌为特色	峡谷地貌	79.56	已申报省级地质公园
5	牛栏江大峡谷国家地质公园	以峡谷地貌为特色	峡谷地貌	196.77	未建地质公园
6	毕节九洞天国家地质公园	以溶洞、天窗、地下河为特色,集喀斯特典型地貌景观为一体	溶洞、天窗、地下河	101.45	未建地质公园
7	开阳南江大峡谷国家地质公园	以峡谷地貌为特色	峡谷地貌	239.66	未建地质公园
8	剑河八郎国家地质公园	以"金钉子"剖面及古生物产地为特色	地质剖面及古生物产地	52.44	苗岭国家地质公园的一个园区
9	丹寨龙泉山及南皋剖面国家地质公园	以建阶地层剖面及古生物产地为特色	地质剖面及古生物产地	269.24	未建地质公园
10	贞丰双乳峰国家地质公园	以峰丛地貌为特色	峰丛地貌	181.83	未建地质公园
11	松桃大塘坡锰矿国家矿山公园	以世界最大锰矿产地及地质剖面为特色	矿产地	96.33	未建地质公园
12	瓮福磷矿国家矿山公园	以磷矿矿山资源及古生物产地为特色	矿产地	195.37	未建地质公园
13	贞丰烂泥沟金矿国家矿山公园	以金矿矿山及构造为特色	矿产地	115.28	未建地质公园
14	晴隆锑矿国家矿山公园	以锑矿矿山为特色	矿产地	116.22	未建地质公园

第六章 贵州拟建地质公园

一、从江刚边国家地质公园

(一) 概　况

从江县刚边壮族乡地处月亮山腹部，自然生态保持完好。出露的地层有贵州最为古老的变质地层——四堡群文通岩组，青白口系下江群甲路组、番召组地层；出露大量花岗岩、斑状花岗岩、基性岩(其中有罕见的枕状玄武岩)、超基性岩、大理岩，岩石品种多样，是贵州岩石出露的天然博物馆。

从江刚边一带的混合岩、斑状花岗混合岩在贵州仅此地有，具有极高的科普及科研价值。从江的变质岩是贵州变质程度最深的，在花岗岩体或混合花岗岩体附近，既有接触变质又有区域变质作用的叠加，使得区内出现了片岩、千枚岩等低－中级变质岩系。从江是研究贵州变质岩最理想的地方，变质岩中片理、劈理、节理及褶皱发育，也是研究构造的绝佳之地。

在从江刚边一带出露的青白口系番召组变质砂岩中，可见数层岩层中具滑移变形层理。因此，从江刚边是研究古沉积环境不可多得的地方，也是研究贵州地质构造演化的窗口，更是科研及科普不可多得的地方。

岩性的多样性及构造的多期次作用，造就了区内独特的地形地貌及较多自然风光景观。区内的主要自然风光景观有瀑布、峡谷、岩壁、河流等。

(二) 地质遗迹类型

拟建的从江刚边国家地质公园共有33处旅游资源，其中地质遗迹四级景观5处、三级景观7处，地质遗迹景观极为丰富，具体见表6－5。地质遗迹主要为峡谷、瀑布、花岗岩地貌。

表6－5　拟建从江刚边国家地质公园资源统计

大　类	类	级　别	数量/处
地质遗迹	重要岩矿石产地	二级	1
	岩土体地貌景观	四级	5
		三级	4
		二级	1
	构造地貌景观	二级	1
	水体地貌景观	三级	3
		二级	2
人文景观		四级	2
		三级	6
		二级	8
合计			33

(三)主要地质遗迹特征

1. 小平神秘大脚印景观(四级)

小平神秘大脚印景观(图6-42)位于从江县加榜乡小平村。该大脚印长约58 cm,宽约20 cm,极像一成人左足踩后留下的印迹,但其脚印之大,为普通成年人脚的3倍大。研究表明,其岩性为花岗混合岩,足印处有一系列小型长英质脉体,由于风化差异,形成了神似人足印的奇观。

图6-42 小平神秘大脚印景观

2. 里见河峡谷风光(四级)

里见河峡谷位于刚边南西向。峡谷中河流宽10~30 m,两岸多为青白口系番召组变质砂岩及混合花岗岩形成的绝壁。河流两岸原始森林遍布,水十分清澈,水中时见鱼儿在嬉戏,时见石蛙在游泳,生态环境极佳。据说峡谷中偶然还能见到野生猕猴。峡谷长8~10 km,共有大大小小的瀑布13处,大者高约60 m,小者高仅1~2 m,正因这些瀑布的存在,给宁静的山谷增添了一份热闹,更增添了一份无与伦比的神秘与美(图6-43)。山谷现在尚未通车,人迹罕至,适合徒步、探险、观光度假、休闲旅游。

里见河峡谷地层主要为青白口系番召组变余砂岩,局部偶见混合花岗岩于低点小面积出露。变余砂岩岩石略有硅化,岩石中可见多层具滑移变形层理的岩石(图6-44),滑移变形层理是海相沉积物在未固结成岩的塑性状态下受到风暴或重力等作用滑移变形,此种现象不多见,这对研究古地理及古沉积环境有极大的意义。

图 6-43 里见河峡谷风光

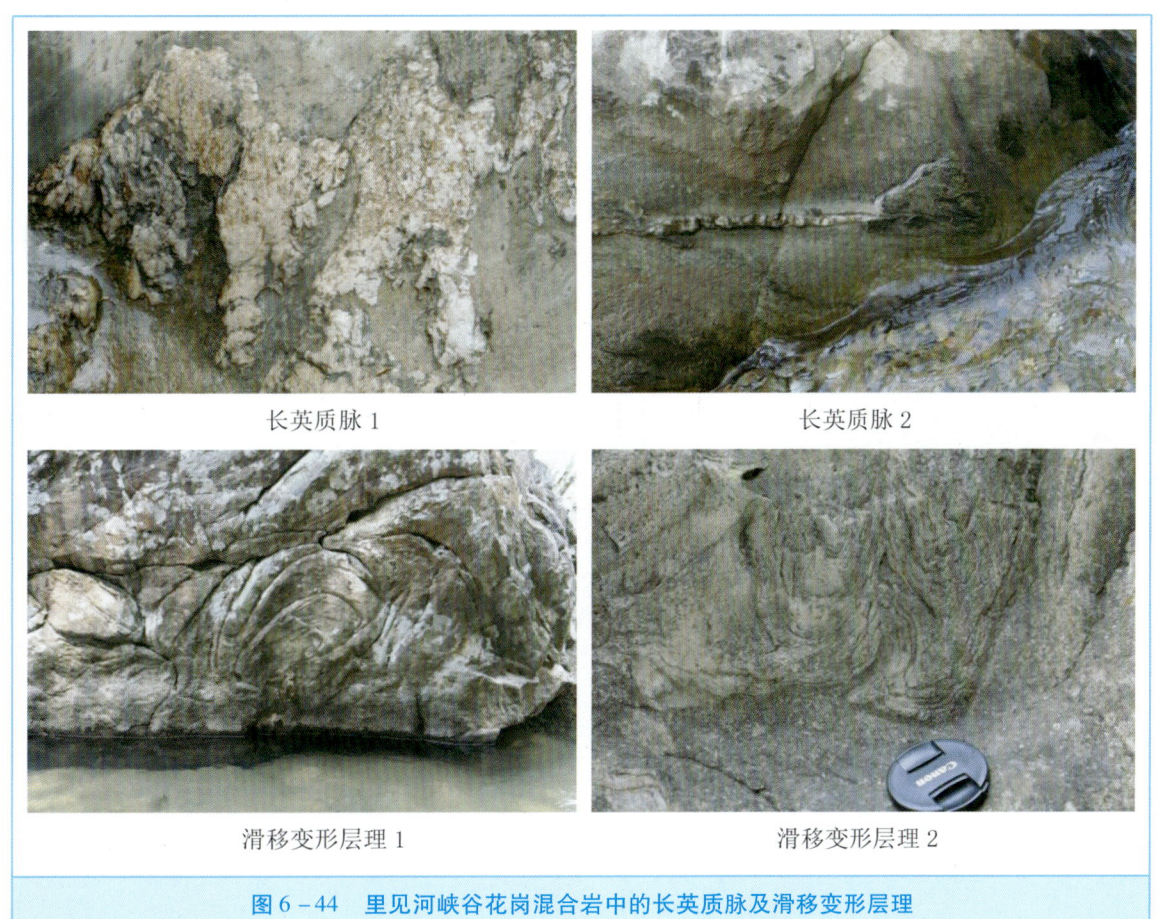

| 长英质脉 1 | 长英质脉 2 |
| 滑移变形层理 1 | 滑移变形层理 2 |

图 6-44 里见河峡谷花岗混合岩中的长英质脉及滑移变形层理

3. 刚边瀑布群（四级）

刚边瀑布群（图 6-45）位于从江县刚边壮族乡境内，距县城约 88 km。刚边瀑布群形成于一条狭窄的山谷（里见河峡谷）中，瀑布一般高 5~60 m，为一系列悬瀑或跌水瀑布群。里见河峡谷宽 10~30 m，无路通达，多以河道涉水通行，人迹罕至。瀑布形成于混合花岗岩、石英片岩及变质砂岩等变质岩中。由于水流的侵蚀及风化差异,形成了一系列高低不同的坎,并进一步形成了一系列美不可言的瀑布。刚边瀑布群的瀑布或大或小,有的悄然无声,有的低低倾诉,有的声震如雷,使得幽静的山谷多了几分欢声笑语。

每个瀑布下基本都有一潭,水深 1~20 m 不等,浅的如浴盆,让人有想下去沐浴天然水场的冲动;深的呈暗绿色,不见底,让人心生敬畏。

该系列瀑布主要位于里见河中、下游。景观较为突出的瀑布为小加列瀑布、打列十二滩瀑布群及小平瀑布。其中打列十二滩瀑布群是由一系列跌水小瀑布构成的呈珍珠状的景观;小加列瀑布是下游最大瀑布。整条河水质均较清澈,鱼虾成群,珍稀物种多,沿岸植被茂盛,生态环境较好。

图 6-45　刚边瀑布群

4.小平瀑布(四级)

小平瀑布(图6-46)位于从江县加榜乡小平村,距小平村约3 km。瀑布形成于"V"形谷中,两侧为甲路组云母石英片岩形成的绝壁,高约200 m,适宜攀岩。瀑布高50~60 m,上部宽3~5 m,下部宽5~8 m。站在峡谷中抬头仰望,瀑布如一道水帘由天而倾,气势雄壮,水声如雷;如涨水季节在半山腰观望,瀑布犹如一条游龙,气吞山河。

图6-46 小平瀑布

5.刚边小加列瀑布

刚边小加列瀑布(图6-47)位于从江县刚边壮族乡三联村,距从江县城约88 km,海拔505 m,目前尚未开发和保护,为新发现旅游资源。

刚边小加列瀑布位于刚边瀑布群的最下游,其两侧为绝壁,原始森林遍布。瀑布附近怪石嶙峋,奇峰异石遍布,是徒步探险的好去处。

这一段可见的稍大的瀑布有3处,最高一处高40~50 m,稍矮的2处高10~20 m。最高的瀑布气势磅礴,水流由数十米的高空一跃而下,声扬数里;稍矮的2个瀑布,宛若西子,俊秀飘逸。在这些瀑布的下游,还有众多三五米高的小瀑布,美不胜收。

图6-47 刚边小加列瀑布

6. 三百河河流及峡谷风光(四级)

三百河(图6-48)位于从江县刚边壮族乡境内,长数十公里,河面宽20~50 m。三百河流经宰别、宰弄三联等村寨,河流两岸有原始森林、峡谷地貌,有雄奇险峻的陡崖、宽阔的河漫滩地、层层叠叠如诗如画的梯田风光、富有特色的壮族民居。沿河有狗爬岩、梳头岩、跳水台、千杯石、美女哭夫等传奇景观,同时还有浓郁的壮族传统文化、独有且味道别致的壮族美食、众多的历史古迹,可称得上"一弯一美景,一滩一风光"。该河河水较为清澈,河段水深一般为1~3 m,水流流速为1~2 m/s。河床卵石遍布,河水时缓时急,有激流险滩10多处,适宜漂流。该河两岸滩涂遍布,尤适于旅游休闲观光、垂钓、烧烤。

图6-48 三百河河流及峡谷风光

二、荔波七彩桫椤谷国家地质公园

(一) 概 况

七彩桫椤谷位于佳荣镇,是一处在旅游资源大普查中新发现的世界级旅游资源。拟建的荔波七彩桫椤谷国家地质公园是以峡谷、瀑布及森林资源为主的地质公园。

(二) 主要地质遗迹特征

1. 七彩桫椤谷(五级)

七彩桫椤谷为佳荣镇一条北东至南西走向的高山、峡谷、河流、跌水瀑布组成的景观长廊,由桫椤沟、威滩瀑布群和七彩河谷3部分组成。其中威滩瀑布群和桫椤沟位于北部,那里河谷深切,崖壁陡峻,群峰巍峨,沟壑纵横,原始森林密布。桫椤沟沿河谷两岸生长有植物界的活化石——桫椤;威滩瀑布群从北至南发育多级悬瀑或跌水瀑布,深潭、游鱼、奇峰怪石比比皆是。七彩桫椤谷两岸壁立千仞,陡峻异常;原始森林古木参天,植被保存完好(图6-49);河谷平缓处砾石沙滩呈串珠状展布;沙滩有各色鹅卵石天然堆积,色彩斑斓(图6-50)。

图 6-49 七彩桫椤谷

图 6-50 七彩桫椤谷鹅卵石

七彩桫椤谷所处地层为下寒武统渣拉沟组,岩性为深灰黑色黏土岩偶夹薄层灰岩。七彩桫椤河呈北东至南西向发育,南北向长约 6.5 km,发育大小阶梯瀑布共 13 处。其中威滩瀑布群河谷呈北西至南东向发育,长约 1.2 km。威滩瀑布为最大的瀑布,宽约 40 m,落差约 20 m。桫椤沟长约 3 km,峡谷最高处 995 m,最低处 340 m。共发现桫椤树约 5000 株,最大的"桫椤王"树高有 6 m 多,胸径 20 cm,枝叶覆盖范围 7~8 m。七彩桫椤河在贵州境内长约 3.5 km,河谷地段七彩砾石沙滩呈串珠状分布。

桫椤沟有大量珍稀的桫椤树生长,沟中河流两岸峰峦叠嶂、怪石林立、古树参天,适合开发原始森林探险、修建峡谷天体浴场、深潭垂钓、生物科考及标本制作等项目,目前周围环境保护较好,具有开发前景。

2. 百丈崖

百丈崖(图 6-51)以险峻为特点,悬崖整体呈弧形,绝壁如削。山泉从悬崖顶端飞流而下,在阳光照射下似晶莹剔透的水晶从天而降,洒落到大地上,蔚为壮观。悬崖上的小树似将跌进深谷,又像展翅飞翔。荒凉的悬崖因小树蓬勃的生命而充满生机,小树蓬勃的生命因险峻的悬崖而健美雄奇。百丈崖的景色集奇、秀、险、野、幽于一体。百丈崖高约 150 m,悬崖弧长约 300 m。峡谷两侧的高山陡峰雄伟壮观,峡谷以幽深秀丽、峡长谷深为特点。谷底被千百种植物覆盖,古树丛生,奇花异草随处可见,宛若清幽奇丽的画廊。

图 6-51 百丈崖

3. 跌水瀑布 6

跌水瀑布 6（图 6-52）位于佳荣镇坤地村一条近东西向的峡谷中，距离七彩桫椤河约 450 m。峡谷呈"V"形，两侧谷坡较陡，局部为悬崖峭壁，极为惊险。瀑布呈扇形，上窄下宽，河水倾泻而下，似银河泻地。瀑布高差约 7 m，宽 2~6 m，形成 2 级跌水。瀑布下方因强烈的下蚀作用形成一深潭，呈长方形，潭水清澈见底，最深处约有 4 m。跌水瀑布 6 常年不枯，水流量稳定（除暴雨过后时段），水质极好，瀑布旁巨石丛生，与周围跌水瀑布群形成一体，是观光游玩的好去处。

图 6-52　跌水瀑布 6

4. 跌水瀑布 10 - 深潭

跌水瀑布 10 宽约 10 m，落差 10 m，形成 2 级跌水，在常态下瀑布流量约 2.0 m³/s；跌水瀑布下方为一深潭，呈长方形，宽 20 m，长 25 m，面积 25 m² 左右，潭水最深处约有 8 m（图 6-53）；瀑布陡坡下侧有一巨大空洞。旱季，瀑布如白练下垂，中间如薄纱遮盖；雨季，水势浩大。目前周围环境保护较好，具有开发前景。

图 6-53　跌水瀑布 10-深潭

5. 跌水瀑布 12

跌水瀑布 12（图 6-54）为一悬瀑。瀑布所在处为碳酸盐岩河床长期经流水侵蚀而成的一级阶梯。整个瀑布落差大,跨度较宽,瀑布顶部中间河道河床被流水冲蚀形成三级石坎,石坎经流水长期冲蚀而光滑浑圆,上面凝结有一层钙化薄膜。该瀑布宽约 15 m,高约 35 m,水量充沛,枯水期仍可见 2 个 1~2 m 的瀑布倾泻而下。该瀑布为威滩瀑布群中规模最大的瀑布,丰水期很远就可听到轰隆隆的水声。瀑布主河道左岸顶端一块巨石把瀑布一分为二,靠近左岸处地势较高,为主瀑布,主瀑布四季流水,流水沿河道倾泻而下,枯水期状如丝丝白发,又如千尺白绫从天上降落凡间;瀑布右岸河道陡坡上有人工挖掘的石窝,枯水期有当地百姓上下攀爬。丰水期瀑布充盈整个河道,形成宽约 15 m 的白色水幕。瀑布下方发育深潭,深潭面积 150~200 m^2,深约 6 m,潭水翠绿如碧,潭边河岸巨石上生长着灌木,郁郁葱葱。跌水瀑布 12 上游河水清澈见底,河岸峰峦叠嶂、怪石林立,周围古树参天,适合开展水上娱乐项目,具有开发前景。

图 6-54　跌水瀑布 12

三、沿河乌江山峡国家地质公园

(一) 概　述

沿河乌江山峡位于中国土家山歌之乡贵州省铜仁市沿河土家族自治县境内。乌江在沿河到重庆酉阳形成 100 多 km 的天然山水画廊,其中夹石峡、黎芝峡、银童峡、土坨峡、王坨峡这 5 个峡长达 89 km,有"乌江百里画廊"之称,两岸峰丛、峰林、溶洞、瀑布风光秀美。

(二) 地质遗迹类型

拟建沿河乌江山峡国家地质公园共有 149 处旅游资源,其中自然景观 43 处,具体见表 6-6。

表 6-6　拟建沿河乌江山峡国家地质公园资源统计

大　类	类	级　别	数量/处
地质遗迹	岩土体地貌景观	三级	14
		二级	25
	构造地貌景观	四级	2
		三级	1
	水体地貌景观	四级	1
		三级	3
人文景观		二级	5
		三级	12
		二级	86
合计			149

(三)主要地质遗迹特征

1.黎芝峡(四级)

黎芝峡(图6-55)位于沿河自治县思渠镇下庄村,为乌江中的一段,全长29 km。该地段地势险要,山高谷深。黎芝峡2009年修建有不完善的景区设施,观景亭、护栏、石板堆砌过道。黎芝峡周边植被茂密,崖边岩石裸露,甚是壮观。进入黎芝峡,看起来只有一扇大门那么宽的峡口,把游人带入一个梦境般神奇美妙的天地。"千寻峭壁倚嵯峨,不瞰江流涌碧波",描写了黎芝峡之险。

图6-55 黎芝峡峰林景观

2.乌江山峡(四级)

乌江山峡(图6-56)位于沿河自治县思渠镇。乌江从沿河自治县西南角夹石镇入,流经夹石、土地坳、板场、甘溪、官舟、淇滩、和平、团结、黑水、思渠、黄土、新景、洪渡等13个镇(街道),至洪渡镇苏家村思毛坝小旁滩流入重庆。乌江在沿河境内长达132 km,沿途不仅自然景观奇美壮观,而且以土家族为主的民族风情亦丰富多彩。

乌江诸峡既和谐统一,又各具特色。夹石峡高山齐云,蓝天一线,峡风呼啸,江涛逼人;黎芝峡妩媚多姿,美女峰、天门石、草帽石、佛指山形神兼备,景观多而奇美,为诸峡之冠;银童峡顽皮刁钻,左右高山不时横截江面,峰回路转,山重水复,船行其间如进迷宫,令人迷惘;土坨峡,山高、水深、谷幽,奇峰峻岭间有成片竹林,群兽竞美、百鸟争鸣;王坨峡,江面时宽时窄,江流时急时缓,两岸林木葱郁,竹影摇曳,数里外可见到温泉袅袅升腾的白雾。

乌江山峡北接重庆乌江峡谷,南邻梵净山,既是长江三峡—乌江山峡—梵净山国家级自然保护区至张家界森林公园旅游环线的重要组成部分,又是这条旅游环线的重要通道。

图 6-56　乌江山峡

3. 沿河湿地公园（四级）

沿河湿地公园（图 6-57）位于沿河自治县城内，处于乌江北岸，湿地地质明显，但受乌江汛期影响较大，曾被洪水毁坏过，是一处休闲娱乐的好地方。

图 6-57　沿河湿地公园

4. 八千子弟(三级)

八千子弟(图6-58)位于沿河自治县官舟镇三角村,与黎芝峡紧紧相邻。此处山峦形态奇特,沟壑密布,犹如千军万马,是乌江中最狭窄的地段。

图6-58 八千子弟

5. 霸王谷(三级)

霸王谷(图6-59)位于沿河自治县思渠镇上庄村,为两坡陡峭、深度大于宽度、中间深峻的"V"形谷段落。岩壁岩性为灰岩,地质构造运动使得地层褶皱。乌江河流湍急,加剧了河谷下切。纵深约600 m的大峡谷里有起伏不定的石峰,如竹笋般林立。霸王谷西北方向500 m处石林发育良好,约有3333.33 m^2,平均高度1.50 m。

图6-59 霸王谷

6. 滴水岩瀑布（三级）

滴水岩瀑布（图6-60）位于沿河自治县黑水镇桂家村。该瀑布宽约20 m，高约50 m。瀑布下为深水潭，水源来自浑水大溏水库；上为鱼塘湾，左右各有一对石柱矗立，全年无断流。

图6-60　滴水岩瀑布

7. 飞龙过江（三级）

飞龙过江（图6-61）位于沿河自治县思渠镇的乌江北岸。岩壁上一溶洞出水经过石阶形成的悬瀑，因地形导流分为东西两支，西边一支随石阶流下形成跌水，西支水量比东支小；东边一支因前凸岩石形成悬瀑。源头水质较好，流量大且急，瀑布犹如一缕白布，尤其是夏季暴雨之后，水流从石阶冲出江面很远，气势磅礴，故称"飞龙过江"。

图6-61　飞龙过江

8. 烽火台(三级)

烽火台(图6-62)位于沿河自治县官舟镇三角村。该山体植被发育较好,一座尖尖的石峰与相连的山崖构成了形如雄鸡又如烽火台的象形石。

图6-62 烽火台

9. 和尚堡(三级)

和尚堡(图6-63)位于沿河自治县思渠镇上庄村,是悬崖中部一块平缓的石坝子,约100 m^2。该岩石植被覆盖率极高,无基岩出露,与黎芝峡紧紧相连。

图6-63 和尚堡

10. 和尚岩(三级)

和尚岩(图6-64)位于沿河自治县淇滩镇三壶瓶村北边,整座山体如宝塔般立在小界山和彭家山之间。山体的南面岩壁陡峭,怪石嶙峋,绝壁之下为一天坑,坑底有溶洞,常年有清澈的流水。根据当地村民介绍:洞底有古老的石碾子架在水边;绝壁之上有许多小山洞,半山腰有一个岩阡,岩阡里有一个和尚站在里面,身穿僧衣,低着头,作揖拜忏;山顶曾经有一座已被毁的古庙,现有残存基石和瓦砾。

图6-64 和尚岩

11. 剑劈岩(三级)

剑劈岩(图6-65)位于沿河自治县黑水镇,分布在乌江山峡左岸,具有险、峻、奇的独特景观。

图6-65 剑劈岩

12. 黎芝峡峡口(三级)

黎芝峡峡口(图6-66)位于沿河自治县团结街道黑獭社区以南,和平街道大溪村以北。人们从沿河县城到此会明显感觉到两岸较平缓的地势骤然变得陡峭,宽阔的视野迅速变窄。山变幻了形色,水扭动着腰肢,峰之高矮形成对比,岩之凹凸形成反差。清澈碧绿的江水,两岸青绿的植被,加之陡峭的山崖,使人感觉置身于画中。

图 6-66 黎芝峡峡口

13. 蛮王祭江(三级)

蛮王祭江(图6-67)位于乌江北岸,是黎芝峡景区内的一座象形山石,形似一位面江而坐、神态端详的"蛮王",右手平摊,左手托一座"宝塔",面江祭拜,祈祷保佑乌江之上行船安全。蛮王祭江的主体"蛮王"和所托的"宝塔"均为灰岩,所在岩层在地质作用下因内力造成破碎、裂隙,后又经外力的流水溶蚀而成。地层产状 70°∠20°,高约 100 m,宽约 150 m。

图 6-67 蛮王祭江

14. 猫山(三级)

猫山(图6-68)位于沿河县城西郊,距县城3 km,距和平街道山坪村1 km。山上有一座高近20 m、形如猫状的巨石,端坐于绝壁之上,巍巍凌空,翘首望江,猫山之名也是得自这块"石猫"奇石。自古以来,"石猫"就跟与它相对的"乌江猫滩"颇有渊源,相传"石猫吼一吼,猫滩抖一抖"。有诗云:"遥看石猫驾云游,邀来凤马戏太空;灵性博采通四海,黄猫警渡一滩头。险象为夷千帆过,阅尽人间万象悠;断壁奇园天造就,遗得美传万古流。"猫山常年雾锁云绕,恍如仙境。其间奇石林立,有栩栩如生的"鸭嘴石",惟妙惟肖的"神龟石",形态逼真的"蘑菇石"。猫山中曲径通幽,时而宽时而窄,时而陡时而缓,宛如迷宫,游人行走其间,有"云游蓝天白云上,置身青山绿水外"之感。因此,猫山倍受人们青睐,每逢节假日都有游客慕名而来。

图6-68 猫 山

四、德江洋山河峡谷国家地质公园

(一)概 况

拟建的德江洋山河峡谷国家地质公园位于贵州省东北部、铜仁市西北部,距贵阳342 km,距铜仁市区265 km。

该地质公园是一个以石林、峡谷和溶洞为主要地质景观的地质公园。洋山河峡谷部分段原为地下河,由于洞顶垮塌形成现在的峡谷景观。傩仙洞为原地下河的支洞,洞内具有世界极其罕见的洞穴沉积物——"荷包蛋",另外还有红、黄、白、黑、蓝5种颜色组成的五彩地下河奇观,具有极高的美学价值和稀有性,对其形成和保存环境的研究也有极高的科学价值。贵州省范围内的石林岩性主要以三叠系白云岩和二叠系灰岩为主,但该地质公园的石林、石芽景观却是形成于奥陶系宝塔组灰岩中,在贵州省内较为罕见。

(二)地质遗迹类型

拟建德江洋山河峡谷国家地质公园是以五彩地下河、泉口石林、洋山河盲谷等喀斯特地貌景观为主体,集古生物化石、水体景观、环境地质遗迹景观、人文古迹、民俗风情等景观资源为一体的大型综合性地质公园。该园区旅游资源丰富,共有41处旅游资源,具体见表6-7。

表 6-7 拟建德江洋山河峡谷国家地质公园资源统计

大　类	类	级　别	数量/处
地质遗迹	岩土体地貌景观	一级	6
		二级	11
		三级	3
		四级	2
	水体地貌景观	一级	2
人文景观		一级	8
		二级	7
		三级	2
合计			41

（三）主要地质遗迹特征

1. 傩仙洞

傩仙洞位于德江县高山镇梨子水村。该洞为酸性碳酸盐岩溶洞。该洞受断层控制，为石灰岩地区长期地下水溶蚀形成。洞口较为宽敞，宽 7~8 m，高 7~10 m，洞口朝向约 310°；洞顶可见明显裂缝，缝隙宽约 0.5 m。洞口向内约 80°方向延伸，据当地人介绍洞深约 3 km。该洞洞厅宽大，石幔、钟乳石发育良好，分布广泛，形态各异，多姿多彩，美不胜收。围岩以上古生界中二叠统茅口组灰岩为主，地层产状 121°∠20°。

傩仙洞洞内不仅有琳琅满目、形态各异的钟乳石，更让人称奇的是溶洞内流淌着有红、黄、白、黑、蓝几种不同颜色的地下河（被形象地称为"五彩河"）。洞内还有世界上独一无二的钟乳石——"荷包蛋"地质景观，由于奇妙的地质现象而形成的"荷包蛋"地质景观，远远看上去就像刚刚成形的荷包蛋，外灰内黄，惟妙惟肖（图 6-69）。神奇的地质景观不仅让当地人感到好奇，也引起了地质专家的注意。《地理中国》栏目曾对溶洞进行了考察并进行了专题报道，溶洞中的"五彩河""荷包蛋"等景观是世界上绝无仅有的，对研究整个溶洞山体地下矿物质组成具有极高的价值。

研究表明，傩仙洞是举世罕见的酸性溶洞。喀斯特地区水流一般会呈现一定的弱碱性，而傩仙洞中五彩河的橙黄色水流 pH 值竟达 2.4，呈强酸性。傩仙洞作为稀有的地质景观资源，是德江县旅游未来开发的一大名片。

图 6-69 傩仙洞中的"荷包蛋"景观

2. 洋山河峡谷

洋山河峡谷(图 6-70)位于德江县高山镇梨子水村。该峡谷长约 12 km,宛如一条巨龙逍遥于天地之间。谷底海拔 746 m,谷深 170~200 m,谷宽 110~180 m。峡谷呈"U"形,走向约 190°。峡谷两侧植被保护完好,以松柏为主;峡谷底部有洋山河流淌,水流走向约 190°。峡谷为地表河向地下河转化的末端河道。峡谷岩壁发育有不同规模溶洞、地缝、天生桥、瀑布等景观;谷底西侧发育多个天坑,呈带状分布、平行峡谷走向。该处喀斯特景观发育良好,而且相对集中,景观配套性好,由洋山河峡谷、洋山河天坑群、洋山河溶洞群组成。

图 6-70 洋山河峡谷

3. 桥上天坑

桥上天坑（图6-71）位于德江县高山镇阡丰村，在洋山河峡谷西侧，与峡谷直线距离约300 m，坑口范围约250 m×350 m，深度180~220 m。该天坑是洋山河天坑群最具有代表性的一个。天坑一侧与天生桥相通，可通过天生桥底部沿岩阶进入天坑底部；底部为较为茂密的灌木，且发育有高大的洞穴——桥上水洞。天坑中部因断层缘故垮塌，为石灰岩地区长期侵蚀风化形成。岩性以上古生界中二叠统茅口组灰岩为主，地层产状114°∠16°。岩壁及周边灌木丛生，树木茂盛，植被覆盖率达85%以上，空气清新，自然环境优美。桥上天坑为热播电影《喋血神兵》的拍摄地之一，位于洋山河景区之内，旅游资源丰富，区位优势明显，周边还发育马家天坑、三岩阡天坑等，在铜仁市内已有一定知名度。

图6-71 桥上天坑

4. 黄岩峡谷

黄岩峡谷（图6-72）位于德江县高山镇方家村。峡谷深约200 m，呈"U"形，两侧峡壁较陡，坡度约85°，山势险峻。下有洋山河流过，河水清澈；两侧绿树环绕，构成一幅美丽的山水画。景区规模中等，与洋山河峡谷连为一体，总长约6 km。

图6-72 黄岩峡谷

5. 地　缝

地缝(图6-73)位于德江县高山镇阡丰村。地缝为洋山河景区重要景点之一,形态较为罕见,为断层形成的陡立的裂隙空间,宛如一线天;走向弯曲不规则,方向大致为268°。裂缝宽约1 m,因坍塌严重而深入内部,延伸长度数十米,但地缝具体深度暂不详。

图6-73 地　缝

五、牛栏江大峡谷国家地质公园

(一)概　况

牛栏江是长江上游金沙江的一大支流,是一条跨越云南、贵州两省的河流,其南东一侧为贵州省,北西一侧为云南省。

牛栏江大峡谷峡高谷深,高差近2000 m,立体气候十分明显。牛栏江大峡谷是典型的"V"形峡谷地貌,两岸沟壑纵横,极为壮丽宏伟。

(二)地质遗迹类型

拟建的牛栏江大峡谷国家地质公园以峡谷地貌为主,有地质遗迹景观9处,人文景观7处,其中一处为世界级资源(五级),具体见表6-8。

表6-8　拟建牛栏江大峡谷国家地质公园资源统计

大　类	类	级　别	数量/处
地质遗迹	岩土体地貌景观	三级	1
		二级	5
	构造地貌景观	五级	1
		三级	1
		二级	1
人文景观		一级	7
合计			16

(三)主要地质遗迹特征

1. 牛栏江大峡谷(五级)

牛栏江大峡谷(图6-74)位于威宁自治县斗古镇中关村。牛栏江在威宁主要流经海拉、斗古、玉龙3个镇,两岸均为悬崖峭壁及陡峻的山坡。峡谷因切割较深,落差大于800 m,两岸峭壁相隔约200 m。牛栏江大峡谷峡高谷深,江流曲折,两岸沟壑纵横,峰岭绵延;平缓处,江滩宽阔,水流轻曼;陡峻处,江面狭窄,江水湍急;回旋处,峰回路转;跌宕处,如狂舞高歌。

牛栏江大峡谷有着十分奇特的地貌特征,沿岸的山岭分3个层次重叠,最下一层是陡峭的斜坡,中间一层是垂直的悬崖,最上一层又是倾斜的大山,于是两岸合在一起就将峡谷拼成了下部"V"形、中部方形、上部倒"八"字形的美妙曲线。有学者将牛栏江大峡谷称作"最神奇的东方峡谷"。谷岭相对高差1400~1800 m,为高、中山峡谷地貌。两岸岩性均为灰岩,所处地层为二叠系栖霞组、茅口组,产状较为平缓。

图 6-74　牛栏江大峡谷

2. 米奇溶洞

　　米奇溶洞（图 6-75）位于威宁自治县斗古镇中关村，与牛栏江河面垂直高度 160 m，中关村岩口垂直高度 280 m。洞口高约 5 m，为纺缍形，洞口朝向 120°。米奇溶洞共 7 个洞厅，大小各异，平均高约 25 m，宽约 30 m，长 45 m。溶洞位于栖霞组—茅口组地层，为地下水长期溶蚀而成。洞长约 4 km，洞厅最宽处约 60 m，最窄处约 15 m，最高处约 30 m，最低处约 2 m。洞内有黑色、褐色、白色、灰色等颜色的钟乳石，忽明忽暗，交相辉映，形态各异，有的像瀑布，有的像花朵。溶洞深处有蝙蝠在壁上栖息。该洞发育在喀斯特地层中，其灰岩岩层节理裂隙发育，容水性好，水流溶蚀作用强烈，水流富集形成地下河，后水位下移，溶洞干涸，其上部岩层之潜水沿裂隙下渗至洞内形成钙华堆积，就是我们现在所见到的溶洞景观。

图 6-75　米奇溶洞

3. 耐书河峡谷

耐书河峡谷（图6-76）位于威宁自治县斗古镇关口村。耐书河峡谷内为牛栏江的支流耐书河，峡谷高差约650 m，连绵几公里，岩层直立陡峻，峡谷方位280°；峡谷为灰岩地层，形态异常。峡谷中飞来石的形态似彝族少女。

图6-76 耐书河峡谷

六、毕节九洞天国家地质公园

（一）概　况

拟建的毕节九洞天国家地质公园位于毕节市大方县猫场镇五丫村。六冲河自西向东流经纳雍、大方两县，形成上游总溪河景区、下游九洞天景区。河水在此潜入地下，称"瓜仲河伏流"，长约7 km，伏流下游山脊上有9个巨大天窗，泛舟河上，9个天窗在天空时隐时现，"九洞天"由此得名。

（二）地质遗迹类型

拟建的毕节九洞天国家地质公园旅游资源丰富，共有44处旅游资源，其中地质遗迹资源18处[1处为世界级资源（五级）]，人文景观26处，具体见表6-9。该公园为贵州喀斯特景观最为集中的地区之一，集地下河、天坑、天窗、天生桥、峰林、峰丛等资源于一体，是喀斯特地貌的"天然博物馆"。

表6-9 拟建毕节九洞天国家地质公园资源统计

大 类	类	级 别	数量/处
地质遗迹	岩土体地貌景观	一级	6
		二级	6
		三级	4
		五级	1
	水体地貌景观	一级	1
人文景观		一级	19
		二级	5
		三级	2
合计			44

(三)主要地质遗迹特征

1. 九洞天(五级)

九洞天(图6-77)位于大方县猫场镇五丫村,天窗洞口共有9个,规模宏大,世界罕见。一洞天"月宫天"为旱洞,宽阔,是进洞的大厅,面积约3000 m²,平均高为80 m,洞壁、洞顶上钟乳石千奇百怪,壮丽非凡;二洞天"雷霆天"现辟为发电洞室,通过闸门控制引取落差11 m的水发电,是国内罕见的无厂房天然洞内发电站;三洞天"金光天"洞内高大宽阔,迂回幽静,左岸石壁异常光滑,如刀砍斧削,右岸壁上悬挂着五颜六色的钟乳石;四洞天"玉宇天"是由多个洞穴组成的天然景区,洞内钟乳石或似塔形,或如殿宇,晶莹剔透,形象逼真;五洞天"葫芦天"是呈葫芦状的暗湖,上收下放,自然而成;六洞天"象王天"为与天生桥相连的洞窗,顶部距水平面约百米,十分险要;七洞天"云霄天"是一大旱洞,洞内千疮百孔,互相可通,能容纳数千人;八洞天"宝藏天"洞口宽仅二三米,而高可达数十米,好似高楼窄巷,阳光折射进去,水面光色变幻无穷;九洞天"大观天"内的溶洞共分3层,下层为奇形怪状的水洞暗湖与八洞天相通,四通八达。

图6-77 九洞天

2. 九洞天天生桥

九洞天天生桥(图6-78)位于纳雍县化作苗族彝族乡抵纳村,是发育于碳酸盐岩地区的一个天然拱桥。桥洞呈"∩"状,洞口走向35°,横跨大方、纳雍两县的界河瓜仲河,南西侧桥体属于纳雍县,北东侧属于大方县,是大方县与纳雍县的连接纽带。九洞天天生桥上有纳雍至大方的公路经过,是名副其实的桥梁。九洞天天生桥桥拱高约120 m,跨度70 m,桥面宽65 m。九洞天天生桥桥拱高、跨度大、桥面宽,造型美观,结构稳固。

图6-78 九洞天天生桥

3. 枪杆岩

枪杆岩(图6-79)位于纳雍县化作苗族彝族乡枪杆岩村,系一独立的近圆柱状石笋峰,中部较粗,上、下两端渐细,呈香蕉状,顶部呈30°倾斜;上部因岩层风化差异形成三排阶梯状,阶梯上生长着一些绿色灌木,增添了枪杆岩的灵气。枪杆岩中部直径约15 m,上、下部直径约10 m,从底脚公路至峰顶高约100 m。

据李再兴等介绍,新中国成立前居住在此的汪姓人家出了几个百步穿杨的汉子,汪姓人家认为,他们之所以能够百步穿杨,就在于拔地而起的石峰给了他们神秘力量,因此把石峰称为"枪杆岩"。在枪杆岩之北东侧约40 m处有一簇大小不一的凸峰群,中间凸峰粗壮,周围凸峰细小,峰壁大多陡峭直立,在缓壁坡上也生长着一些灌木丛。枪杆岩与凸峰群形态不同,相互映衬,彰显了枪杆岩的傲骨。

图 6-79 枪杆岩

4. 梯子岩

梯子岩(图 6-80)位于纳雍县化作苗族彝族乡梯子岩村。梯子岩是从纳雍县水淹塘到大方县岩头上的人行驿道。梯子岩陡崖高约 100 m;驿道长约 300 m,宽约 1.5 m,以陡、险、峻著称。据立于驿道东侧碑记,梯子岩始修于清道光十年(1830 年)。1935 年 4 月 16 日,红九军团在罗炳辉等率领下,在梯子岩与尾追国民党军队激战,击退了敌人后安全转移。

图 6-80 梯子岩

5. 枪杆岩古滑坡体

枪杆岩古滑坡体(图6-81)位于纳雍县化作苗族彝族乡枪杆岩村,占地面积约1.5 km²。古滑坡体位于等腰三角形状的喀斯特斜坡凹地内,向北倾斜,三角形顶角向北。古滑坡体以大小不一的灰岩角砾、漂砾等为主,大者直径十数米,分布杂乱无章。其间为钙泥质充填胶结,已固结成岩,初步认为是形成于更新世的古滑坡体;古滑坡体边界南、北东面为巨大的岩壁,北西面为山体坡面;从北部出露的石炭系马平组灰岩、中二叠统梁山组黏土岩、粉砂岩地层看,古滑坡体的基底可能为石炭系古老地层,滑坡方向自南而北。古滑坡体基底岩石断层构造发育,北面附近有北东东向正断层和北西向平移断层交汇。古滑坡体西部由于后期崩塌又形成大量规模不等的角砾岩转石,在沟边因雨水冲刷,转石出露较好,其上生长有大量灌木。古滑坡体后沿分布有小寨、王家寨等村寨;北部有苗寨,苗寨为红九军团经过此处的临时驻地。

图6-81 枪杆岩古滑坡体

6. 天生桥

天生桥(图6-82)位于大方县猫场镇联合村,属九洞天景区的第九洞景区。天生桥飞架于悬崖峭壁间,桥下面为一广场,可容千人。桥高120 m,桥宽50 m,净跨度96 m,弧长160 m。

图 6-82　天生桥

七、开阳南江大峡谷国家地质公园

(一) 概　况

拟建的开阳南江大峡谷国家地质公园地处贵州高原中部的开阳县,距贵阳54 km,以喀斯特峡谷风光、瀑布、地缝、天坑为特色。其中有3处已被划为国家级风景名胜区,可见其旅游资源之丰富。

(二) 地质遗迹类型

拟建的开阳南江大峡谷国家地质公园共有旅游资源224处,其中人文景观90处,地质遗迹134处,具体见表6-10。

表6-10 拟建开阳南江大峡谷国家地质公园资源统计

大 类	类	级 别	数量/处
地质遗迹	岩土体地貌景观	一级	36
		二级	35
		三级	10
		四级	1
		五级	1
	构造地貌景观	一级	2
		二级	5
		三级	1
		四级	1
		五级	2
	水体地貌景观	一级	18
		二级	8
		三级	14
人文景观		一级	44
		二级	41
		三级	4
		四级	1
合计			224

(三)主要地质遗迹特征

1.南江大峡谷(五级)

南江大峡谷(图6-83)位于开阳县南江布依族苗族乡龙广村,为国家5A级景区。峡谷的岩性为寒武系灰岩、白云岩。峡谷全长40多km,山高谷深,最大落差达398 m,其旅游资源单体有山体、峡谷、河流、瀑布、湖泊、象形山石、木质观光栈道、度假村及野生动物栖息地等。峡谷内山体至水面落差为100~400 m,坡度70°~90°。峡谷的基岩多裸露于瀑布跌水和陡壁处,其上发育象形山石、瀑布,被苔藓及灌木覆盖,可见珍稀树种和奇特的植物景观。峡谷底部的宽度随地形变化宽窄不定,一般为15~50 m,中间发育河流。河水大致呈淡绿色,稍显浑浊,河流宽度2~10 m,见砾石滩和巨大的滚石。滚石砾直径1~8 m,一般不在主河道内,不会对漂流活动产生大的影响。河的中游筑有一蓄水坝,其上开展漂流活动,其下在河的旁侧建有一较窄水道,河道窄处水流湍急,其声如雷,适合开展激情漂流。峡谷的下游为鸳鸯湖,为野生鸳鸯栖息地。峡谷的240°方向见贵阳至开阳高铁桥横跨大峡谷,高差大于100 m。游客在南江大峡谷游玩既可在栈道漫步亲近大自然,又可享受漂流,还可以泛舟鸳鸯湖,也可以在度假村享受民族美食和开展篝火晚会。南江大峡谷景区以发育典型、气势宏大的喀斯特峡谷风光和类型多样、姿态各异的瀑布群为特色,为美学价值、科研价值和旅游价值较高的风景区。

图 6-83　南江大峡谷

2. 紫江地缝（五级）

紫江地缝（图 6-84）位于开阳县南江布依族苗族乡兴隆村。紫江地缝景区河谷长约 14 km，景区面积约 38.37 km²，喀斯特地貌景观雄伟壮丽，奇峰异石林立，经上亿年的地壳变迁形成了高达 200～300 m 的奇峰和绝壁。紫江地缝景区以奇特的钙华瀑布景观为特色，集瀑布、奇峰异石、珍稀动植物、河流景观于一体，是徒步、露营的好去处。

图 6-84　紫江地缝

景区内河水清澈，河谷时宽时窄，两岸植被郁郁葱葱，有红豆杉、银杏、鹅掌楸等名贵植物，森林覆盖率达 80% 以上。数十条从天而泻的悬瀑飘洒峡谷两岸，有紫江地缝一线天、万瀑云台、银链三绽、水上倒石莲、凤凰滩瀑布、九天银河等近 30 处国家级风景资源。其中，水上倒石莲为该景区特有景观，悬在水面上的灰岩钙华，由于水流下滴，在钙华下又形成了许多形似倒转的石莲花钙华，为二次沉积钙华，甚是奇特。万瀑云台是该景区又一特色,钙华形成的万朵灵芝簇拥在崖壁之上,众多瀑布从 200 m 高的崖顶泻下,或水花四溅,或滴水如丝,与钙华上绿色的苔藓相映成趣,实乃美妙仙境。紫江地缝一线天最窄处约 1.9 m,犹如万丈崖壁被刀劈一缝,紫江地缝即由此得名。紫江地缝风景区目前只建有一些简易基础设施,属未开发景区。

3. 香火岩(五级)

香火岩(图 6-85)位于开阳县禾丰布依族苗族乡田冲村,景区面积为 20.70 km²,西起白果寨,西北抵何家寨,东部为凤凰寨,东南达禾丰布依族苗族乡,南抵半边山。景区气候宜人,年平均气温 10.6~15.4 ℃,环境空气质量优良天数达到 349 d,居全省之冠。景区范围内的非一级景点和景物周围划为二级保护区,以水体保护为重点,保护水体不受污染和保护地貌,防止景物和峡谷景观受到破坏。

香火岩景区风光秀美,其中的香火岩大瀑布独领风骚,瀑布共分五级,最高级落差 15 m,宽 30 m,级级相连,总落差 60 余 m。俯瞰瀑布,飞珠溅玉,烟雾弥漫峡谷,响声如雷;仰观瀑布,如银河天降,气势磅礴。

该景区的玉关门、香火岩大瀑布、金鸡湖等景观,突出了峡谷山水风光;香火岩神龛、红霞石等岩石景观,突出了佛教文化和峡谷奇石;吐云洞及新发现的盲穴、仙人洞等,突出了溶洞景观;马头寨等历史文化保护古遗迹、鲊坝塘地戏及其衍生的文化产品等,突出了人文景观。香火岩依托峡谷、奇石、溶洞、人文 4 个支撑点,托起景区品牌。景区还涵盖了杜鹃林、红枫林、布依族田园文化村寨等旅游景点,沿河而下,南江大峡谷、紫江地缝、龙岗古镇、毛云十万溪等周边景区一衣带水,形成了开阳县南部旅游经济带。

图 6-85　香火岩

4. 二洞天生桥(四级)

二洞天生桥(图 6-86)位于开阳县双流镇三合村,人称"黔中第一天生桥"。桥宽约 300 m,高约 50 m。桥上林木苍翠,峭壁黑白相间。桥下即为一洞,顺一洞前行,天空中一束阳光飞泻而下,这是一洞与二洞之间的天窗,呈半圆形,长约 80 m,宽约 50 m,好似一只俏丽的眼睛;天窗四周生长着许多藤蔓植物,垂落下来,好似睫毛;水滴下落,在阳光下散开,仿佛滴落的不是水滴,而是泪珠。再往下就是二洞,二洞比一洞略高,也比一洞狭窄。穿洞河从两洞之间奔涌而下,河中巨石林立,浪花翻涌回旋,雾气弥漫。

图 6-86 二洞天生桥

5. 十万溪峡谷(四级)

十万溪峡谷(图 6-87)位于开阳县毛云乡毛栗庄村,峡谷幽深,两岸悬崖峭壁,长约 2.5 km;从山顶到谷底垂直深度一般为 300~400 m,宽 50~200 m;中间为深峻的"V"形幽谷段落;峡谷两岸为寒武系灰色、深灰色厚层状至块状灰岩、含泥质灰岩;峡谷整体走向受近南北向的断层构造控制。该峡谷是集山水之秀、林木之幽、沟壑之险于一体的原生态喀斯特旅游区,景区内壁峰列队、飞瀑竞秀、流水清幽,是黔中峡谷的精华,堪称大自然鬼斧神工的杰作。该峡谷主要有迎客松、白鹤山、猴界、二塍潭瀑布、贵妃池、姊妹峰、千流岩等景点。

图 6-87 十万溪峡谷

八、丹寨龙泉山及南皋剖面国家地质公园

(一)概　况

拟建的丹寨龙泉山及南皋剖面国家地质公园位于丹寨县城至南皋乡一带,以龙泉山及南皋剖面为主要特色,是集科研、科普及观赏游憩于一体的地质公园。

(二)地质遗迹类型

拟建的丹寨龙泉山及南皋剖面国家地质公园中,地质遗迹以地貌类及地质剖面、古生物化石为特色,共有旅游资源55处,具体见表6-11。

表6-11　拟建丹寨龙泉山及南皋剖面国家地质公园资源统计

大　类	类	级　别	数量/处
地质遗迹	岩土体地貌景观	四级	1
		二级	14
	构造地貌	二级	2
	水体地貌	二级	1
人文景观		四级	3
		三级	6
		二级	28
合计			55

(三)主要地质遗迹特征

1. 龙泉山(四级)

龙泉山(图6-88)位于丹寨县城西面的龙泉镇泉山村,距县城2 km,属地文景观类山丘型旅游资源集合型单体。此山南北走向,长约2.3 km,连绵起伏,蜿蜒曲折,形似蟠龙;由西向东,宽约1 km,威严庄重,磅礴苍茫。龙泉山主体由10个大大小小的山峰构成,面积约2.388 km²,主峰海拔1474.8 m,山脚至山顶主峰相对高差近450 m,自然坡度为20°~40°,并有悬崖绝壁、奇峰怪石相伴。龙泉山主峰东侧有龙泉山寺,寺庙前的左侧有一股清泉涌出,名为龙泉,"龙泉山"由此而得名。在龙泉山登高望远,可见都匀的龙山、凯里的香炉山、雷山的雷公山。在丹寨县城区、金钟开发区远观龙泉山主峰,犹如一安详的老人南北向仰卧于山巅,又似苗族祖先蚩尤头北脚南仰卧于大山之巅,名为"蚩尤卧像",故此山在当地又被称为"尤公山"。景区内主要有野生百合、万亩杜鹃、龙泉山寺、龙泉、神龟翘首、蚩尤卧像、响水潭、水碾房遗址、古战场遗址、天开草昧、得禄古银杏、干龙洞、水龙洞、朝天洞等多个旅游景点,东侧山麓兴建的龙泉山蚩尤文化园与龙泉山构成自然与人文有机结合的整体。春天万亩杜鹃花竞相开放,具极高的观赏、游憩价值。

图 6-88　龙泉山

2. 南皋剖面

南皋剖面位于丹寨县南皋乡九门村。本剖面为国际都匀阶建阶剖面,也是省内九门冲组、变马冲组剖面命名地。

彭善池提出都匀阶命名和层型剖面均为贵州省丹寨县南皋剖面。以三叶虫 *Arthricocephalus duyunensis* 的首现(与 *Palaeolenus* 的首现大体一致)为该阶底界的标志。

该剖面九门冲组主要岩性为黑色或深灰色薄—中厚层有机质灰岩,夹少量灰黑色碳质页岩或棕灰色钙质页岩,含三叶虫化石。变马冲组以黑色碳质泥岩为主,夹泥质粉砂岩及砂岩,含三叶虫化石。剖面附近三叶虫化石丰富,是进行教学、科研及科普的好地方。

3. 东湖(三级)

东湖(图6-89)位于丹寨县龙泉镇排牙村。东湖呈蛇形蜿蜒于两个山头之间,两侧的山体草木丛生,非常茂密;湖水清澈,山体倒映在水中,亦真亦幻,让人真假难分。东湖的存在解决了排牙村及附近几个村子农田的灌溉问题,又因东湖湖区较大,水质较好,常有人在湖中划船,而且离丹寨县城又比较近,具有很高的观赏、游憩价值,可开发湖上游玩等旅游项目。该区域由湖水、堤坝及两侧的山体组成。

图 6-89　东　湖

东湖原名为丹寨水库,始建于1958年,1980年竣工,1994年对水库堤坝重新进行加固处理。如今湖尾部沿湖修建的万达小镇又给东湖增添了几许现代的气息。东湖面积为11.5 km², 大坝最大坝高38.2 m,坝顶长196 m,总库容493万 m³,兴利库容350万 m³,死库容50万 m³,年均供水能力为557万 m³,设计灌溉面积7.94 km², 实际灌溉面积约5.47 km²。东湖位于丹寨县城附近,地处亚热带季风气候区,冬无严寒,夏无酷暑,四季气候宜人,北为排牙村,南为万达小镇,西面1 km为鼓楼鼎公园,东面1 km处为中国鸟笼文化之乡——卡拉村。

九、贞丰双乳峰国家地质公园

(一) 概 况

拟建的贞丰双乳峰国家地质公园处于贵州省贞丰县城到者相镇的公路干线上。2007年以来,贵州省施达房地产开发(集团)有限责任公司投资2亿元打造了全新的双乳峰景区。

整个景区有双乳峰、石林、原生态布依文化区、国家级非物质文化遗产区、贞观寺、名人碑林、盐海水上娱乐中心、湖滨浴场、野营露宿、星级酒店等十大亮点,成为人们亲近自然、休闲度假的绝佳之地。

(二) 地质遗迹类型

拟建的贞丰双乳峰国家地质公园主要以典型峰丛、峰林地貌为特征,共有旅游资源142处,其中地质遗迹52处,人文景观90处,具体见表6-12。其中,双乳峰景观让世人叹为观止。

表6-12 拟建贞丰双乳峰国家地质公园资源统计

大 类	类	级 别	数量/处
地质遗迹	岩土体地貌景观	一级	13
		二级	16
		三级	6
		四级	1
		五级	1
	水体地貌景观	一级	5
		二级	6
		三级	3
		四级	1
人文景观		一级	38
		二级	44
		三级	7
		四级	1
合计			142

(三)主要地质遗迹特征

1. 双乳峰(五级)

双乳峰(图6-90)位于贞丰县珉谷街道顶肖村,占地40 hm²,海拔1265.8 m,相对高度261.8 m。两座兀立的石峰形同女性丰满的双乳,被当地布依族称为"圣母峰",被世人誉为"天下第一奇峰"。景区占地面积140 hm²,为贞丰三岔河省级风景名胜区的核心景区,被评为"中国避暑名山""贵州十大魅力景区"。景区交通便利,现有关兴、安贞二级公路连接,惠兴高速公路也与景区连接。

图6-90 双乳峰

2. 坡烂云村峰丛(四级)

坡烂云村峰丛(图6-91)位于贞丰县双峰街道坡烂云村,属典型喀斯特丘陵地貌。区域内大部分为山坡丘陵,高差较大,山体高大。区域内最高点海拔为1239 m,最低点海拔为671 m,高差为568 m,平均海拔为1120 m。坡烂云村峰丛以溶蚀为主、剥蚀次之的低山丘陵、孤峰盆地、峰林洼地、石牙残丘、溶蚀台面、溶蚀漏斗等相间分布。出露地层有灰岩、白云岩、白云质灰岩、砂岩、页岩等。区域内地貌形态丰富多样,山体众多,峡谷遍布,地势呈西南高东北低,属典型的喀斯特地貌地区。坡烂云村峰丛各具特色,独立成趣,但又与其他景观相辅相成,组成了雄奇的喀斯特景观。

图6-91 坡烂云村峰丛

十、松桃大塘坡锰矿国家矿山公园

(一) 概 况

拟建的松桃大塘坡锰矿国家矿山公园位于贵州省松桃苗族自治县寨英镇,是一处因锰矿矿产为世人所知晓的地方。著名的贵州松桃大塘坡锰矿床位于县城南西方向,距离县城约76 km,属寨英镇管辖,交通便利,有公路可达矿区。

1958年,贵州省地质局103地质大队李伯皋等人到松桃自治县寨英镇大塘坡铁矿坪调查当地炼不出铁的原因时,在该地发现了氧化锰矿石;1960年,贵州省地质局103地质大队孙仁贵等人对大塘坡铁矿坪氧化锰矿进行普查,圈定了氧化锰矿的范围,并进行剖面研究,发现了黑色页岩,提出了"含锰页岩"这一观点;1961年,贵州省地质局103地质大队曾鼎勋和邹盛荣等人通过开展1:2000地质测量、施工探槽、浅坑(刻槽)取样和分析测试等工作,对大塘坡铁矿坪矿段进行了普查评价工作,于该地发现了原生碳酸锰矿,探明锰矿石C_2级储量222万t;1965—1966年,贵州省地质局103地质大队邹宝祥、胡克昌、江荣吉等人对大塘坡锰矿铁矿坪矿段展开了详查和评价工作,进行了深部钻探,同时开展该地区的面上找矿工作。

(二) 地质遗迹类型

拟建的松桃大塘坡锰矿国家矿山公园以特大型锰矿山为依托,以开采或正开采的矿山为特点,把贵州锰矿的赋存情况、开发情况展示在世人眼前。除了锰矿,这里还有贵州大塘坡组建组剖面及较多的重要地质遗迹景观,共有资源景观76处,具体见表6-13,景观资源较为丰富。

表6–13 拟建松桃大塘坡锰矿国家矿山公园资源统计

大 类	类	级 别	数量/处
地质遗迹	重要岩矿石产地	二级	2
	岩土体地貌景观	二级	2
		一级	8
	水体地貌景观	三级	1
		一级	1
人文景观		三级	2
		二级	11
		一级	49
合计			76

(三) 主要地质遗迹特征

1. 大溪沟(三级)

大溪沟(图6–92)位于松桃自治县寨英镇兴家庄村,发源于梵净山,流经铜仁与锦江相汇。上游河床宽3～8 m,溪水清澈见底,时急时缓,落差时大时小,河流穿行于山谷之中,河流两侧山高壁陡,植被茂盛。河边有一山,相传山中有一金矿,当地村民经常进山找此矿洞,故名为"金子山"。金子山的一侧还有一小瀑布,高约70 m。

图6–92 大溪沟

2. 蕉溪小石林1号(二级)

蕉溪小石林1号位于松桃自治县寨英镇,是天然形成的小石林。由高低不等的青石组成,石头形状奇特。石林面积宽阔,犹如百石争锋,与蕉溪小石林2号相连接,二者之间有一座小山丘相隔。

3. 松桃大塘坡锰矿(二级)

松桃大塘坡锰矿位于松桃自治县寨英镇,至少有30年的开采历史。锰矿洞口有许多开采石渣堆积,四周环山,有很多人在这里生活。由于该地锰矿丰富,给寨英镇带来很好的经济效益。

4. 兴家庄村锰矿聚集地(二级)

兴家庄村锰矿聚集地位于松桃自治县寨英镇,为锰矿聚集地,是松桃自治县锰矿开发最早、对地方经济建设作出重大贡献的矿山。矿山始建于20世纪70年代,现资源已基本枯竭。

5. 大塘坡组剖面

大塘坡组剖面位于松桃自治县寨英镇大塘坡村,是贵州省震旦系大塘坡组建组剖面,是黔东北地区的主要含锰矿层位。1958年,贵州省地质局103队首先在松桃大塘坡发现。

岩性在大塘坡一带可分为两个段。第一段习称"含锰岩系",主要由黑色碳质板岩组成,底部常夹黑色碳质菱锰矿、含锰灰岩及白云岩透镜体,或夹薄层硅质岩。水平细纹层理发育。产藻类 *Eoentophysalis* sp.,*Nanococcus* sp.;菌类及疑源类 *Microphystridium* sp.,*Microsphaeroides* sp. 等。横向上不稳定,厚度 1.5～27.0 m,一般小于 10.0 m,且常被灰色层纹状板岩或夹有白云岩透镜体的板岩所代替。第二段由灰色至浅灰色薄—中厚层板岩与砂质—粉砂质板岩组成,下部含少许碳质板岩,或见星点状、断线状黄铁矿细粒散布;顶部常为厚 1～2 m 具乱层纹构造的粉砂质板岩。最大厚度为577 m。条带状或条纹状水平层理发育,局部可见透镜状层理。

十一、瓮福磷矿国家矿山公园

(一)概 况

20世纪90年代,地质工作者在福泉市探明磷矿储量11亿t,为中国之最。其露采采坑的规模在贵州是最大的,因而利用现在的采坑进行矿山公园建设,不失为一种复垦复绿、环保经济的方法。

(二)地质遗迹类型

拟建的瓮福磷矿国家矿山公园以瓮安生物群及磷矿聚集区为特色,共有旅游资源51处,具体见表6-14。

表 6-14 拟建瓮福磷矿国家矿山公园资源统计

大 类	类	级 别	数量/处
地质遗迹	重要化石产地	三级	1
地质遗迹	重要岩矿石产地	二级	1
地质遗迹	岩土体地貌景观	四级	1
地质遗迹	岩土体地貌景观	三级	2
地质遗迹	岩土体地貌景观	二级	3
地质遗迹	水体地貌景观	二级	1
人文景观		三级	2
人文景观		二级	6
人文景观		一级	34
合计			51

（三）主要地质遗迹特征

1. 瓮福磷矿

瓮福磷矿为贵州省三大磷矿基地之一。2013年12月22日，贵州省地质矿产勘查开发局115地质队承接的省级地勘基金项目"贵州省瓮安县白岩背斜磷矿整装勘查"通过省国土资源厅组织的专家评审。提交磷矿总资源量29.850 9亿t，储量排亚洲第一，是大型磷矿矿床储量下限的60倍，潜在经济价值近6000亿元。

其采矿的采坑极为震撼，是较好的采矿遗址（图6-93）。

图6-93 瓮福磷矿采坑遗址

2. 瓮安动物群

瓮安动物群产自瓮福磷矿采区埃迪卡拉纪陡山沱组上部,主要由立体保存的多细胞藻类、大型带刺疑源类和后生动物胚胎等多种化石组成。距今约6亿年的前寒武纪—寒武纪转换期是地质历史上关键的时期之一。这一时期,地球岩石圈、水圈和大气圈均发生革命性变化,利好环境使后生动物开始崛起,并在寒武纪早期发生大规模辐射式演化,即著名的"寒武纪大爆发"事件。

后生动物胚胎化石作为迄今最古老的后生动物化石记录,受到全球科学界的极大关注。人们把最早出现动物化石的地层所代表的时代命名为寒武纪(距今5.42亿—4.88亿年前)。然而,1998年在瓮安县磷矿采区的埃迪卡拉纪地层中发现了大量动物化石,打破了科学界的共识。这里保存了迄今全球最古老的动物化石(距今约6.1亿年前),为研究动物起源及其早期演化过程提供了独一无二的实证记录。

瓮安动物群作为全球最古老的动物化石记录,无论是其埋藏能力、化石多样性、科学价值,还是其在国际学术界的影响力,在寒武纪之前的特异埋藏动物群中均属首屈一指。自1998年以来,对瓮安生物群的相关研究成果大量发表在国际顶级学术期刊上。

瓮安动物群化石门类多、种属丰富、类型多样,包含多细胞藻类原叶体、多细胞藻类集合体、丝状藻类、球状藻类、疑源类等化石,还包括后生动物休眠卵和胚胎化石,以及早期后生动物的遗体或遗迹等化石,以保存大量精美的磷酸盐化动物胚胎化石和最古老的两侧对称动物化石为特色。

瓮安动物群化石个体微小,化石大小约0.2 mm。

早在1998年2月5日,陈均远、李家维等与张昀、肖书海等两个研究小组在同一天分别在美国《科学》杂志和英国《自然》杂志公布了5.8亿年前来自中国贵州瓮安动物群的多细胞动物和胚胎化石的发现。在1998年之后,我国科学家对瓮安动物群化石开展了一系列的研究并取得了许多重要的发现,如腔肠动物成体化石、胚胎化石、可靠两侧对称动物化石,以及6亿年前的原始海绵动物化石——"贵州始杯海绵"。其中,贵州始杯海绵化石是迄今为止发现的全球最古老的可靠海绵动物化石的记录。

瓮安动物群化石发现和对其的研究,首次将可靠两侧对称动物化石记录的历史前推至寒武纪之前4000万年,为探索真体腔动物的起源提供了重要线索。陈均远等将这一古老的动物命名为"小春虫",它代表着地球上已知最可靠的两侧对称动物化石记录。

3. 仙桥山

仙桥山(图6-94)为瓮安一旅游景点,位于瓮安县城西南侧,雄峙于南北伸展的长岭之巅,山势陡峭。山顶有一长方形穿洞,远望似一面中天明镜,又若仕女发髻上的一支玉簪。因其是山峰顶上的透光穿洞,与一般低处的"天生桥"不同,故称"石巩仙桥"。站在"桥"下仰望"桥"顶,如巨梁横亘天际,青崖黛壁,辉映云天。天衣无缝的"桥身"和两边的"桥墩"浑然一体,构成跨度约40 m,宽约25 m,高约35 m的"桥拱"。"桥拱"北面的"桥墩"下有形状各异的石洞,曲径相通。洞壁有形似人脚印的石凹。"桥"东西两面坡形迥然各异,东面坡度平缓,野竹遍插,荆棘丛生,石阶小路蜿蜒其间;西面石岩陡峭,悬崖深谷,飞鸟绝迹,令人毛骨悚然。

仙桥山"桥"下的石像与寺庙前后相应,将军庙和两个山神庙坐落于半山腰缓坡处,香客多于此祈愿祭拜。山下南东向约200 m处有一株直径约2.2 m的古银杏,迎日揽月,古意幽然。每当雾岭初晴,山中景象虚实相映,整个仙桥山有如海市蜃楼,令人遐想连篇。

仙桥山的雄奇风光还是在"桥"上。攀藤附葛,扶岩而上,风掀衣帽,云飘脚底,如置身于九霄之中。极目远眺,连绵群山如浪涛汹涌的大海,紫烟浓雾似变幻莫测的蓬莱。"桥"上正中处原建有2层六角尖顶亭阁,东面山腰原建有仙桥庙,现已毁坏;明万历二十九年(1601年),贵州巡抚郭子章上山游览,曾作《过仙桥有感》一诗,并题书"播南首景"4个大字刻于"桥身",今字迹已经泯没。

仙桥山地层为上二叠统吴家坪组,主要岩性为灰色厚层状至块状泥晶灰岩,岩层产状264°∠57°。"拱桥"推测为碳酸盐岩受溶蚀作用形成,形成年代久远。

图6-94 仙桥山

4. 小坝组溶洞

小坝组溶洞(图6-95)洞口形似芒果,由下至上逐渐变窄;溶洞大体走向为西北向,或窄或宽,深不见底;洞内钟乳石发育,奇形怪状,如吊灯、石笋,或大或小,景色宜人。另外,洞内喀斯特裂隙水较发育,小水潭四处可见,滴水声声、水质清澈、甘甜可口;洞高约2 m,最宽处约1 m,该溶洞可能与下坝组数个溶洞相连,规模和体量较大。据村民所述,村里曾组织人进洞勘察,早上8点左右进洞,下午6点出洞,也未能勘察完溶洞全貌。

图6-95 小坝组溶洞

5. 幺妹洞

幺妹洞(图6-96)洞口呈椭圆形,洞内路段不同而大小差异较大,部分地方仅能容一人通过,较大之处更胜篮球场;洞中温度宜人,冬暖夏凉;洞中可见少量喀斯特裂隙水,水声滴答;钟乳石发育,如吊灯、嫩笋,奇形怪状,自然之美,不可言喻。

洞口宽约2 m,高约2.5 m;洞内最宽处30 m有余,最高处15 m有余;溶洞全长约10 km。

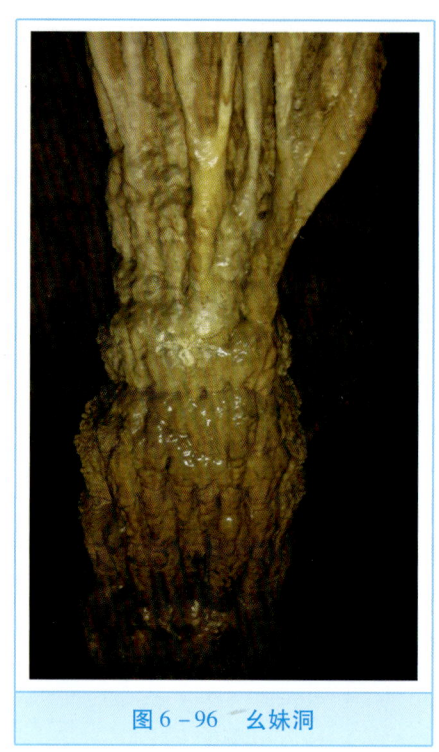

图6-96 幺妹洞

十二、贞丰烂泥沟金矿国家矿山公园

(一)概 况

拟建的贞丰烂泥沟金矿国家矿山公园位于贵州省黔西南自治州贞丰县。烂泥沟金矿项目总投资8.15亿元,通过地质勘查钻探工作,探明黄金储量110 t,矿山潜在经济价值150亿元。矿山于2005年6月开工建设,一期工程在2006年底建成投产,形成年处理矿石120万t,年生产黄金6 t的生产规模。2007年生产黄金1.38 t。实施二期扩建工程后,该矿山将成为目前亚洲最大的黄金矿山。采坑周缘,有大量褶皱及断裂构造。

(二)地质遗迹类型

拟建的贞丰烂泥沟金矿国家矿山公园中的主要地质遗迹为矿石聚集区和小型褶皱、断裂聚集区,共有旅游资源41处,其中地质遗迹20处、人文景观21处,具体见表6-15。

表 6-15　拟建贞丰烂泥沟金矿国家矿山公园资源统计

大　类	类	级　别	数量/处
地质遗迹	岩土体地貌景观	三级	2
		二级	11
		一级	3
	构造地貌景观	二级	1
	水体地貌景观	二级	3
人文景观		四级	2
		三级	1
		二级	18
合计			41

（三）主要地质遗迹特征

1. 烂泥沟金矿采矿矿坑遗址

烂泥沟金矿采矿矿坑遗址占地面积 51 hm²，位于群山之中，最低为 440 m，最高为 752 m，最深为 312 m，2015 年开矿至今，估计还能开采 10～15 年。现露天矿石基本已开采完，目前开采的矿石是地下约 300 m 深处的矿坑。矿坑周缘发育的大量断层及褶皱景观和由金矿深化而来的矿产公司采矿设备及一系列开采工作可设为旅游观光资源（图 6-97）。

图 6-97　烂泥沟金矿采矿矿坑及矿坑壁上的褶皱

2. 洛凡燕子洞（三级）

洛凡燕子洞是由河流冲蚀形成的一个天然洞体，洞内有上千只燕子栖息，站在洞口可见燕子飞进飞出，并伴有鸣叫声。燕子洞有洛凡河水流出，河水深约 70 cm。燕子洞洞口呈半月状，洞口左侧为岩壁，高约 50 cm，右侧岩体为灰岩，石壁垂直向上 10 cm 处可见流水痕迹。

燕子洞附近环境优美、空气清新，有大量燕群。所在位置应属中三叠统徐家山组地层，出露岩性为灰色薄层状泥晶灰岩，岩石风化面的颜色为灰黄色、褐黑色、灰白色，新鲜面的颜色为灰色，泥晶结构、层状构造、岩层产状不明。

十三、晴隆锑矿国家矿山公园

(一)概　况

晴隆锑矿位于贵州省西部晴隆县境内,隶属贵州省晴隆县大厂镇所辖。北起大梨树至滴水岩,东抵大厂一带,南以大厂至高岭连线、西以灯盏窝为界。

晴隆锑矿的发现和采冶利用已有近百年的历史。有文字记载,1929 年乐森璕编写的《贵州西部地质矿产》就有晴隆锑矿的内容。1939—1940 年,李树勋对大厂一带的锑矿进行了调查,推算出锑矿储量 8750 t。1942 年郭宗山对大厂一带(小厂、下山等地)锑矿做了勘查。1951 年贵州省工业厅罗绳武到晴隆锑矿队做过踏勘工作。1956 年,西南地质局 523 队对晴隆锑矿进行踏勘,著有《小厂锑矿 1956 年地质踏勘简报》。自 20 世纪 60 年代以来,先后有贵州省地质局 108 队、物探队、113 队、112 队、105 队、117 队,晴隆锑矿地质队,贵州省有色金属和核工业地质勘查局三总队、有色金属矿产地质调查中心等多家地勘单位在晴隆锑矿矿区开展过锑、金、硫铁矿等矿产调查及勘查工作。

(二)地质遗迹类型

拟建的晴隆锑矿国家矿山公园内共有旅游资源 24 处,具体见表 6 – 16。

表 6 – 16　拟建晴隆锑矿国家矿山公园资源统计

大　类	类	级　别	数量/处
地质遗迹	岩土体地貌景观	一级	5
		二级	15
	水体地貌景观	一级	1
		二级	3
合计			24

(三)主要地质遗迹特征

1. 高山台原地貌景观

(1)一望坪景观(图 6 – 98):此景观为一山间小型平地,位于矿区北侧鸡屎坪一带,面积 1 ~ 2 km²,海拔 1650 ~ 1680 m,岩性为二叠系龙潭组硅质岩、粉砂岩及黏土岩。由于岩层产状较缓,形成了山间台原地貌。因出露岩层岩性以硅质岩为主,风化土层薄,高大的乔木无法生长,故地表植物以草及小灌木为主,形成了小草原景观。由于硅质岩下部有较多黏土岩,形成了较好的隔水层,因而地表有小型泉水出露,在局部形成沼泽。

此处无耕地,相对辽阔,可于其间放牛牧马。景区北侧有一沟谷,四周极为狭长,相对高差 400 ~ 800 m,天气变化时云腾雾绕,让人心境大好。

图 6-98 一望坪景观

(2)二望坪景观:二望坪位于一望坪与三望坪之间,面积 2~3 km²。相对于一望坪而言,其海拔更高,在整个景区内是相对较高的。由于产状平缓,北西向为一缓斜坡,坡度 5°左右;南东向为一断崖,视线开阔,在天气好时可观望到云海景观(图 6-99)。于坪上,清晨可看日出,傍晚可观日落,中午可于草甸上骑马驰骋,或约三朋四友于草丛中小酌。"坐看云卷云舒,静听花开花落",何其美好。春来野花遍地,秋来芦花飞扬,大有风吹草低见牛羊之味(图 6-100)。

图 6-99 二望坪晴天的云海景观(晴隆锑矿矿方罗勇提供)

图 6-100 二望坪高山台原草原风光

(3)三望坪景观(图6-101):其景观条件、地质条件与二望坪基本相同,地层岩性也基本上以硅质岩为主,岩层产状平缓。其与二望坪直线距离为1~2 km,其海拔相对二望坪略高数十米,面积为3~4 km^2。从面积、高度上看,三望坪更宏伟,更有草原味。驱车于三望坪上,微微起伏的锥形小山,大片的草甸,在头上飘的云,格外蓝、格外近的天,让人错以为到了西藏。

图 6-101 三望坪景观

如一望坪、二望坪、三望坪这样的景色贵州还有几处,一是兴仁的放马坪,二是龙里大草原,三是乌蒙大草原,四是小韭菜坪。相较而言,以上几处景点开发较早,设施及宣传相对较好,前去的游客也较多,是自驾游、露营等的好去处。

而一望坪等还是一片未开发的处女地。其与兴仁放马坪基本相似,在2016年旅游资源大普查中,放马坪被评为三级旅游资源,由此推断,一望坪、二望坪、三望坪也基本在三级左右。

2. 天生桥景观

天生桥景观(图6-102)位于二望坪北东侧,为一处在中厚层状硅质岩中形成的小型天生桥。桥高5~8 m,跨度15~20 m。其下有一人工修筑形成的小潭,水从天生桥附近岩石上跌落,形成一小瀑布。此为水流侵蚀形成的小型天生桥,远观有小桥流水的感觉。此景虽然小,但由于四周均为高山草甸,如此别致的"小桥流水"为此地平添了几许的情调及清幽静雅之味。

图6-102 天生桥景观

3. 采矿矿硐景观

由于该矿采矿权正在办理中,所有矿硐均已封存不能入内,所以对其矿硐景观只能通过矿方了解一些信息。

据说主矿硐有三四公里长,支硐则有四五百公里。在以往开采的矿硐,均以开采锑矿为主,有些地段在锑矿层附近有萤石矿及绿石英(又称贵翠)产出,个别矿硐中有水晶晶体及石膏产出(图6-103~图6-105)。

一直以来,大众对矿物来源及其地下赋存状态具有天生的好奇心,如果矿硐中还赋存较为名贵的贵翠及水晶,更能吸引大众的视线。因此,采矿矿硐可以成为较理想的研学旅行基地及科普基地,帮助大众了解矿物的形成过程、地下的状态及其成因等。如此一来,采矿矿硐景观的吸引力自然会增高。

图6-103 矿硐及矿硐中的水晶矿

图6-104　矿硐中的贵翠(浅蓝绿色者)

图6-105　矿硐中的羽毛状石膏晶体

4. 矿山外围地质遗迹景观

矿山外围地质遗迹景观(图6-106)位于晴隆锑矿矿山北侧碧痕镇一带,为二叠系茅口组灰岩形成的峡谷、岩壁、独峰等喀斯特地貌景观,雄奇壮丽,可作为拟建的晴隆锑矿国家矿山公园的一些候补景点。

图 6-106　矿山外围地质遗迹景观

5. 烟洞瀑布

烟洞瀑布（图 6-107）位于晴隆县大厂镇高岭村，属水域风光旅游资源。烟洞是一落水洞，深不见底，是由地表水汇集后流向其中而形成瀑布，故称烟洞瀑布。烟洞瀑布宽 5 m，由于落差较大，常年能听到水声。烟洞瀑布北、东、西部为山，南部为河沟，由于水从落水洞流走，南部河沟常年无水。

图 6-107　烟洞瀑布

6. 一线天

一线天（图 6-108）位于晴隆县大厂镇地久村岩鹰洞山山顶垭口，围岩为下三叠统永宁镇组第一段灰岩。走向 233°，与山脚村庄高差约 200 m。一线天东侧为陡崖，坡度 90°，一线天距陡崖顶部约 20 m；西侧山体相对较缓,坡度70°,有植被生长,多为灌木;一线天前方(233°方向)约500 m处为晴隆、普安、兴仁三县(市)交界点,该处立有石碑,故当地村民称该交界点为"一脚踏三县"。

图6-108 一线天

7. 天生桥

天生桥(图6-109)位于晴隆县安谷乡安谷村,出露岩性为下二叠统茅口组灰岩,桥长4 m、宽3 m,桥墩厚3 m、高80 m,横跨在一个垂直向下的落水洞上面。天生桥四面较高,被树林环绕,因常年被水汽笼罩,桥上长满青苔、灌木,桥下为立山洞。

图6-109 天生桥

8. 石林Ⅱ

石林Ⅱ(图6-110)位于晴隆县安谷乡安谷村,岩体如塔似林。石林Ⅱ出露岩性为二叠系茅口组燧石灰岩。该片石林成片分布,但比较零散,分布不均匀,占地面积约0.67 hm^2。四周植被发育,农田分布其间。

图6-110　石林Ⅱ

9. 贵　翠

贵翠于20世纪50年代在贵州晴隆大厂被发现,属于国内新兴玉种。因颜色艳丽、玉质温润、硬度与翡翠接近,被称为"贵州玉""彩玉",是制作珠宝、玉器的高档原料。贵翠以质地细腻、呈深蓝色者为上品。贵翠汇集白色、浅红、杏色、铁红等多种颜色,每一种颜色都是独一无二、动人心魄的天地灵气与精华的集合。

矿区内有私人加工厂将贵翠加工成工艺品,品相好,市场价值高。若矿山公园建成,此可成为特色旅游商品,这是全世界其他地方所没有的资源。本次调研中,在一私人加工厂内见到大量的贵翠原料及工艺品,其中含锑矿的贵翠奇石市场价值极高(图6-111);由贵翠加工的小型配饰,因其天然的蓝色让人爱不释手,在市场上销路也比较好。

图6-111　贵翠工艺品

10. 水　晶

在锑矿的矿硐中,有些矿硐产大量的水晶晶体(图6-112),以无色水晶或黄色水晶为主,品相好,特别是单晶晶体是不可多得的标本。

图6-112　晴隆锑矿矿硐中的水晶晶体(晴隆锑矿矿方罗勇提供)

11. 锑矿晶体标本

当地人或矿山工作人员称锑矿晶体为锑花,是锑矿自然结晶形成的长柱状晶体。由于资源逐渐枯竭,锑花标本一石难求,品相稍好些的市场价已近百万元。

锑花作为特色旅游商品,其价值远高于矿石本身。图6-113展示的晴隆锑矿矿山私营店中的锑花,店主称其为非卖品,有人出价几十万元求购,但他仍未出售。

图6-113　锑矿晶体奇石

第三节　拟建省级地质公园

贵州旅游资源丰富,适宜建立省级地质公园的地方很多,本书选择了旅游资源大普查中旅游资源相对丰富、集中及评价级别最高的地区划定一系列省级地质公园,共计21处,具体见表6–17。这些拟建的省级地质公园资源禀赋好,有的地区稍加建设就能申报国家级地质公园。

从分布情况来看,黔东南变质岩区省级地质公园较少,这是因为在旅游资源大普查过程中,碎屑岩类岩石中地质遗迹连片性相对差,加上黔东南植被发育较好,所以很多地质遗迹不易被发现。另一方面,省级地质公园体现了喀斯特地区旅游资源特点,其中喀斯特地貌类地质公园占了80%以上,真正体现了贵州喀斯特地貌景观特色。

表6–17　贵州拟建省级地质公园名录

序号	公园名称	特色	面积/km²	现状
1	桐梓水坝塘省级地质公园	石留栏组生物礁	240.61	
2	桐梓九坝省级地质公园	白云岩峰丛、峡谷地貌	78.89	
3	遵义松林省级地质公园	地质剖面	459.06	
4	毕节冲天大峡谷省级地质公园	峡谷地貌	43.76	已申报
5	金沙冷水河峡谷省级地质公园	峡谷地貌	224.14	
6	大方仙宇峰省级地质公园	峰林峰丛地貌	202.49	
7	威宁黑石头玄武岩省级地质公园	玄武岩喷发旋回剖面	37.87	
8	湄潭百面水省级地质公园	峡谷地貌	152.98	
9	铜仁九龙洞省级地质公园	溶洞景观	173.72	
10	黄平飞云大峡谷省级地质公园	峡谷、瀑布景观	313.55	
11	修文洒坪猫跳河省级地质公园	峡谷地貌	127.26	
12	织金㐷阳大峡谷省级地质公园	峡谷地貌	186.49	
13	黎平高屯天生桥省级地质公园	天生桥景观	167.25	正在申报
14	六枝郎岱省级地质公园	峰丛及岩溶洼地地貌	248.70	
15	盘州八大山省级地质公园	峰丛地貌	352.55	
16	紫云黄鹤营省级地质公园	地下河	210.25	
17	盘州新民化石群省级地质公园	古生物化石聚集地	228.83	
18	十八罗汉撞金钟省级地质公园	峰丛地貌	161.08	
19	兴仁七伏七出地下河省级地质公园	地下河	211.02	
20	望谟麻山及桑郎峡谷景观省级地质公园	峡谷、峰丛及岩溶盆地	310.14	
21	册亨万重山省级地质公园	峰丛地貌、地质剖面	146.06	

一、桐梓水坝塘省级地质公园

(一) 概 况

拟建的桐梓水坝塘省级地质公园在桐梓县北部。位于黔渝交接地带,南距桐梓县城120 km,北距重庆市区140 km,314县道松小公路和302省道穿境而过,是桐梓—重庆南川区、桐梓—正安、万盛—正安三大交通线交汇点,形成羊磴、水坝塘、狮溪、芭蕉4个镇的交通区位中心。整个地质公园北至狮溪柏芷山一带,东至水坝塘与芭蕉交界一带,南至木瓜镇水银河一带,西到羊磴与坡渡镇交界一带,整体呈北—南西长条状展布。

(二) 地质遗迹类型

拟建的桐梓水坝塘省级地质公园内旅游资源共有15处,总体上以峡谷地貌及化石聚集区为主,具体见表6-18。

表6-18 拟建桐梓水坝塘省级地质公园资源统计

大 类	类	级 别	数量/处
地质遗迹	岩土体地貌景观	四级	1
		三级	4
		二级	1
	构造地貌景观	二级	1
人文景观		三级	3
		二级	1
		一级	4
合计			15

(三) 主要地质遗迹特征

1. 柏芷山(四级)

柏芷山(图6-114)位于桐梓县狮溪镇翁生村,横跨地域广,山脉分布区域为东经107.02°~107.13°、北纬28.48°~28.55°,面积约20万 km²,属于山丘峡谷地貌。柏芷山以西为箐坝,两山间的谷地为狮溪镇所在位置。柏芷山东南方向有一山间跌水,高差约70 m,宽约15 m。山脚至山顶有较为明显的气候垂直变化,可见阔叶林向针叶林过渡的景观,冬日会有降雪、积雪景观,沿绝壁拟建玻璃栈道供游客游憩。柏芷山有一燕子洞,位于调查点东南向153°约25 km处,洞穴无石笋、钟乳石,附近生长有杜鹃、山茶等。

图 6 – 114　柏芷山

2. 石马坡化石谷（三级）

石马坡化石谷位于桐梓县水坝塘镇，化石主要产于志留系石牛栏组中，岩性主要为灰色、深灰色薄—中层瘤状灰岩、泥质灰岩及灰色中层至块状生物碎屑灰岩，发育较好的珊瑚 – 层孔虫 – 苔藓虫 – 藻类生物礁。化石主要有珊瑚类、菊石类、角石类、节肢动物类化石等（图 6 – 115），整体保存良好，形态较为清晰，自然出露，且数量较多，极为壮观。

图 6 – 115　石马坡化石谷中的角石类、珊瑚类化石

3. 笔架山（三级）

笔架山（图 6 – 116）是位于桐梓县狮溪镇狮溪村的一座象形山，属峰丛峡谷地貌。山脚处为代家榜古村落，村中有古房屋 6 座、古桥 2 座。山体轮廓鲜明，外形酷似"山"字形笔架，因此得名"笔架山"。从山脚至山顶，因山势险要，故尚未修建道路，只可从远处观赏。

笔架山山体由多数单一的类圆柱山体贴合在一起而成,是泥质灰岩风化差异形成的,山体裂隙发育,植被覆盖率一般;林地类型为常绿针叶林,生长于山体底部,于其岩壁、山顶处生长有零星的松柏;山顶与代家榜村高差约150 m。

图6-116　笔架山

4. 城墙岩(三级)

城墙岩(图6-117)位于桐梓县水坝塘镇二坪村、金竹村,属峰丛谷地地貌,地处复兴河下游。城墙岩由中厚至厚层状泥质灰岩组成,产状近直立,形似一堵城墙。城墙岩的裂隙发育,岩石均有破碎,裂隙间均生长有植物;两侧岩体高度均低于城墙岩,形成独特的地质景观。

图6-117 城墙岩

5. 水银河峡谷漂流及瀑布群景观带

水银河河水清澈，能达到国家地表水二类以上水质标准，可作漂流河段长约13 km，落差达130 m，适宜开发漂流戏水旅游产品（图6-118）；水银村及龙塘组区域河段河床较宽，可开发亲水休闲、娱乐旅游产品；峡谷两岸崖壁上终年有裂隙水的渗透，不仅发育了形态各异的钟乳石景观，还形成了多级溶洞、地下河流水口、瀑布等景观。水银河峡谷内特色地质景观资源点有一线天、观音岩、双石笋、鲁班洞、映月潭、背斜构造、钟乳石群、洞天回旋、扁担峡等。

水银河景区落差近1000 m，植物群落垂直分布明显，河谷区域以苔藓、水竹等喜阴植物为主，中部峡谷区域及中山台地以马尾松、杉木、柏木等为主，中山区域以方竹林分布为主。

景区的野生动植物资源十分丰富，有黑叶猴、猕猴、红腹锦鸡等近百种动物和珙桐、红豆杉等植物。水银河峡谷内瀑布众多，常年有水瀑布20余条，丰水季节可形成近百条形态各异的瀑布，富集于飘雪峰、龙门峡区域，瀑布最高落差70 m。峡谷内气候湿润，阳光直射少，在瀑布与岩石交汇的区域生长了大量的苔藓，形成了50余处喀斯特地区独有的苔藓钙华瀑布群落，最大的单块苔藓面积达到10余 m^2，是目前省内已知的最大苔藓钙华瀑布群落（图6-119）。与扎嘎瀑布景区和九龙河瀑布景区（国内仅有的两个以苔藓钙华瀑布为主的景区）相比，水银河景区拥有国内唯一可近距离触摸、观察的苔藓钙华瀑布群落，观光、科普价值较高。

图 6-118 水银河漂流景观

图 6-119 水银河中的苔藓钙华瀑布

二、桐梓九坝省级地质公园

(一) 概 况

拟建的桐梓九坝省级地质公园位于桐梓县九坝镇,主要地质景观集中于钟山峡一带。九坝镇人文历史悠久、矿产资源丰富、自然风景优美,境内有:闻名世界的省级重点文物保护单位——20万年前"桐梓人"发祥地岩灰洞遗址;清末黔北农民起义领袖杨龙喜揭竿而起的点将台;风景如画的黄河沟自然风景区;二台子万亩原始方竹林海;神奇古老的千年红豆杉;可垂钓休闲的篆水坪水库;风景秀美的云雾山庄;有几百年历史的古寺天池宫;红军长征途中毛泽东同志在九坝镇指挥的著名战役——娄山关战役的光辉历史;得天独厚的凉爽气候资源,素有"天然氧吧"和"绿色空调"之美誉。九坝是集绿色、红色、古色旅游资源于一体的一块风水宝地。

由于这里海拔较高,所以夏季气候较为凉爽,故每年夏天到九坝度假的重庆、四川游客超过10万人。所以,在此建一个地质公园,一方面可保护地质遗迹资源,另一方面也能让来避暑的旅客有游憩之地。

(二) 地质遗迹类型

拟建的桐梓九坝省级地质公园内主要地质遗迹为峡谷、峰丛、天生桥、溶洞、壶穴、瀑布等景观及喀斯特地貌,旅游资源共有10处,具体见表6-19。

现在,这些地质遗迹景观尚未进行开发,亦未保护。桐梓县九坝一带,由于交通不便,2016旅游资源大普查时对其旅游资源调查较少,还有很多景点值得深度挖掘。

表6-19 拟建桐梓九坝省级地质公园资源统计

大 类	类	级 别	数量/处
地质遗迹	岩土体地貌景观	二级	3
		一级	1
	构造地貌	二级	1
	水体地貌景观	二级	1
人文景观		三级	1
		二级	2
		一级	1
合计			10

(三) 主要地质遗迹特征

1. 钟山峡峡谷及峰丛景观

位于桐梓县九坝镇西侧,主要地层为寒武系娄山关组中厚—厚层块状细—微晶白云岩。岩石中节理发育,岩层总体上产状平缓。由于白云岩微溶于水,在风化作用下,形成了巍峨的白云岩峰丛地貌。这里地形切割大,人为破坏少,森林中的植被较为原始,是典型的青山绿水之地。

这里峡谷幽深,溪流淙淙,空气清新,鸡鸣犬吠,让人恍若踏入世外桃源。特别是白云岩形成的峰丛、平顶山、峡谷、天生桥、溶洞、壶穴、瀑布等景观及喀斯特地貌上特有的原始丛林生态景观,让人叹为观止(图6-120~图6-123)。

图 6-120 神鹰峰景观

图 6-121 钟山峡塔状、锥状石柱景观

图 6-122　钟山峡三道门景观（一线天地质遗迹景观）

图 6-123　钟山峡瀑布景观

2. 桐梓人遗址

《辞海》（第六版）"桐梓人"条目记载："中国早期智人化石。1972 年在贵州桐梓岩灰洞发现，故名。所发现的化石为牙齿两枚，1983 年又发现人牙四枚。地质时代可能属更新世中、晚期。牙齿的形态特征：门齿粗壮，有发达的底结节，根尖圆钝；前臼齿也显得很粗壮。这六枚牙齿的大小及形态特征与北京猿人的十分相似，而与现代人的显著不同。""桐梓人"的发现，使默默无闻的桐梓岩灰洞名扬天下。

岩灰洞距桐梓县城 25 km，位于桐梓—赤水公路西侧 1 km 外的九坝镇柴山岗南麓的半坡，下距河面 32 m，是省级重点文物保护单位，也是科考、旅游的好去处。因其泥土多成粉末状，所以当地人都叫它岩灰洞。洞穴呈喇叭形，高 3.0 m，宽 1.8 m，洞道时宽时窄，呈"之"字形向东北延伸，进入洞穴 2.5 m 处是一宽大的厅堂。

"桐梓人"的发现,留下了许多感人的故事。1971年冬,贵州省地质局112地质队在九坝镇一带进行地质普查工作。工人何仁在留守工地时,出于考古的业余爱好,经常爬山钻洞,在岩灰洞发现了许多古生物化石堆积,令他兴奋不已,其后他自费向中国科学院发了500多字电报报告这一发现。中国科学院派了古脊椎动物与古人类研究所的专家张森水、吴茂林来贵州,与贵州省博物馆的曹泽田等组成野外考察小组。考察小组于1972年元月上旬来到九坝镇,在何仁的引导下,到岩灰洞试掘,其后又经过几次系统的发掘,获得金丝猴、巨貘、中国犀、大熊猫、东方剑齿象等25种哺乳动物化石。尤其珍贵的是出土了2枚人类牙齿化石、12件旧石器及烧骨等重要文物。经科学分析和测定,人类牙齿化石为旧石器中期直立人(俗称猿人)的化石,距今20万年以上。这一重大发现填补了人类发展进化史上的关键一环空缺,学术界将此处发现的古人类命名为"桐梓人"。

"桐梓人"的发现之所以引起全世界关注,是由于它填补了古人类发展进化年代中一个关键的环节。因为在此之前,仅发现距今170万年的元谋人、距今70万年的蓝田人、距今60万年的北京人、距今50万年的马坝人、距今40万年的长阳人、距今30万年的丁村人、距今10万年的观音洞人、距今4万年的柳江人,唯独空缺距今20万年左右的古人类化石。"桐梓人"的发现正好连接上了人类发展进化的链条。从岩灰洞出土的旧石器和烧骨的研究中发现了古人类用火的痕迹,这是长江以南地区迄今发现最早的古人类用火遗迹。通过对"桐梓人"化石的研究,还发现了世界上最早的氟斑牙病例,具有重大的学术研究价值。

三、遵义松林省级地质公园

(一) 概况

拟建的遵义松林省级地质公园位于遵义市南西侧,2016年旅游资源大普查时发现这一带地质类景观相对集中且连片,也是贵州研究震旦系及寒武系地层较为详细的剖面地,是以大量峡谷、峰丛及喀斯特洼地为主的地质遗迹分布区。

(二) 地质遗迹类型

拟建的遵义松林省级地质公园内共有旅游资源113处,其中人文景观70处,地质遗迹43处,具体见表6-20。

表6-20 拟建遵义松林省级地质公园资源统计

大 类	类	级 别	数量/处
地质遗迹	岩土体地貌景观	四级	1
		三级	10
	构造地貌景观	二级	31
	水体地貌景观	四级	1
人文景观		四级	14
		三级	23
		二级	33
合计			113

(三)主要地质遗迹特征

1. 板水峡谷

板水峡谷(图6-124)位于汇川区沙湾镇建设村。遥遥望去,它那蜿蜒曲折、陡峭幽深的岩层,像亿万卷图书层层叠叠堆放在一起;随着大峡谷的迂回盘曲,又酷似一条纽带在大地上飘舞。峡谷两岸的高山直冲云天,犹如一把把竖直的利剑将天分开。行走于山间,顿生"自非亭午夜分,不见曦月"之感。

图6-124　板水峡谷

2. 宝鼎山怪石群

宝鼎山怪石群(图6-125)位于汇川区毛石镇乐遥村,属于地文景观类旅游资源。景区内各种形态的石头凌空飞翘,形如骏马、利剑、雄狮、老凤,其中一处两石因断层隔开,相距4 m,间沟约深10 m,站在此处有摇摇欲坠之感,让人望而却步。宝鼎山怪石群占地3 hm^{2}有余,由数十个独立的石山组合而成。

图 6-125　宝鼎山怪石群

3. 大板水森林公园跌水群

大板水森林公园位于红花岗区金鼎山镇金川村。大板水为金鼎山麓的一条峡谷,景区面积3132 km²,峡谷长4 km。两岸密布原始森林,气候凉爽,空气湿润,负氧离子含量高,是理想的避暑胜地,2007年被列为国家级森林公园,适宜四季休闲度假旅游。大板水森林公园跌水群(图6-126)属于水域风光类旅游资源。大板水森林公园内溪流落差多为300~500 m,形成了数处跌水瀑布。虽然跌水瀑布的落差不大,但瀑声轰鸣,特别是夏季水量大时,水石相激、溅珠吐玉、声如雷鸣,瀑布四周森林茂密,瀑前水雾飘浮,给人飘然如仙的感觉。

图 6-126　大板水森林公园跌水群

4. 红子庄园夫妻石

红子庄园夫妻石（图6-127）位于汇川区松林镇干堰村。当地一小山山顶有两石柱，如夫妻二人相望相守，当地人称"夫妻石"。石柱高约20 m，较为壮观。

图6-127 红子庄园夫妻石

5. 两岔河冰川峡谷

两岔河冰川峡谷（图6-128）位于汇川区毛石镇乐遥村，属于地文景观类旅游资源。峡谷蜿蜒，有支谷岔道；谷底向下倾斜，谷内两岔河呈"Y"形，西侧两条沟谷在一石滩处汇合后向东延伸并流向毛石河。毛石河河水清澈见底，水中伴有五彩斑斓的冰碛砾岩。冰碛砾岩总体呈紫红色，少数灰绿色；砾石大小不一、形状多样，大者重达千斤以上，小者仅一拳大小。

峡谷总长约5 km，从谷底到山顶高度约200 m，谷底流水流速约10 L/s，水质清澈、气候宜人；峡谷四周是延绵起伏的大山，两岸植被茂盛，山花、野果、红叶在各个季节相继呈现，一眼望去，展现在眼前的是一幅绿色的画卷，给人带来心旷神怡的感觉。

图6-128 两岔河冰川峡谷

6. 双卧佛

双卧佛(图6-129)位于汇川区松林镇丁台村,属于地文景观类旅游资源。从远处眺望,形似释迦牟尼仰天平卧;近距离观察,还可看见另一小佛与大佛叠卧在一起。

图6-129 双卧佛

7. 松林剖面

松林剖面共有2条剖面。一条位于松林镇六井村附近,是研究贵州北部震旦系陡山沱组较为重要的地层剖面之一,主要由暗灰色至灰黑色陆源细碎屑岩与少许内源岩(白云岩、泥云岩、含磷硅质岩、硅质磷块岩)混杂而成,为混积滨岸—陆棚地带的较深水环境沉积。另一条位于松林镇庙湾(又称梅子湾)附近,为下寒武统牛蹄塘组、明心寺组、金顶山组剖面命名地。牛蹄塘组岩性以黑色碳质页岩为主,偶夹砂质或硅质页岩;下部为高碳质页岩,或夹石煤,柔皱强烈似石墨状,偶夹硅质页岩;中上部的碳质页岩偶含砂质或呈碳质黏土岩,并夹少量黄绿色或灰绿色砂质页岩,产三叶虫化石;底部为贵州镍、钼、钒等多金属矿产出的重要层位。明心寺组岩性主要为灰色、灰绿色粉砂质泥岩、页岩,钙质泥岩、页岩及薄层灰岩,出产丰富的三叶虫、介形虫及古杯等化石。金顶山组主要岩性为灰绿色、黄绿色粉砂质页岩、页岩夹鲕粒灰岩及古杯灰岩,出产三叶虫及古杯等化石。

四、毕节冲天大峡谷省级地质公园

(一) 概 况

冲天大峡谷位于云南省镇雄县和威信县、四川省叙永县、贵州省毕节市七星关区的交界处,以一峡谷作为分界。由于这三省相邻,"一鸡鸣叫三省闻",所以又称"鸡鸣三省"。冲天大峡谷为典型的喀斯特地貌景观。

(二) 地质遗迹类型

拟建的毕节冲天大峡谷省级地质公园内主要地质遗迹类型为峡谷地貌,共有旅游资源13处,其中五级资源1处,具体见表6-21,旅游资源相对丰富。

表 6-21　拟建毕节冲天大峡谷省级地质公园资源统计

大　类	类	级　别	数量/处
地质遗迹	岩土体地貌景观	一级	3
	水体地貌景观	三级	1
		五级	1
地文景观		一级	4
		二级	2
		三级	1
		四级	1
合计			13

(三) 主要地质遗迹特征

1. 冲天大峡谷

冲天大峡谷(图 6-130)是经长时间的流水侵蚀、冰川侵蚀、板块移动形成的峡谷,属于典型的喀斯特地貌。渭河奔流而下,涌入赤水河。渭河与赤水河相交、切割,把这片神奇的土地一分为三。李白的千古名句"二水中分白鹭洲"恰似此地的变相写照,让人不由脱口而出一句"二水三分云贵川"。

从"鸡鸣三省"纪念碑处极目远眺,顿生一种"会当凌绝顶,一览众山小"的豪气;环视四野,云南境内山脉由西北方向绵延而至,形如象鼻吸水;四川境内的绝壁高耸,其上由人工开凿出了一条沟渠和驿道,远看如蜀古栈道,似有"蜀道难,难于上青天"之险;贵州境内地势险要,峰峦叠嶂、沟壑纵横、气势恢宏,大有虎踞龙盘之势。

图 6-130　冲天大峡谷

2. 绝壁流星

绝壁流星(图 6-131)位于毕节市七星关区林口镇鸡鸣三省村,为一垂直的陡崖。陡崖高约 500 m,宽大于 40 m,瀑布落差大于 300 m,出水处应为一地下河出口,因无法到达该溶洞处,其内部情况及向内延伸无从核实。陡崖外观为白色,呈半圆弧状展布;陡崖中间见一似被刀切一般的裂隙,一股流水从裂隙中流出,因形似流星而得"绝壁流星"之名;陡崖下方可见上部岩石垮塌现象。在两侧陡壁上发育有3个溶洞,南侧一壁上溶洞洞口呈圆锥状,直径约2.5 m,洞口处可见岩石碎屑从洞口沿陡壁滑落;北侧一溶洞有一岩石突出在洞外,似观景台一样。崖壁由三叠系夜郎组灰岩组成,灰岩节理发育。

图6-131 绝壁流星

3. 麻窝口洞古人类化石遗址

麻窝口洞古人类化石遗址位于毕节市七星关区团结彝族苗族乡团结村,洞高约1.7 m,宽约5.4 m。2008年12月,中国科学院古脊椎动物与古人类研究所古人类研究专家赵凌霞、罗志刚等,对麻窝口洞及周边区域进行了为期5 d的实地考察,在麻窝口洞采集到了丰富的哺乳动物化石。经初步鉴定至少有15个种类,包括猩猩、长臂猿、猴类、剑齿象、苏门羚、鹿、麂子、猪、牛、中国犀、巨貘、黑熊、鬣狗、豪猪、竹鼠等,其中灵长类猩猩、长臂猿、猴类的发现,在毕节所有的旧石器时代遗址和化石出土地点中尚属首次。考察结束后,当地乡政府对此高度重视,当即采取措施,将麻窝口洞保护起来,避免遭到破坏。

2009年11月,赵凌霞再次带队来到麻窝口洞,在洞口附近开展了科学考古试掘工作。通过原生堆积地层的小面积试掘,发现了丰富的哺乳动物化石,尤其是发现了更多的大型类人猿牙齿化石,进一步确定了该化石出土地点对研究和寻找古人类的重要价值。

2013年6月初,赵凌霞、祁国琴、张立召、杜抱朴、王新金等再一次来到毕节,对麻窝口洞进行科研考古发掘。通过2个月的考古发掘,在泥土中沉睡了10万~30万年的毕节古人类化石(2颗古人类牙齿化石)终于面世出土。根据麻窝口洞发现的动物群组合,以及对古人类化石层土样的地质年代测试,初步判断麻窝口洞发现的毕节古人类年代为中更新世晚期,这一时段的古人类属于早期智人。这一发现对研究现代人类的起源、演化有着极其重要的科学价值。

五、金沙冷水河峡谷省级地质公园

(一) 概　况

冷水河峡谷位于金沙县平坝镇。冷水河峡谷宽 1.5 km,长 20 km,总面积 28 km²。该处河网如织,悬崖陡壁林立,深沟密布,自古人迹罕至。正是因其环境险峻,为一些珍稀动植物提供了庇护所,使其得以生息繁衍,保存至今。我省将这一原始区域定为自然保护区。2006 年,经国家林业局批准,被列为国家级湿地保护区。

(二) 地质遗迹类型

拟建的金沙冷水河峡谷省级地质公园内旅游资源丰富,共有 26 处,主要为峡谷地貌,具体见表 6-22。

表 6-22　拟建金沙冷水河峡谷省级地质公园资源统计

大　类	类	级　别	数量/处
地质遗迹	构造地貌景观	一级	1
		二级	2
		三级	1
		四级	1
	岩土体地貌景观	一级	8
		二级	6
	水体地貌景观	一级	1
		二级	4
		三级	1
人文景观		四级	1
合计			26

(三) 主要地质遗迹特征

1. 冷水河省级森林公园(四级)

冷水河省级森林公园(图 6-132)位于金沙县西北部的平坝镇三锅村,有"黔西北绿色宝库"的美称。核心区位于东经 106°00′,北纬 27°30′。总面积 68.3 km²,是金沙县第一个以保护森林生态和野生动物资源为主题的森林公园。园内山崖险峻,奇石怪柱众多,湖泊宽阔,珍稀动植物资源丰富,森林覆盖率 83.5%。园区最高海拔 1882 m,最低海拔 718 m。冷水河森林公园包括了流经金沙境内的赤水河支流,主要有鱼洞河(水边河)、冷水河、油沙河、马洛河、普子河等 14 条河流。公园内河谷深切,落差大,河流从险峰陡崖垂直落下,形成大小瀑布 15 处,落差均超过 40 m。公园内原始森林保存较好,有种子植物 98 科 240 属 420 种,其中国家一级保护植物 3 种、二级保护植物 12 种,珍稀植物有红豆杉、福建柏、三尖杉、紫檀、香樟等;野生动物多样,其中哺乳动物 21 种、鸟类 308 种、两栖动物 31 种,有国家一级保护动物金钱豹,国家二级保护动物大灵猫、猕猴,以及贵州省重点保护野生动物等共计 11 种。

图 6-132　冷水河省级森林公园

2. 鸳鸯峡谷(三级)

鸳鸯峡谷(图 6-133)位于金沙县平坝镇三锅村,已开发段可分为 3 段。上段为露营区起点至岛礁处,中段为岛礁至白虎沟处(相传为山上一白色老虎经常下山饮水之地),下段为白虎沟至堤坝处。峡谷中河流最宽处达 150 m,最窄处有 10 m,长约 4 km,水域面积约 0.5 km^2,两岸山石俊美,怪石林立,似白虎、神羊等。河水呈浅绿色,水冰凉清澈,偶见有游人在此垂钓。峡谷内有水鸟、鸳鸯等动物,植物以亚热带常绿阔叶林为主。鸳鸯峡谷气候凉爽宜人,风景以"奇、伟、幽、绿"著称,可作为观光、露营、垂钓、消暑的理想之地。

图6-133 鸳鸯峡谷

3. 冷水河(三级)

冷水河(图6-134)位于金沙县西北部的平坝镇三锅村,呈西北—东南走向,长约30 km,河面宽2~18 m,两岸悬崖峭壁对峙,相对高差大,险峰绝壁、瀑布、跌水和险滩众多,景观独特。河水在两山之间时而急驰,时而舒缓,淙淙流出;河水清澈,数米深的水塘中嬉戏的鱼儿清晰可见。峡谷十分幽深,瀑布、跌水相连成群,有近20处,落差高的超过40 m,十分壮观。峡谷河流两岸古木参天,至今保存着的高等植物不下500种,基本上是常绿树。

图6-134 冷水河

六、大方仙宇峰省级地质公园

(一)概　况

拟建的大方仙宇峰省级地质公园位于大方县雨冲乡,旅游资源相对集中且连片分布,主要为峡谷及峰丛地貌。

(二)地质遗迹类型

拟建的大方仙宇峰省级地质公园内旅游资源丰富,共46处,其中45处为地质遗迹资源,1处为人文景观资源,具体见表6-23。

表6-23　拟建大方仙宇峰省级地质公园资源统计

大类	类	级别	数量/处
地质遗迹	构造剖面	二级	1
	岩土体地貌景观	一级	15
		二级	18
		三级	2
		四级	4
	水体地貌景观	一级	2
		二级	2
		三级	1
人文景观		一级	1
合计			46

(三)主要地质遗迹特征

1. 仙宇峰(四级)

仙宇峰(图6-135)位于大方县雨冲乡油杉河村。仙宇峰平地拔起,三面环水,峰高约300 m,如擎天一柱。整个景区森林覆盖率达80%以上,负氧离子含量达50 000个/cm^3。

图 6-135　仙宇峰

2. 相思谷(四级)

相思谷(图 6-136)位于大方县星宿苗族彝族仡佬族乡峻岭村,长数公里,宽约 1 km。谷内有石峰、石柱、隘谷、小瀑布等自然景观,其中石柱就有 9 根,形态各异。谷中动物种类繁多,有国家级保护动物大鲵。谷中森林覆盖率达 95%,有大量红豆杉分布。红豆杉又名相思子,该谷底有大量的红豆杉,故取名相思谷。

峡谷两侧峭壁突兀,山清水秀,将"秀、峻、险、幽"的特点体现得淋漓尽致。加之与油杉河景区规划的北寒沟景点距离很近,是游客观光的好去处。

图 6-136　相思谷

3. 北寒沟（四级）

北寒沟（图6-137）位于大方县星宿苗族彝族仡佬族乡峻岭村，因处于沟谷中，整个景区呈"S"形延伸。景区内建有步道、护栏、停车场，步道长1400 m，步梯有1518级，木栈道多达120级，整体垂直高差约300 m。北寒沟地处沟谷，两侧山势陡峭，植被茂密，奇花异草丛生。每逢花开季节，百花盛开，黄金菊、一串红、翠菊、波斯菊、金鸡菊等竞相开放，使原始景观与花海步道交相辉映，美不胜收，让游客仿佛置身于画卷之中。沟中有一条飞龙瀑布，高100 m，犹如一条白色的绸缎。

图6-137　北寒沟

4. 南天门（四级）

南天门（图6-138）位于大方县星宿苗族彝族仡佬族乡漆树村，为一拱形穿洞，由一中间空的凸峰构成。南天门上长有古树，通过南天门可见对面有似一对恩爱夫妻的2个凸峰。南天门整体高约50 m，宽约5 m，长约30 m；中空处高约30 m，宽约5 m，长约10 m。南天门处于后河大峡谷右侧，距南天门80°方向约1 km处见几棵古树，称斯栗树，其中最粗一棵高约10 m，胸围约1.2 m，呈蘑菇状，在树干2 m以上分支，分支树干粗约60 cm。

图 6-138　南天门

5. 马鬃岭(三级)

马鬃岭(图 6-139)位于大方县星宿苗族彝族仡佬族乡漆树村,横向呈倒"V"形,俯瞰似马鬃,因此得名。马鬃岭由同向连绵的山脉构成,纵向长约 800 m,横向宽约 300 m,长轴倾斜方向 310°,倾斜角度约 20°。马鬃岭北面为一后河河谷,山上植被茂密,以灌木为主,乔木为辅,远看似绿油油的马鬃。

图 6-139　马鬃岭

七、威宁黑石头玄武岩省级地质公园

(一)概 况

拟建的威宁黑石头玄武岩省级地质公园位于威宁自治县黑石头镇鱼坝厂一带。威宁黑石头玄武岩是2016年旅游资源大普查时发现的一套较为完整的玄武岩喷发旋回,其柱状节理令人震撼。贵州玄武岩在西部地区分布较广,而在一条沟中能见到如此完整的喷发旋回则不多见。所以建议以玄武岩为特征,在贵州建立一个典型的玄武岩地质公园,为科研、科普工作者提供一个完整的研究基地。

(二)地质遗迹类型

拟建的威宁黑石头玄武岩省级地质公园共有旅游资源6处,具体见表6-24。

表6-24 拟建威宁黑石头玄武岩省级地质公园资源统计

大 类	类	级 别	数量/处
地质遗迹	构造地貌景观	一级	1
	水体地貌景观	一级	1
人文景观		一级	2
		二级	2
合计			6

(三)主要地质遗迹特征

1. 黑石头镇鱼坝厂玄武岩

在黑石头镇鱼坝厂发现了大量玄武岩角砾岩、柱状节理及凝灰岩,至少可见到3次喷发旋回。其中一套角砾岩,是否为"隐爆角砾岩"还有待进一步确认。河谷中由大量玄武岩形成的景观,让人叹为观止。在整个贵州,集中这么多玄武岩的地方不多,值得进一步研究(图6-140)。

图6-140 玄武岩柱状节理及疑似"隐爆角砾岩"

2. 团结三岔河

团结三岔河(图6-141)属于水域风光类观光游憩河段。团结三岔河为两条河沟在这里交汇,形成三个岔,故名"三岔河",又名哈喇河。其中一条河源自绿荫塘,另一条河则从山上而下,河谷深度在10～15 m,呈"V"形分布。此处为沟谷地带,由长期流水侵蚀而成,河流两岸由于水土流失严重,土层较薄或稀少,植被发育较差,以草本为主,有些地方只有少量苔藓,覆盖率为20%～30%。沿途可见典型的喀斯特地貌景观、瀑布景观。

图6-141 团结三岔河

八、湄潭百面水省级地质公园

(一) 概 况

百面水位于贵州省遵义市湄潭县南部,以天生桥群最为知名,具有较高的科学研究价值及观赏价值。

(二) 地质遗迹类型

拟建的湄潭百面水省级地质公园共有21处旅游资源,其中20处为地质遗迹资源,1处为人文景观资源,具体见表6-25。

表 6-25 拟建湄潭百面水省级地质公园资源统计

大 类	类	级 别	数量/处
地质遗迹	构造剖面	一级	1
		二级	2
	岩土体地貌景观	一级	8
		二级	1
		四级	4
	水体地貌景观	二级	2
		三级	2
人文景观		四级	1
合计			21

(三)主要地质遗迹特征

1. 藏龙洞(四级)

藏龙洞(图6-142)位于湄潭县高台镇三联村奇洞天景区内。藏龙洞洞口宽8 m,高2 m。藏龙洞斜向下发育,洞长约1 km,洞内面积30 000 m²,洞内最大高差约50 m。洞内石钟乳、石笋极其发育,形状各异,在灯光的照射下异常美丽。整个溶洞洞中有洞、洞中有山、洞中有河、洞中有瀑,由石灰质溶液凝结而成的钟乳石、石笋、石柱、石花、石幔、石枝、石管、石珍珠、石珊瑚等遍布其中,在彩色灯光的照射下,如同一个个有生命力的小精灵,活灵活现、千娇百媚、流光溢彩、争奇斗艳。

图6-142 藏龙洞

2. 百面水景观带(四级)

百面水景观带位于湄潭县茅坪镇土槽村,距离遵义市区95 km、湄潭县城47 km。景区面积约60 km²,森林覆盖率73%,平均海拔1150 m,全年平均气温17 ℃,夏季平均气温23 ℃,景区气候宜人,是休闲避暑的好地方。景观带内山高谷深、沟壑纵横,属典型的喀斯特地貌,无工矿企业且远离市区,是一个天然生态乐园。

百面水景观带由百面水黄杉自然保护区、天生桥喀斯特地质公园、月亮洞万亩野生山茶花保护区、平顺坝苗寨风情园、永兴寺等景点组成,集瀑布、峡谷、溶洞、天生桥群(图6-143)、寺庙、珍稀动植物、苗寨、田园风光于一体。"雄、奇、险、秀、幽、凉、静、洁"这8个字高度概括了该景观带的特点。在此处有绿浪滔天的林海、刀削斧劈的悬崖、千姿百态的山石、如练似银的瀑布、碧波荡漾的深潭、雄伟壮观的庙宇、引人入胜的溶洞、令人神往的传说。置身山林中间,时见浓荫蔽日、溪水潺潺,时闻飞瀑泻银、珍禽飞鸣;驻足山巅,可望星月游移、奇峰变幻,可瞰云海苍茫,大自然的鬼斧神工令人叹为观止。沿峡而进,两侧悬崖矗立,峰巅怪石林立,悬天瀑布遥挂,崖间泉眼汩汩,石床流水淙淙,谷中参天古木、珍稀树种及各类植物遍布。

这里的水很奇,滩、泉、河、瀑一应俱全,一条蜿蜒曲折的溪水贯穿峡谷。沿着溪水逆流而上,时见大小不等的飞瀑磅礴而豪放,有的瀑布落差看似不大,但却汹涌着直泻深渊而不见底;有的瀑布落水四溅,仿佛碎玉飞花;还有的水流急促地荡过岩石,有一种"清泉石上流"的清澈、透亮之感。

图6-143 百面水天生桥景观

3. 天生桥(四级)

天生桥(图6-144)位于湄潭县茅坪镇土槽村。天生桥跨越短轴天坑,为拱桥形,长约30 m,桥面宽3 m,桥厚约3 m。天坑为椭圆形,深度约30 m,长轴距离60 m,短轴距离30 m。天坑底部及周边植被覆盖率较高,具有一定观赏价值。

图 6-144　天生桥

4. 坛子口瀑布(三级)

坛子口瀑布(图 6-145)位于湄潭县高台镇三联村,距离湄潭县城约 50 km。瀑布高 20 m,宽 8 m,丰水期流量 80 L/s。坛子口瀑布清澈的河水从深邃的峡谷中涌出,在坠下的阶梯上叠出两级层次,发出响亮的奏鸣,溅起高高的水雾,形成一个深不可测的"坛子"。在坛子口瀑布下方为一潭清水,潭水清澈见底,沿下方峡谷流出,为峡谷增添了一抹灵性。坛子口瀑布位于峡谷的中间位置,峡谷两侧山体高耸,垂直高差近百米;两侧岩壁基岩裸露,而山上植被茂密,以灌木、乔木为主,森林覆盖率为 80%。坛子口瀑布未遭到破坏,保留了原始形态,较为罕见。

图 6-145　坛子口瀑布

5. 秀女瀑布(三级)

秀女瀑布(图 6-146)位于湄潭县茅坪镇土槽村,距离湄潭县城 47 km,黄瓮公路穿越其间,但到瀑布仍需在山上步行 3 km,交通较为不便。秀女瀑布高 85 m,宽 10 m,调查期间流量 30 L/s。叮咚的溪水在众多的梯级瀑布中水石相击,倾泻而下。站在秀女瀑布下仰视山崖,仿佛看到一条白练从天际逶迤而来,十分壮观。山谷两侧山体高耸,山上植被茂密,以灌木、乔木为主,森林覆盖率为 90%。秀女瀑布未遭到破坏,保留了原始形态,较为罕见。

图 6-146　秀女瀑布

九、铜仁九龙洞省级地质公园

(一)概　况

拟建的铜仁九龙洞省级地质公园位于贵州省铜仁市城东 17 km 的骂龙溪一带,处武陵山脉六龙山区北缘的沅水支流锦江一带。它背靠"六龙山",面临秀丽的锦江河,公园中怪石嶙峋,峡深谷险,地质情况复杂。2018 年 4 月 27 日,在修建渝怀铁路复线过程中,新发现了该处石花洞,洞中的文石花、方解石石花、石膏石花让世人惊艳。

(二)地质遗迹类型

拟建铜仁九龙洞省级地质公园内共有 75 处旅游资源,其中人文景观资源 48 处,地质遗迹资源 27 处,具体见表 6-26。

表 6-26　拟建铜仁九龙洞省级地质公园资源统计

大　类	类	级　别	数量/处
地质遗迹	岩土体地貌景观	四级	1
		三级	3
		二级	13
	构造地貌景观	四级	1
		三级	3
	水体地貌景观	三级	2
		二级	4

续表

大 类	类	级 别	数量/处
人文景观		四级	2
		三级	14
		二级	32
合计			75

（三）主要地质遗迹特征

1. 九龙洞（四级）

九龙洞（图6-147）位于铜仁市碧江区漾头镇九龙村，景区主要由九龙洞、龙江新村组成。龙江新村位于九龙洞景区的下部，为一连续的景物点，与九龙洞相距300 m左右。村中有盆景奇石园，主要服务于九龙洞的游客；奇石园主要是以奇石、人造景观为主；房子以砖房为主，墙外为木板装饰，正常营业的店家有20多家，共有48栋民用房；特产主要为锦江河里的野生鱼；游客主要来自四川、湖南等地。九龙洞广大恢宏，洞内有7个大厅，洞长2 km左右，总面积约为70 000 m²，已经向游人开放3个大厅，共12个景区。九龙洞是一个天然的喀斯特溶洞，洞内钟乳石林立，晶莹透亮，千姿百态。

图6-147　九龙洞

2. 七股水峡谷（四级）

七股水峡谷（图6-148）位于铜仁市碧江区灯塔街道寨桂村，属于地文景观类的峡谷地貌。七股水峡谷实际上是位于六龙山北侧的峡谷，所以又称为"六龙山北峡谷"。峡谷中观音山山腰的悬崖绝壁间，7个大小不同的山洞呈"一"字排列，相邻山洞之间相距不到1 m，每个洞口都有一股泉水从三四十米高的悬崖飞流奔泻，当地人称"七股水"。峡谷长约10 km，两侧悬崖高约300 m，整体呈"V"形，大致呈东西走向，景色秀丽、山势险峻。

图 6-148　七股水峡谷

3. 干溪峡谷（三级）

干溪峡谷（图 6-149）位于铜仁市碧江区灯塔街道寨桂村，属于地文景观类旅游资源。峡谷长 4 km，两侧绝壁约高 200 m，峡谷走向 270°。峡谷成"V"形，起于六龙山，终于寨桂村，两侧岩石奇形怪状、形态各异。峡谷两侧植被较好，呈台阶状分布，约 4 层，下层以杉木为主。

图 6-149　干溪峡谷

4. 苗江溪-茶坪峡谷（三级）

苗江溪-茶坪峡谷（图 6-150）位于铜仁市碧江区漾头镇九龙村，属于地文景观类的条形山石。

图 6-150 苗江溪-茶坪峡谷

5. 七股水景区峡谷地貌(三级)

七股水景区峡谷地貌(图 6-151)位于七股水水源下游,坡度较陡,地形切割严重,陡崖、峭壁屹立。峡谷中有七股水流,水流清澈;峡谷两边灌木较发育,森林覆盖完全;峡谷走向 312°。峡谷顶点处为该峡谷最佳观景点,能观看到峡谷全部景观。峡谷沿溪流方向有通车马路。峡谷内奇特的象形山石发育较多。峡谷两侧的崖壁海拔 500~600 m,岩性为白云岩与灰岩。悬崖的石缝中还有生长奇特的树木,景观异常独特。

图 6-151 七股水景区峡谷地貌

6. 七股水瀑布(三级)

七股水瀑布(图 6-152)位于铜仁市碧江区六龙山侗族土家族乡六龙山村,属于水域风光大类旅游资源。该点位于七股水峡谷上游处,是悬崖上呈"一"字排列的 7 个相连的山洞中冲出的七股流水,一年四季水流不断。主要成因为原地下河河道因山体被切割后出露,因河道下层是碳质页岩,透水性弱,洞口处是白云岩,且为含透水层,所以在此形成一排呈"一"字排列的洞口。出水洞口有大有小,均呈扁平状,目前仅剩东侧 4 个洞口流出泉水。洞口最宽处约 6 m,高约 1.5 m,4 个洞口流出的泉水形成了高约 20 m、宽约 20 m 的瀑布,流水一路向下,于崖底汇入峡谷的主溪沟。七股水瀑布流向为 0°,所在地层岩性为寒武系敖溪组白云岩及碳质页岩互层,洞口下部为碳质页岩,洞口及洞口上部为白云岩。

图 6-152　七股水瀑布

7. 十字岩(三级)

十字岩(图 6-153)位于铜仁市碧江区灯塔街道寨桂村,属于地文景观类的象形山石。干溪峡口北侧谷口处有一面山壁,白色石壁上有十字状裂缝,当地人称为"十字岩"。此石壁有时还像一张笑脸。十字岩位于峡谷谷口处,周围环境较好,植被发育茂盛。

图 6-153　十字岩

8. 天花洞(溶洞)(三级)

天花洞位于铜仁市碧江区六龙山侗族土家族乡小冬云村,洞口呈方形,高 11 m 左右,宽 12 m 左右。洞内中、上部岩性为灰色中层状泥质条带灰岩,下部为薄层状深灰色含碳质、泥质灰岩。裂隙较为发育,见方解石细脉沿裂隙面充填。洞口走向50°,入洞 40 m 以后溶洞走向310°,洞内宽窄不一且有岩溶水流出,流量约 0.5 m³/s。入洞 300 m 后,上下分有若干洞,沿上洞行走,洞内发育许多钟乳石、石花、石柱及石柱组成的石林,石林规模较为庞大,形态各异,有的像贝壳、海螺、帷幕等;可见钙华现象,颜色有白色、黑色、灰色、黄色等,在灯光照射下其壮观。入口不远可见洞顶石花烂漫,其中一朵"葵花"有十几米长,故称"天花洞"。洞内岩石产状275°∠8°。此洞可分为 7 层,每层的景观各异,目前无人将主洞和支洞探索完毕。在洞内可见洞穴探险人员留下的绳索等物品。本次总共调查溶洞 3 层,调查长度约 3.0 km,在调查的溶洞中可见 2 处大厅,每个面积为 3000~5000 m²。

天花洞所处地层为中寒武统敖溪组,发育两组节理裂隙。一组产状为 50°∠80°,另一组产状为 195°∠52°,溶洞基本是沿这两组裂隙经过长时间溶蚀而成,在裂隙发育密集处形成大厅。洞内钙华及钟乳石呈较多黑色,主要是由于该地层灰岩中常有碳质页岩夹层。

9. 铜岩至卢家洞电站段锦江河(三级)

铜岩至卢家洞电站段锦江河(图 6 - 154)位于铜仁市碧江区环北街道,属于水域风光类旅游资源的观光游憩河段。河长约 4 km,河宽 30~50 m。河如一条长龙在游走,弯曲着身子奋勇争夺铜岩上的夜明珠。河两侧有高山,有房屋,沿途风景秀丽。

图 6 - 154 铜岩至卢家洞电站段锦江河

十、黄平飞云大峡谷省级地质公园

(一)基本概况

拟建的黄平飞云大峡谷省级地质公园距黄平县城 20 km,距施秉县城 30 km,距凯里市区 51 km,凯施公路、湾谷公路与湘黔铁路、株六复线铁路穿境而过,交通便利,区位优势明显。如果开发利用,可补充凯里到镇远古镇旅游资源。公园建成后,可实现社会效益、经济效益和生态效益的最大化,同时可加强对地质遗迹资源和环境的保护。

(二)地质遗迹类型

拟建的黄平飞云大峡谷省级地质公园内共有旅游资源 79 处,其中人文景观资源 3 处,地质遗迹资源 76 处,具体见表 6-27,资源极为丰富。地质遗迹类型以峡谷、瀑布及峰丛为主。

表 6-27 拟建黄平飞云大峡谷省级地质公园资源统计

大类	类	级别	数量/处
地质遗迹	构造剖面	一级	1
		二级	5
		三级	1
	岩土体地貌景观	一级	24
		二级	16
		三级	7
		四级	2
	水体地貌景观	一级	10
		二级	8
		三级	2
人文景观		四级	3
合计			79

(三)主要地质遗迹特征

1. 飞云大峡谷风光(山坪段)(四级)

飞云大峡谷(图 6-155)位于黄平县谷陇镇山坪村,是国家重点风景名胜区——㵲阳河景区的重要组成部分,距黄平县城约 20 km。因峡谷内主干流苗里河、抬拉河沿着"黔南第一洞天"飞云崖古刹脚下依山盘绕而过,因而称为"飞云大峡谷"。

峡谷集幽深、雄伟、奇特、险峻、雅致为一体,全长 16 km,深切达 200~300 m。两岸峭壁如削、古树参天,河谷迂回婉转、幽深迷离,有双蝉望月、火烧赤壁、玉佛山、蛤蟆口、跳鱼洞、飞水崖、天生桥等 20 余处喀斯特奇观,可谓是步步皆景。沿峡谷而建的 6 km 的人工塑石栈道和步行道,可让游客深入景区领略无限的秀丽山水风光和聆听大自然的神韵。景区前几年的漂流河段长 8 km,漂流时间约 3.5 h,近两年漂流河段减少到约 6 km,漂流时长约 2 h。

景区还设有度假村,一次性可容纳 200 多人就餐,有标准间 49 间,单人间 10 间。度假村内还有供人散步、观赏风景的林间小道、凉亭。

在景区周边还可以游览革家村落,了解革家文化生活(如为期 4 d 的"仗固芦笙节")。还可以吃到苗家酸汤鱼、侗家油茶、社饭、腌肉等特色菜品。

图 6-155 飞云大峡谷风光(山坪段)

2. 谷陇太平洞(四级)

谷陇太平洞(图 6-156)位于黄平县谷陇镇山坪村。太平洞由山崖上大小不一的洞穴组成,主洞很大,高约 30 m,宽约 25 m,洞内有地下河,河中的水从洞口流出,人们筑了一个小蓄水池供村民生活饮用,该水冰凉可口。在主洞旁修筑了人工石梯,石梯从小洞穿到主洞之上。洞中有宽敞的洞厅、天桥、地下室等形态各异的洞穴。由于洞内情况复杂,没有再往里进,听带路的老人说,该洞长六七里,洞与洞之间相互贯通,洞中还有一段长约 200 m 的洞中地下河,可以划皮划艇。洞外古树极多,绿树成荫,小桥流水,是个值得开发的景点。

洞史:"黄飘大捷"之后,清军反扑,苗民起义军只得依靠洞穴为据点进行反抗,到该洞来躲藏。由于该洞地势险峻,易守难攻,据说容纳过 3000~5000 人,清军围剿于此,虽通过多种手段,最终都没能攻入洞穴内。该洞被焚烧过,没有留下可供参观的遗物,前人只见过少许大刀、土炮,但现在不见其踪影。

图6-156　谷陇太平洞

3. 飞云大峡谷（东坡段）（三级）

飞云大峡谷（东坡段）（图6-157）位于黄平县南东约20 km处，为一天然峡谷。谷中溪流潺潺、谷深林密，人入其中，犹如进画里。顺溪而下，溪流时而温顺，时而跌宕，让人心潮澎湃。

该河段峡谷全长约3.5 km，沟深谷窄，两岸悬崖峭立，各具形态。偶有猕猴在谷中嬉戏。在水流湍急处还可见鱼儿上跃，似传说中的鲤鱼跃龙门，当地称"跳鱼洞"。

图6-157　飞云大峡谷（东坡段）

4. 象鼻山（三级）

象鼻山（图6-158）位于施秉县杨柳塘镇长田村，在主河道南岸，"姜太公钓鱼"上游。太阳湖的水侵蚀着岩壁，两柱岩壁中间的部分因水的溶蚀而向内凹，因而得名"象鼻山"。此处景观，或青山浮水如诗如画，或众峰陡绝如劈如削，千峰百态形状迥异，情致各具，令人目不暇接。

图 6-158　象鼻山

5. 飞水瀑布(三级)

飞水瀑布(图 6-159)位于施秉县城关镇新桥村缸底峡与小河交汇处,瀑布落差约 32 m,顶窄底宽,顶宽约 4.5 m,底宽约 15 m。水流自山顶悬崖倾泻而下,如同一条白练,受水流冲击、侵蚀,瀑布下形成水潭 1 处。水潭与悬崖同宽,水深 1~2 m,潭水清澈。瀑布下方有一钙华平台,高约 20 m,面积约 50 m^2,由北东部沿小路穿过钙华形成的小型"门洞"直至瀑布下方,进入平台后即为瀑布后方。瀑布由上部悬崖倾泻而下,有如水墙垂立于平台南部边缘,激流拍击平台,水声轰鸣,游客至此暑意全消。在瀑布平台处可观赏小河风景。由小河南岸回望该瀑布,平台下方钙华发育,瀑布于钙华发育处分为数股,瀑布上下形态不一。瀑布西侧另有一股小瀑布,宽约 1 m,隐藏于平台西侧灌木丛中,小瀑布于绿色树木中如一条银绸盘旋而下。

图 6-159　飞水瀑布

6. 望子归(三级)

望子归(图 6-160)位于施秉县杨柳塘镇高塘村,为龙洞河峡谷内一象形山石。望子归高约 4.5 m,宽约 0.5 m,位于龙洞河峡谷谷口的悬崖之上。从谷外观赏,该石柱与南美洲复活节岛的石人像十分相似;进入谷内观赏,石柱则好似一佝偻老妪站在房屋之外瞭望远方,期盼爱子归来,故名"望子归"。该景区规模中等,位于悬崖之上,惟妙惟肖,引人入胜,具有较高的观赏价值。

图 6-160　望子归

7. 岩头河段(三级)

岩头河段(图6-161)位于施秉县杨柳塘镇长田村。岩头河段(属小河上游)全长1.5 km,平均河宽12 m,自然落差约10 m,河流依西岸的白垩系砂砾岩丹霞地貌呈蛇形蜿蜒,总体呈北东展布。水源主要来自上游的小米山、水缸冲等溪沟和泉点,河水清澈,没有半点污染。河流两岸有来自农田和泉水的水形成的小跌水,与河中大小不同的鹅卵石及河边的绿树、花丛融为一体,使得整条河颇有生机。该景区规模小,河流两岸田园风光秀丽,河水水质较好,河流流速时急时缓,依山势蜿蜒曲折,具有一定的观赏及游憩价值。

图6-161 岩头河段

8. 高塘岩鹰山(三级)

高塘岩鹰山(图6-162)位于施秉县杨柳塘镇高塘村。此山因其山崖上原来有老鹰栖息且其山形酷似展翅欲飞的老鹰而得名。岩鹰山高约100 m,宽约260 m,中间凸出的尖峰为鹰嘴,凸峰稍左边白色部分为鹰眼,左右两侧的山为鹰展开的翅膀。从高塘河仰观岩鹰山,岩鹰山就像一只展翅欲飞的巨型老鹰,从地面腾跃飞向天空。附近有高塘门洞山、高塘河峡谷等旅游资源,开发条件一般,但资源特色较好,开发潜力较好。

图6-162 高塘岩鹰山

9. 高塘门洞山(三级)

高塘门洞山(图6-163)位于施秉县杨柳塘镇高塘村。高塘河从高塘大寨往施秉县城方向流,在此处形成"Ω"形弯曲河流,而门洞山凸出于"Ω"河流最窄处。门洞山山体俊秀,四面皆为悬崖;下窄上宽,下面宽4 m左右,上面宽约8 m,长约60 m,最高处高出河面约65 m。门洞山半山腰有一穿洞,当地苗族称其为"孔第堵渴",意为堵住干旱的门洞。穿洞呈椭圆形,短轴高约5 m,长轴宽约11 m。其洞形优美,站在门洞里就可以看见高塘河之美,让人流连忘返。附近高塘河峡谷、高塘岩鹰山、高塘水穿洞、飞水瀑布、无路塘等旅游资源富集,开发条件较好,且资源特色突出,开发潜力较好。

图6-163 高塘门洞山

10. 高塘水穿洞(三级)

高塘水穿洞(图6-164)位于施秉县杨柳塘镇高塘村,为一巨大的拱形水穿洞,有当地村民谓为"幼河"的河流从穿洞内穿过。水穿洞长约100 m,高约25 m,宽亦约25 m,非常壮观。洞内接近上游出口约20 m处有弯道,所以两洞口不能互相通视,但从下游洞口仍然可以看见上游洞口照射到洞内拐弯处的光线。洞内有钟乳石和钙华发育。

图6-164 高塘水穿洞

十一、修文洒坪猫跳河省级地质公园

(一)概　况

拟建的修文洒坪猫跳河省级地质公园位于修文县洒坪镇猫跳河一带,距修文县城约 30 km。此处是乌江上游,谷深河险,颇有"小三峡"之味。此处为本项目新发现的旅游资源,资源丰富、类型多样。

(二)地质遗迹类型

拟建的修文洒坪猫跳河省级地质公园内共有旅游资源 56 处,其中人文景观资源 24 处,地质遗迹资源 32 处,具体见表 6 – 28。地质遗迹以峡谷、峰丛景观类为主。

表 6 – 28　拟建修文洒坪猫跳河省级地质公园资源统计

大　类	类	级　别	数量/处
地质遗迹		三级	2
		二级	18
	构造剖面	四级	1
		三级	2
		四级	4
		三级	4
	水体地貌景观	二级	1
人文景观		二级	5
		一级	19
合计			56

(三)主要地质遗迹特征

1.猫跳河峡谷(索风湖段)(四级)

猫跳河峡谷(索风湖段)(图 6 – 165)位于修文县洒坪镇阳桥村,长约 20 km,岩性为上二叠统梁山组和中二叠统栖霞组—茅口组灰岩、燧石灰岩。地层内由于断层挫动而形成峡谷段落和水库建设而形成水库观光游憩区段;由我国"西电东送"项目重点工程之一的索风营电站及其水坝、索风湖码头及其河段峡谷组成,形成了如长龙形的峡谷风光。船行于峡谷间,给人时而豁然开朗、时而绝处逢生之感。在如刀斧劈下的绝壁上,不时发育有喀斯特地貌特有的洞穴入口,犹如人类、精灵的眼睛时刻在欣赏着大自然的神奇,洞内发育有"神猴拜棒""八仙过海""梦笔生花""甘霖普降""鸳鸯戏水""夫妻对拜"等象形钟石乳,以及石幔、石帘、石柱、石笋,琳琅满目、色彩各异,让人无法抵御想一探究竟的欲望。

图 6-165　猫跳河峡谷（索风湖段）

2. 索风湖（四级）

索风湖（图 6-166）位于修文县六广镇沙坡村，面对河流下游左边为黔西县，右边为修文县。索风湖下游为索风营电站，电站始建于 2002 年，是我国"西电东送"项目重点工程之一，坝址以上控制流域面积 21 862 km²，枢纽工程由碾压混凝土重力坝、坝身开敞式溢流表孔、右岸引水发电系统及地下厂房等建筑物组成。最大坝高 115.80 m，水库正常蓄水位 837 m，死水位 822 m，装机容量 600 MW，保证出力 166.9 MW，多年平均发电量 20.11 亿 kW·h；水库总库容 2.012 亿 m³，调节库容 0.674 亿 m³，为日调节水库。索风湖风光优美，湖水清澈透亮，水中鱼儿众多，有鲤鱼、鲢鱼、武昌鱼等，常有钓鱼爱好者来此钓鱼。修文这一侧地势险峻，在悬崖峭壁中还不时出露洞穴，更加给人一种神秘的感觉；黔西一面植被茂盛，风景优美，在湖中部边上有一索风湖码头，可在此乘坐游船观赏。两侧风光形成强烈的对比，一面展现的是粗犷，另一面展现的则是温柔，二者相得益彰，使其拥有独特的风貌。

图 6-166　索风湖

3. 红岩湖(六级电站)(四级)

红岩湖(六级电站)(图6-167),又名红岩电站,位于修文县洒坪镇中寨村西南面的轿子山村和中明村与清镇市卫城镇栽江村交界的猫跳河上,面积为0.24 km²,距上游五级水电站河道长10.5 km。峡谷两岸岩石为下三叠统永宁镇组灰岩、白云岩,岩石较坚硬、完整。因猫跳河流域水深流急,水利资源丰富,1971年9月红岩电站(六级电站)动工兴建,1974年7月25日竣工发电。红岩湖正常蓄水位为884 m,库容为0.38亿 m³,水库规模为中型水库。红岩电站装机容量30 MW,年平均发电量1.43亿 kW·h,保证出力9.45 MW。坝身有放空底孔1个。

图6-167　红岩湖(六级电站)

4. 猫跳河峡谷(红岩电站)(三级)

站在红岩电站坝上放眼眺望,奔腾咆哮的猫跳河水被高高的大坝锁住,一泓河水波平如镜、碧波清澈。该坝上游景观为峡谷风光(图6-168),河流流域面积约1.47 km²,谷深250~300 m,谷底宽100~400 m。峡谷两岸可见陡峭悬崖,有各种象形山峰,如老人面相、大鹏展翅、双乳峰、玉女山等。在渡口河对面岩石上,有一幅经风雨雕刻的玉女和老人像,二者并排而立,五官清晰可见:玉女端庄尔雅,双眼眺望着远方,透露出不食人间烟火的高雅;老人像可见额头皱纹,面带笑容又显慈祥,栩栩如生。山峰间偶见山水流出,形成瀑布,雨季瀑布流量增大,形成水帘,显得格外壮观、美丽。峡谷两岸树木丛生;河水清澈,山峰倒影在河水中,交相呼应;远处山峰雨雾缭绕,颇有一番仙境之味。猫跳河属于长江水域,其下游为六广河。河两岸岩壁上可见"文革"时期的题字。到达彩虹沟处,河面变宽,高温下雨天气可见彩虹,有时可同时出现四五条彩虹,彩虹沟也因此得名。峡谷分流处,沿左支流而上可到彝族村寨,该支流称为小河,两岸可见溶洞,发育大量钟乳石、石幔、石帘、石柱、石笋,有的像羊头,有的像菩萨,有的像小丑,形态各异,千变万化。沿右支流行约2 km,河面变窄,河水变浅,不适合大型船只通行。沿右支流乘船而上,河面时宽时窄,两岸树木茂盛,枝叶垂落水中,时有一阵阵鸟鸣声传来,让人心旷神怡。

图 6-168 猫跳河峡谷（红岩电站）

十二、织金歹阳大峡谷省级地质公园

（一）概 况

拟建的织金歹阳大峡谷省级地质公园位于织金县熊家场镇与少普镇交界一带，景色宜人，地质景观丰富且相对集中。

（二）地质遗迹类型

拟建的织金歹阳大峡谷省级地质公园共有31处旅游资源，其中人文景观资源15处，地质遗迹资源16处，具体见表6-29。

表6-29 拟建织金歹阳大峡谷省级地质公园资源统计

大 类	类	级 别	数量/处
地质遗迹	岩土体地貌景观	二级	11
		四级	1
	构造地貌景观	三级	2
		二级	1
	水体地貌景观	二级	1
人文景观		三级	1
		二级	14
合计			31

(三)主要地质遗迹特征

1. 歹阳大峡谷

歹阳大峡谷(图6-169)位于熊家场镇屯口村,属溶蚀地貌。峡谷两边崖壁陡峭垂直,河流内有两三处落差1~2 m的小瀑布,河流流速急促,水声较大。河流内布满大块落石,大者长约5 m,宽2 m,高2.5 m。两旁岩层具水平层理,由于河流的侵蚀作用形成各种大小不等、形态独特的空洞,空洞表面凹凸不平,有似假山,有似水碗,有似鱼缸,大者可装入1人,洞深者可达数十米。河滩上岩石被风化,形成深浅不同的椭圆形坑洞。崖壁植被发育较好,常见簇状蕨类植物;谷底植被发育,极具观赏价值。峡谷常年温度在十几摄氏度,是当地著名的夏天乘凉休闲之所。陡壁高约200 m,两边陡壁之间相隔约150 m,据说峡谷延伸约18 km。峡谷北向为少普,西向为肥田煤矿,东向为珠藏,南向有卷洞门(金屯门)。卷洞门长约13 m,高约8 m,宽约2 m,现已被损毁,仅剩一小段。

图6-169 歹阳大峡谷

2. 甲岩冲大峡谷

甲岩冲大峡谷(图6-170)位于珠藏镇中部村。该峡谷高约300 m,宽约200 m,长约2 km。崖壁近垂直,黑白相间。崖壁上植被较少,但其他地方植被发育较好。崖壁局部有流水,两崖壁地形较为奇特。崖壁半腰有溶洞,有流水,呈串珠状分布。峡谷较为壮观,气势非凡,交通优越。同时珠藏镇也是少数民族聚集地,民族文化丰富,是旅游开发的极佳地点。甲岩冲大峡谷下为歹阳河(岔河),河宽约 30 m,深约 2 m;北为大独山,距甲岩冲大峡谷约 1 km;西北向为少普镇。

图 6-170 甲岩冲大峡谷

3. 么冲峡谷

么冲峡谷(图 6-171)位于珠藏镇么冲村。峡谷两侧为高高的山峰,其中有一段为陡壁,近于垂直。崖壁上部有灌木丛零星生长;下部距地面 100 m 的地方长满密集的灌木,下面有被灌木掩盖的溶洞。溶洞数量在 10 个左右,呈串珠状分布,其中最大的叫羊洞。峡谷内有河流,宽约 10 m,深 30~100 cm,水流湍急,河内有岩石分布。峡谷内河流蜿蜒,植被茂密,山峰形态各异,溶洞内钟乳石发育,具有一定的观赏价值。么冲峡谷高约 500 m,谷底宽约 300 m,长约 2 km。该段为歹阳河下游,称为岔河,附近有猫儿山。

图 6-171 么冲峡谷

十三、黎平高屯天生桥省级地质公园

(一) 概　况

拟建的黎平高屯天生桥省级地质公园位于贵州省黎平县城东北 12 km。

(二) 地质遗迹类型

拟建的黎平高屯天生桥省级地质公园内共有地质遗迹 41 处,资源禀赋极佳,具体见表 6-30。

表 6-30　拟建黎平高屯天生桥省级地质公园资源统计

大　类	类	级　别	数量/处
地质遗迹	岩土体地貌景观	一级	9
		二级	16
		三级	8
		四级	1
	水体地貌景观	一级	1
		二级	1
		三级	5
合计			41

(三)主要地质遗迹特征

1. 高屯天生桥(四级)

高屯天生桥(图6-172)位于黎平县高屯街道高屯社区,总体呈灰白色至灰黑色,拱形,桥洞发育方向为250°,南侧桥拱与陆地相连,北侧桥拱与福禄江相接,内侧见一江心滩,面积约40 m²。桥身发育两组节理,主节理产状为350°∠80°,次节理产状为290°∠60°。桥中有溶洞,洞中藏洞,七弯八拐,有蝙蝠与小鸟栖于洞中,见人不惊,别有情趣。桥下右侧是不平整的土地,可容纳数千人,犹如一个巨大的剧院;桥左悬崖峭壁,古木森森。清水江支流福禄江水傍石壁缓缓流过,水清见底;桥下出口处,河水汇集成一个深潭,碧波荡漾,可供游人泛舟、垂钓,周围森林覆盖,杂木丛生;桥顶为一带平缓的山岭,植被茂密,竹木扶疏,还生长着不少珍稀树种。此桥是现今举世无双的最大的天然石拱桥,不假人工,桥拱规整,拱腹圆滑光洁,宏伟壮观。桥身长350 m,桥拱跨度最大118.92 m、最小88.5 m,桥宽138 m,桥拱高33.64 m,拱上岩层厚40 m。有人工修建的阶梯,顺小路可到达桥身上方。高屯天生桥于2001年1月15日列入吉尼斯世界纪录,是世界上最长最大的天生桥,堪称天下第一桥。曾有诗赞之曰:"人凿难施鬼斧穷,天心穿出地玲珑;两山壁上鼍梁架,巧妙争传造化功。"

图6-172 高屯天生桥

2. 金洲银滩(三级)

金洲银滩(图6-173)位于锦屏县敦寨镇雷屯村,为亮江雷屯河段一块长条形不规则状出露的河心洲,宽50 m,长约130 m。该处地势低平,水平落差小,河流流速较慢。河心洲规模中等,周围环境优美,滩上绿树成荫、绿草成片,与当地村寨遥相呼应。

图 6-173　金洲银滩

3. 玉龙潭（三级）

玉龙潭（图 6-174）位于锦屏县敦寨镇雷屯村，属于地文景观类中的岩壁与岩缝。该岩壁沿河岸出露，出露长约 100 m，高约 55 m，规模较为一般，呈长条形，与亮江遥相呼应，形成美丽的水域风光。

图 6-174　玉龙潭

4. 老渡口（三级）

老渡口（图 6-175）位于锦屏县敦寨镇雷屯村，为亮江北岸出露的灰岩岩壁，沿河呈条带状展布。出露岩壁为石灰岩，出露宽度 3 m，长约 26 m。岩壁沿岸出露 100 m，高 5 m，整体规模一般，受流水侵蚀作用，岩壁上形成多个岩洞,岩洞规模较小。老渡口为雷屯村乡村旅游的一个景点,也是亮江雷屯河段水域风光的一个重要组成部分。

图 6-175　老渡口

5. 雷屯看寨沙洲(三级)

雷屯看寨沙洲(图 6-176)位于锦屏县敦寨镇雷屯村,基本类型为观光游憩河段和乡村水域风光。沙洲呈长条状出露,宽 10 m,长 50 m,地势平坦,水位落差不大,河流流速较缓。沙洲规模较小,洲上有绿植生长,芳草丛生,风景优美。

图 6-176　雷屯看寨沙洲

6. 上渡沙洲(三级)

上渡沙洲(图 6-177)位于锦屏县敦寨镇雷屯村,基本类型为观光游憩河段和乡村水域风光。沙洲呈不规则状,地势平坦。沙洲表面为第四系洪积物堆积,可见大量卵石,部分区域被植物覆盖。沙洲附近水位落差不大,流速不快。如果连日下雨,沙洲处河水较浑浊,呈黄色。沙洲规模较小,长约60 m,宽30~40 m,若河段涨水则沙洲会被淹没。上渡沙洲与亮江融为一体,是亮江上一道美丽的风景线。

图6-177　上渡沙洲

7. 诸葛洞(三级)

诸葛洞(图6-178)位于锦屏县敦寨镇龙池村。洞口开于石壁半腰,其中有一道石壁将其一分为二,即有两个洞口。整个洞呈"Y"形;洞顶的岩石凹凸不平,形状如牛脚印,排列上均匀而有序;洞口大厅后的通道相对曲折、狭小,并且伴有阴洞,沿途各类钟乳石林立,形态众多;因为洞内温度低,可见悬空的水雾。洞深约3 km,"Y"形洞口宽约12 m,俯观洞口宽约5 m;右洞口宽约7 m,高约9 m。诸葛洞外石壁上有一《戒谕文》石刻,为1261年所刻。该洞下临水冲溪,其侧有水井、岩腔、泉眼等景观,相传诸葛亮南征时率兵驻扎于此,因此得名。

图6-178　诸葛洞

8. 三合亮江风光(三级)

三合亮江(图6-179)位于锦屏县敦寨镇龙池村。在航拍条件下观察,该河段呈"V"形,河水的流向为自西向东,有2个较大的河心洲。该河段周围除少部分丘陵上有树木外,基本为农田,整体环境优美,水面宽广而平静,在靠近龙池村一侧的岸边还有一座木质小凉亭,整个景区古朴而自然,颇有诗情画意。

图6-179　三合亮江风光

9. 龙池石林(三级)

龙池石林(图6-180)位于锦屏县敦寨镇龙池村,其上有木制凉亭、冬青树,其下有"万佛洞"及"万佛洞碑",其旁紧临村内水泥路,水泥路另一侧则为三合风雨桥。该石林区的石灰岩岩体上有明显的水平横裂缝。石林规模较大,造型独特,植被丰富,远看形似一个小山包。

该石林区平均高出附近地面约6 m,所占面积超过800 m^2。

图6-180　龙池石林

十四、六枝郎岱省级地质公园

(一) 概　况

拟建的六枝郎岱省级地质公园位于六枝特区郎岱镇一带,是典型的峰林、峰丛及喀斯特盆地景观区,是贵州二叠系茅口组剖面命名地,地质景观丰富。

(二) 地质遗迹类型

拟建的六枝郎岱省级地质公园内共有54处旅游资源,其中人文景观资源41处、地质遗迹资源13处,具体见表6-31。

表6-31　拟建六枝郎岱省级地质公园资源统计

大　类	类	级　别	数量/处
地质遗迹	典型地层剖面	二级	1
		四级	1
	岩土体地貌景观	三级	2
		二级	4
	水体地貌景观	三级	2
		二级	3
人文景观		三级	1
		二级	14
		一级	26
合计			54

(三) 主要地质遗迹特征

1. 播雨峰林

播雨峰林(图6-181)位于六枝特区新窑镇播雨村,属于地文景观类资源。峰林为下二叠统茅口组石灰岩地层。峰林形态呈不规则长条状,近北西—南东向展布,长约6 km,北西端宽约1.5 km,南东端宽约0.5 km,面积约6.0 km^2。峰林由200多座大小不一的峰体组成,大小峰体排列错落有致,气势宏大,峰体奇特,峰体中最高的约180 m,最低的约50 m。播雨峰林被誉为"六枝一绝"。

该峰林峰体看似拔地而起,其实为二叠系石灰岩经长期风化剥蚀而成。站在高处远眺播雨峰林,众多峰体拔地而起,如剑似林,一望无际;近看,大小峰体排列错落有致,使人赏心悦目。峰林周边宽阔,绿草丰茂,空气清新,是人们休憩、健身的好地方。

图 6-181　播雨峰林

2. 月宫洞

月宫洞(图 6-182)位于六枝特区落别布依族彝族乡马头村。月宫洞原名观音洞,洞外风景别致,山势险峻,很有气势。月宫洞洞口开在大山腰部,距洞口下 200 m 处有一宽阔平静的天然湖泊,面积约 18 hm²。月宫洞里现可参观的游程近 2000 m,可容百人甚至千余人的宫厅有 10 个,奇妙景观有 80 余处。洞内各厅富丽堂皇,各种钟乳石如堆金叠玉,玲珑剔透;洞中有浅水,水冬暖夏凉。

图 6-182　月宫洞

3. 洒志地层剖面

洒志地层剖面为贵州栖霞组及茅口组次层型剖面地,乐森璕在这一带测制了二叠系剖面,并命名了茅口组地层(图 1-183)。洒志地层剖面可作为整个中国二叠系层型到次层型剖面进行对比,具有极大的科研意义。

第六章 贵州拟建地质公园

图 6-183 洒志地层剖面栖霞组与茅口组岩性外观

十五、盘州八大山省级地质公园

(一) 概　况

拟建的盘州八大山省级地质公园位于盘州市淤泥彝族乡,喀斯特地貌景观类型丰富,景观多样。

(二) 地质遗迹类型

拟建的盘州八大山省级地质公园内旅游资源丰富,共有 88 处,具体见表 6-32,以峡谷、峰丛、溶洞景观为主。

表 6-32　拟建盘州八大山省级地质公园资源统计

大　类	类	级　别	数量/处
地质遗迹	构造剖面	二级	1
	岩土体地貌景观	一级	54
		二级	17
		三级	7
		四级	2
	水体地貌景观	一级	7
合计			88

273

(三)主要地质遗迹特征

1. 龙滩口溶洞(四级)

龙滩口溶洞(图6-184)位于盘州市淤泥彝族乡中合村。洞中琳琅满目的钟乳石、石笋、石帘、石幔、石瀑布、石葡萄、石花与潺潺流水交相辉映,景观独特,在全国溶洞中极为罕见。

龙滩口溶洞由上洞、中洞和下洞3层组成。进洞口位于中洞,洞口地处悬崖上,距地面约3 m,洞口大约10 m^2,呈花瓣形。入洞后有一巨大厅堂,厅堂中有巨大的石笋、钟乳石、龙形石柱等;还有1个直径约1 m、宽约0.5 m的白色云盆,盆中立着高、矮、粗、细不等的各形石柱;特别是有大面积的边石坝发育,边石坝蜿蜒曲折,像一条条蛟龙,景观奇异,在国内外实属罕见。由中洞的竖洞可通往上洞,上洞的洞顶垂下无数大小、长短、形态各异的钟乳石、石帘。中洞尽头左侧通过人工凿成小洞进入下洞,下洞钟乳石、石笋如亭台楼阁一般,穿越一条长60余m、宽20余m的龙潭,可观赏到上下粗、中间细的石柱,更有从几十米高的石缝中喷涌而下的飞瀑,犹如龙宫一般,极为壮观。溶洞全长约1000 m,总面积近17 000 m^2,规模宏大,发育典型,适宜作为进行科学研究和教育的基地。为了有效保护溶洞不受破坏,当地政府已用混凝土对溶洞入口进行封堵,适时开发。

图6-184 龙滩口溶洞

2. 白雨洞(四级)

白雨洞(图6-185)位于盘州市淤泥彝族乡嘿白村,地处嘿白村东北侧,距离娘娘山景区约8 km,也称白雨竖洞,是地表水溶蚀碳酸盐岩后形成的喀斯特竖井。白雨洞为垂直溶洞,入口在山顶部,呈椭圆形,洞口直径约40 m,井壁陡峭,近乎直立。现白雨洞周边植被茂密、山石奇异,匍匐于洞口向下看,深不见底,犹如神秘的时光隧道,令人恐惧而神往。探明洞深560 m,可一绳到底的垂直部分为428 m,比墨西哥巴霍天然井还深14 m,是迄今世界上发现的最深天然竖井。

图6-185　白雨洞

3.嘎木仙人洞(三级)

嘎木仙人洞(图6-186)位于盘州市普古彝族苗族乡嘎木村。嘎木仙人洞有上下两层,通道大小不一,左弯右拐,崎岖不平,山洞总体向下倾斜。下洞长约200 m,比上洞宽敞,洞高2~15 m,宽3~22 m;上洞据说有100多m,没有下洞宽敞。洞内有各种钟乳石和奇特的溶蚀洞底,有的像梯田,有的像莲花。各种钟乳石和石笋造型奇特,具有很高的观赏价值。

图6-186　嘎木仙人洞

4. 娘娘山天生桥（三级）

娘娘山天生桥（图6-187）位于盘州市普古彝族苗族乡天桥村，为两个大圆坑相互贯通形成的自然拱桥，桥长约40 m，桥面宽约20 m，桥身最薄处只有5 m多。桥两边的坑深约60 m，大的坑直径约45 m，小的坑直径约25 m，两坑相隔约20 m，与不远处的穿洞处在一条线上，可能是原来由同一条地下河形成的。在地下河形成的条件下，地表水沿地下河上方岩石裂缝不断流入地下河，在长期的冲蚀及重力垮塌作用下不断掏空形成两个大坑，两大坑连接面即为天生桥。桥面及周围植被发育得都很好，空气清新，环境优美，是游玩的好地方。如在坑里，更是凉爽，里面长满各种杂草，在里面可以体验"坐井观天"的感觉。

图6-187　娘娘山天生桥

5. 脚踩洞（三级）

脚踩洞（图6-188）位于盘州市保基乡垤腊村，形如人的脚印，又叫"冲天眼""天坑""天窗"。天坑内有两个天然大厅，厅内各种钟乳石倒挂，千奇百态，栩栩如生，景观非常漂亮，更奇的是大厅又可与天窗一侧的另外两个竖洞相通。上口直径约100 m，下口直径20余 m，深200多 m，四周悬崖陡壁，惊险奇特。

脚踩洞是格所河峡谷景区内一个重要的景点。天坑内长满各种热带植物，可听到吼声如雷的伏流之声。洞内还有国家级保护动物——大鲵，以及在国内罕见的透明鱼类。

图 6-188 脚踩洞

6. 风座小张家界(三级)

风座小张家界(图 6-189)位于盘州市保基乡风座村,是一处集峰丛与岩壁的喀斯特地文景观,因酷似湖南张家界,故得名"小张家界"。此地峰丛耸立,高大挺拔,宏伟壮观;岩壁垂直,呈白色,一片接着一片,远观犹如一幅幅壁画横挂于大山之上。此处地文景观占地面积约 66.67 hm^2,有岩壁几十处,峰丛十几个。

图 6-189 风座小张家界

7. 刀砍山(三级)

刀砍山(图 6-190)位于盘州市保基乡厨子寨村。刀砍山是一长形山体,山体从三分之一处断裂,形如刀砍,故名刀砍山,远观尤为形象,是大自然的鬼斧神工,异常壮观。刀砍山山体高约 300 m,宽约 1 km。

图 6-190　刀砍山

十六、紫云黄鹤营省级地质公园

（一）概　况

拟建的紫云黄鹤营省级地质公园位于紫云苗族布依族自治县猫营镇一带，旅游资源十分丰富，有峡谷、地下河、天生桥、溶洞、天坑、田园风光、民族村寨等。

（二）地质遗迹类型

拟建的紫云黄鹤营省级地质公园内共有旅游资源 81 处，其中人文景观资源 63 处、地质遗迹资源 18 处，具体见表 6-33。地质遗迹主要以地下地下河、溶洞、峡谷、峰林、峰丛为主，是比较典型的喀斯特地貌类型。

表 6-33　拟建紫云黄鹤营省级地质公园资源统计

大 类	类	级 别	数量/处
地质遗迹	岩土体地貌景观	五级	1
		四级	1
	构造地貌景观	三级	6
		二级	5
		三级	1
	水体地貌景观	三级	2
		二级	2

续表

大 类	类	级 别	数量/处
人文景观		三级	2
		二级	14
		一级	47
合计			81

(三) 主要地质遗迹特征

1. 黄鹤营地下河(五级)

黄鹤营地下河(图6-191)位于紫云自治县坝羊镇四联村。地下河总长2006 m,平均高36 m,宽29 m,河段总落差30 m。地下河平面形态为近南北向的"S"形,有上、中、下3段明显不同的景观结构。上段溶洞宽敞,沙滩、崩塌岩块广布,河道蜿蜒;中段地下河廊道幽深,峡高水深;下段洞厅高大,巷道深幽,洞厅深潭呈串珠状出现。

地下河溶洞中以红色为基调的钙华景观层次丰富;河床边有石鳍、边石坝及石梯田;河岸的崩塌巨石上有体量高大的石塔、石柱;洞壁上有异彩纷呈的石帘、石幔等景观。地下河廊道犹如水晶宫般完美无瑕,与地下河水完美结合,形成"宝塔映碧水""清流绕梯田"等充满灵秀之气的绝美景色。

图6-191 黄鹤营地下河

2. 干水井响水洞

干水井响水洞(图6-192)位于紫云自治县白石岩乡干水井村。此洞在一竖井天坑底部,洞高8 m左右,宽12 m左右,洞深度不详,洞内水深1~5 m。干水井响水洞实为一条地下河,水流量比较大,河水跌落水声巨大,说明洞内至少分2层。洞上方竖井天坑植被发育,景色优美。

图6-192　干水井响水洞

3. 蝴蝶洞

蝴蝶洞(图6-193)位于镇宁布依族苗族自治县本寨乡岩下村,属于红色旅游资源。蝴蝶洞高险而宽敞,洞口位于哑呀河岸一处峭壁上,进入不便;洞口形状如一只展翅的蝴蝶,有许多大小不同的溶蚀孔。

图6-193　蝴蝶洞

4. 凉风洞(杀牛洞)

凉风洞(图6-194)位于紫云自治县松山街道干桥村的一座石灰岩山内。凉风洞洞口宽1.5 m,高4.8 m;洞内宽阔平缓,低洼处有积水,洞内宽5~10 m,深300余m,凉风习习,空气畅通。石壁上有石柱、石帘发育,局部发育有大型的石帘、蘑菇云。

图 6-194 凉风洞(杀牛洞)

5. 神仙洞

神仙洞(图 6-195)位于镇宁自治县本寨乡岩下村。神仙洞洞口朝向为东南,向西北方向发育,倾向为 38°,沿山体向下延伸。其洞口宽敞,高约 5 m,宽约 7 m,岩壁有许多大小不一的溶蚀孔。进入洞内右上方的岔洞约 50 m 有仅能一人爬行通过的洞径;爬行 3 m 后,眼前豁然开朗,里面洞厅宽大,高约 15 m。洞内景观壮丽,钟乳石造型奇特,高大,呈浅黄色,有石笋、石柱、石帘,还有天然的钟乳石人像;洞壁花纹若云若卷,令人浮想联翩。

图 6-195 神仙洞

6. 十八罗汉撞金钟峰林

十八罗汉撞金钟峰林(图 6-196)位于镇宁自治县本寨乡岩下村,是由 18 座耸立的山峰和似吊钟一般的山丘所组成的奇特景观。其所处环境自然景观优美,植被覆盖率高,峰林中有河流与溶洞。整个景区气势雄伟,令人震撼。

图 6-196　十八罗汉撞金钟峰林

7. 石　林

石林(图 6-197)位于紫云自治县白石岩乡湾坪村,周边为喀斯特山地地形。石林位于半山坡垭口处。出露的石灰岩地层的经长年累月的风化溶蚀产生一个个石峰,连片为石林,面积有 10 000 m²。石林内石峰奇形怪状,且石峰间长满树木,石峰、树木相间而成,美观大方,沿途翠竹丛生,风景怡人。该地气候类型为亚热带温热季风气候,四周森林覆盖率高,植被发育良好,为良好的避暑地。

图 6-197　石　林

8. 哑呀河

哑呀河(图 6-198)位于镇宁自治县本寨乡岩下村,属于水域风光类旅游资源。哑呀河所在地——镇宁,是世界上著名的瀑布之乡。哑呀河地处中国三大水系之一的珠江流域,是北盘江南岸第一大支流清水江发源地。哑呀河的源头叫哑呀龙潭,由大龙潭、小龙潭及出水洞组成,三者都处于同一水平面上。哑呀河水最先注入的是打邦河。在距哑呀河源头下游 8 km 处建有水力发电站,名为关山电站。

图 6-198　哑呀河

9. 哑呀河张家坝段

哑呀河张家坝段(图 6-199)位于镇宁自治县本寨乡张家坝村,属于水文景观。该河段位于较为平坦的田园区,呈"S"形展布。哑呀河张家坝段的水质优良,有不少的水生植物,且两岸的植被茂盛。该河段整体长约 4 km,景观主要由哑呀河和两岸丰富茂盛的植被所组成。

图 6-199　哑呀河张家坝段

10. 夜郎峡谷

夜郎峡谷(图 6-200)位于镇宁自治县本寨乡岩下村,属于地文景观类旅游资源。夜郎峡谷由阴河洞、两夹岩、夜郎峰、千河沟、喳咀岩、银子洞、老蛇洞组成,峡谷内植被茂盛,溪水潺潺。峡谷长 3 km,最宽处 50 m,

最窄处5 m。夜郎峰位于夜郎峡谷中段,在银子洞对面,高险奇特。峡谷内有地下河,顺着峡谷向下流淌。河里有滩,滩里有鱼,水清澈透明,一眼便可望见河底的沙石。这里山水相映,风景奇特秀丽。

图6-200 夜郎峡谷

十七、盘州新民化石群省级地质公园

(一) 概 况

拟建的盘州新民化石群省级地质公园位于盘州市新民镇。自1999年起,古生物研究人员在该地区发现了大量的海生爬行类、鱼类化石,以及伴生的双壳、菊石等无脊椎动物化石。这些古生化石的发现,使得该地声名远扬,无数的科研工作者涌进这一带进行科学研究。

(二) 地质遗迹类型

拟建的盘州新民化石群省级地质公园内共有地质遗迹资源27处,具体见表6-34,主要地质遗迹为古生物化石聚集区及溶洞景观。

表 6-34　拟建盘州新民化石群省级地质公园资源统计

大　类	类	级　别	数量/处
地质遗迹	剖面	二级	1
	重要化石产地	一级	1
		五级	1
	岩土体地貌景观	一级	14
		二级	3
		三级	4
	水体地貌景观	一级	2
		三级	1
合计			27

（三）主要地质遗迹特征

1. 盘州新民鱼龙化石群（五级）

盘州新民鱼龙化石群（图 6-201）位于盘州市新民镇雨那村，属于古生物化石旅游资源，发掘于三叠纪沉积的陆海相薄层状泥灰岩中。该地层厚 1.5～2.0 m，含有丰富的生物化石，除了鱼龙化石，还共生有少量的鳍龙类、海龙类、原龙类化石和比较原始的楯齿龙类、混鱼龙类化石，以及鳞齿鱼、肋鳞鱼和龙鱼等鱼类化石，距今有 2.4 亿年。这些化石在国内其他地方乃至世界范围内都属罕见，具有很高的考古价值。

图 6-201　盘州新民鱼龙化石群

2. 出水洞水库（三级）

出水洞水库（图 6-202）位于盘州市竹海镇岩峰村，在新民镇与竹海镇的交界处。因水库主要水源是由库区中段的出水洞流出而得名"出水洞水库"。水库地处"V"形峡谷，两岸坡陡不一，库区左岸多为悬崖陡壁，出水洞的位置刚好位于绝壁中部，在雨季水量较大时，瀑水直泻而下，溅起的水花如云如雾，在晴天的时候常常会有彩虹出现在洞的下方，在水库大坝左岸不到 100 m 处，一座悬崖上屹立着一座象形山石，远看就像一个罗汉静坐在山头凝视着远方；库区右岸坡度较缓，多为碎屑岩覆盖在表层，多数地里种有玉米，夏天的时候玉米地的一排浓绿与水库的碧绿融合，形成一幅无法形容的画卷。水库坝高 105.5 m，坝宽未知，总投资 141 931.96 万元，设计总库容 7273 万 m³，年供水量 7664.3 万 m³。

图 6-202　出水洞水库

3. 张口洞（三级）

张口洞（图 6-203）位于盘州市新民镇大坑村，属于喀斯特溶洞，也属于高位旱溶洞。洞口位于两山之间低洼处，规模巨大。据当地老乡介绍，该洞目前无人走通过（长于 10 km），洞宽 5~20 m，高 5~30 m。洞中有岔道，洞中有洞，主洞往下最少分 3 个阶梯，分布有无数个厅室，布满五颜六色、千姿百态的钟乳石、石笋、石柱、石芽等几十种堆积物，景观奇特。小洞道纵横交错，石峰四布，流水、间歇水塘、地下湖错置其间，可以称得上"岩溶瑰宝""溶洞奇观"，具有极高的观赏价值。

该溶洞形成于三叠系石灰岩中，距今有 2 亿多年的历史。张口洞的形成，首先是大气降水沿石灰岩孔隙、裂隙、层面等渗入岩体，并对岩体进行溶蚀，扩大形成地下空洞；其次是随着空洞的逐渐扩大，水流汇集到洞中形成地下溪流或地下河，而后在重力崩塌、地下水溶蚀、地下水侵蚀和搬运等共同作用下，洞腔进一步地扩大；最后是随着地壳的抬升，潜水面下降，地下河及岩体中水流向下渗漏或下流，从而形成现在所看见的旱洞。洞穴形成后，岩石中的水渗入洞中，由于温度和压力的改变，水中的钙离子和碳酸根离子结晶形成碳酸钙晶体。这些碳酸钙在洞顶、洞壁和洞底等部位长期沉积下来，便形成了各种形态的钟乳石。由于形成钟乳石的水动力及其沉积部位的不同，形成了各种不同的类型，主要有钟乳石、石笋、石柱、石旗、石盾、石帘、卷曲石、石磨、钙板、晶花等，洞内神奇的银雨树、精巧的卷曲石举世罕见。而且由于该地人迹罕至，故对环境的破坏性小，景观保存较完整。

图 6-203　张口洞

4. 五朋洞(三级)

五朋洞(图 6-204)位于盘州市保田镇五朋村。洞口较小(约 2 m²),洞口倾斜向下延伸。由于地层倾角较小,洞口处掉落灰岩碎块较多。洞内规模较大,高约 35 m,宽约 20 m,产状 80°∠5°,钟乳石发育较多,但主洞内破坏较为严重。洞中悬崖上还有一个侧洞(离地面高约 12 m),进入侧洞,里面还有几个侧洞,侧洞内钟乳石发育较多,无破坏现象,保存完好,在一个侧洞内的地面上还发现有已经钙化的疑似人类的骨骼和牙齿。调查时探明的深度约 1 km,但还未走到尽头。

图 6-204　五朋洞

5.何家大洞(三级)

何家大洞(图6-205)位于盘州市保田镇甘塘子村,规模较大,宽约40 m,高约20 m,产状为76°∠9°。洞内空间较宽广,并衍生出一些大大小小的溶洞,深浅不一,俗称"洞中洞"。由于进入洞口的前100 m坡度较大,掉落的碎石块较多,通行较为不便。进入洞内,空间宽广,宽约10 m,高约20 m。洞内钟乳石发育较多,形态各异,甚是美观,其中有3个最为奇特,一个特别像织金洞里面的"霸王盔",一个像"蘑菇石",一个像"五指山",规模与体量均比较庞大,但有少许钟乳石已遭受不同程度破坏。洞穴现已探明长度约2 km,由于当时设备有限,大概还有1 km未探明。据说该溶洞以前有何姓老人在里面炼制硝药,并长期居住于此洞中,现还残留当年炼制硝药的痕迹,故该洞名为"何家大洞"。

图6-205 何家大洞

十八、兴仁七伏七出地下河省级地质公园

(一)概况

拟建的兴仁七伏七出地下河省级地质公园位于兴仁市北东一带,有喀斯特景观发育,兴仁市正以这一带打造漏江文化旅游带。

(二)地质遗迹类型

拟建的七伏七出地下河省级地质公园内共有40处旅游资源,其中地质遗迹资源39处,人文景观资源1处,具体见表6-35。地质遗迹以地下河、天坑、溶洞为主。

表 6-35 拟建兴仁七伏七出地下河省级地质公园资源统计

大 类	类	级 别	数量/处
地质遗迹	岩土体地貌景观	一级	15
		二级	7
		三级	4
		四级	1
	水体地貌景观	一级	5
		二级	6
		三级	1
人文景观		四级	1
合计			40

(三)主要地质遗迹特征

1. 七伏七出地下河景观

麻沙河(古时称漏江)发源于兴仁市新龙场镇。这条河向东纳入响水河后经过南冲河伏流,后由锁寨出来成为大桥河,继续往下进入打鱼凼伏流四次出泥浆河,泥浆河再次伏流后汇合巴铃河下游的软口河跌入马大塘(养龙坑),距马大塘 500 m 处进行第七次也是最后一次伏流后从 7 个小孔中喷涌而出,进入岔普河(图 6-206)。

值得注意的是,这条河最后一道伏流的地方就叫做天生桥,两岸的山体被汹涌的河水冲出一道宽约 200 m 的口子,正如史书所记载的"蝮口"。岔普河继续往下是波秧河,波秧河与西面的者卜河汇合后在约 2 km 处注入了北盘江。"发源地—纳入小河—天生桥伏流—出蝮口—纳者卜河—出北盘江",兴仁境内长达 100 多 km 的麻沙河流域,竟然与历史上消失了一千多年的漏江线索吻合。

漏江有"三奇":"一奇"是它的历史地位;"二奇"是经过七伏七出;"三奇"是沿途风光绝美,南冲河、马军河、打鱼凼水库、大硝洞溶洞群、天坑群、战马峡谷、泥浆河、养龙坑、天生桥,是世界罕见的集天坑、溶洞、瀑布、峡谷为一体的风景名胜区。

图 6-206 地下河出口

2. 大硝洞(四级)

大硝洞(图6-207)位于兴仁市巴铃镇战马田村。古人曾于洞内炼硝,故当地人称之为"大硝洞"。沿战马田村塘房组南面从小路可达洞口,洞口狭小,可容一人进出。进入洞口,即可看到高约30 m、面积约600 m^{2}的洞厅。据村民介绍,洞穴内的大小洞厅有8个,最小的厅有100 m^2,最大的则有上千平方米。洞内曲折迂回,又有数个耳洞。洞内怪石嶙峋,有龙床、阴河、石凳、田埂、仙人田、摇钱树及高达数十米的石莲花柱等,造型别致,形态各异;在距离洞口大约6 km长的中洞处,见有数处集中炼硝遗址。据说大硝洞可直通兴仁市东湖街道摆布河村,走完全程大约要5 h。大硝洞规模庞大,洞内钟乳石造型奇特,特点突出,有很高的科学价值和美学价值,是科学普及和地学野外教学的理想地区之一。此外,作为古人炼硝场地,大硝洞亦具有一定的神秘和传奇色彩。大硝洞庞大壮观,是黔西南自治州境内罕见的大型溶洞,据村民介绍,大硝洞长约15 km,洞内子洞遍布,极为复杂,尚未有人走通过。

图6-207 大硝洞

3. 放马坪国际滑草场(四级)

放马坪国际滑草场(图6-208)位于兴仁市下山镇马乃营村的放马坪高山草原北侧。得益于草原得天独厚的地形条件,该滑草场规模巨大,娱乐性强。

滑草场分为极限滑草场和娱乐滑草场。极限滑草场建于陡斜坡上,有7个滑道,长约200 m,最大坡度30°,平均坡度18°,自坡顶踩滑草车滑下,惊险刺激;娱乐滑草场位于极限滑草场西侧,为缓斜坡,长约255 m,宽约120 m,坡度6°~12°,场地为长条状,可自由滑行。具有民族特色的滑草场游客接待中心已基本完工。

放马坪国际滑草场紧跟当前国内兴起的滑草休闲健身运动趋势,利用优质的自然资源打造一流的滑草场地,主要用于滑草比赛和娱乐,为良好的休闲娱乐场所,游客可通过参加滑草来体验速度与美的结合,感受人与自然的和谐。

图 6-208 放马坪国际滑草场

4. 大白洞天坑(三级)

大白洞天坑(图 6-209)位于兴仁市下山镇马乃营村的放马坪高山草原南侧。天坑坑壁四周陡峭,在南西方向的峭壁上有小通道到坑底。坑壁有两级台地,位于 50 m 深处的一级台地宽 2~4 m,呈斜坡状;另一级台地位于深处 150 m,坡地上草木丛生、野花灿烂。北部坑壁有悬瀑飞泻坑底,坑底下部有地下河,大白洞天坑是地下河的一个"天窗"。据村民介绍,坑底溶洞可通至放马坪草原北西侧山脚溶洞,属同一溶洞系统。天坑雄浑壮观,神秘莫测,具有很高的科学价值和美学价值,同时亦是科学普及和野外地学教学的理想地区之一。天坑坑口呈椭圆形,直径约 300 m,深约 200 m,坑底保持了原始状态,树木茂盛,底部温度常年保持恒温。

图 6-209 大白洞天坑

5. 观音湖(三级)

观音湖(图6-210)位于兴仁市下山镇茅坪村,紧靠646县道,为一天然水域,呈南北带状分布。水域北西、南西沿沟谷方向有水流下,为湖水主要补给源;北东方向有排水通道,丰水季水位上升,水流于此排泄。湖区中部有一孤山,据村民介绍,早前孤山山脚有溶洞,因洞内有钟乳石观音像,被村民叫作观音洞,观音湖也因此得名,现在观音洞已完全被水淹没。湖区水域面积约26.67 hm^2,北深南浅,深处约有8 m。观音湖常年有水,水域宽广,水极为清澈。湖区水位受季节性影响变化,枯水季水位有所下降,丰水季水位上涨于北东沿沟谷消散。观音湖对于繁衍水生生物、改善区域生态环境有重要作用,同时宽广的水域、清澈透亮的湖水亦使其成为垂钓娱乐、休闲度假的良好场地。

图6-210 观音湖

6. 猴子洞(三级)

猴子洞(图6-211)位于兴仁市下山镇白岩村,分为白洞和黑洞两部分。白洞洞口有开阔平地,因两侧洞口开阔通透,洞内敞亮而得名,可通车辆,早年有人建房,现已废弃;洞口高约15 m,宽约8 m,洞长约200 m,走向65°;洞内地面平坦,宽5~6 m,高6~10 m,洞内面积约1500 m^2,石笋、石柱、石幔较为发育,造型奇特;白洞出口位于"锅圈岩"底部,出口北东向约10 m即为黑洞入口。黑洞洞口不规则,洞内平坦,有大型洞厅5个,规模不等,大的约2000 m^2,小的约300 m^2,洞厅之间通过狭窄通道相连,窄处只容一人侧身通过,主洞内又有耳洞数个;洞内钟乳石丰富且较为集中,见有石笋、石柱景观,石笋、石柱相向生长,石柱在洞厅中"顶天立地",如同"原始森林",亦有巨型石帷幕景观及石旗、边石坝景观,惟妙惟肖。据当地百姓介绍,溶洞深处有钟乳石形似猴子,猴子洞因此得名。该洞是一个较为完整的洞穴系统,景观奇特,境界开阔,美学价值和科研价值极高,从生态、洞穴的形成探测喀斯特发育的历史等各个方面都具有较好的研究价值。

洞内空气流畅,气温、湿度较稳定,质量较高,加上洞外的森林植被和田园风光及多民族聚居的独特文化,使得该地成为观光旅游的良好场地。

猴子洞岩性为三叠系永宁镇组灰色薄至中厚层石灰岩,其产状为185°∠22°,白洞走向65°,黑洞走向305°。

图6-211 猴子洞

7. 陶家洞(三级)

陶家洞(图6-212)位于兴仁市下山镇高武社区,因早年洞外有陶姓人家居住,故被当地人叫作"陶家洞"。洞口开阔呈椭圆状,高约3 m,宽约6 m,洞内平坦易行,洞壁钟乳石形态各异,行至约100 m处呈斜坡状,经长年溶蚀沉积而形成边石坝景观,当地人也称为"仙人田",自斜坡往下,钟乳石鳞次栉比,甚为美观。再往内需躬身前行,狭窄处只容1人通过,进入第二个"洞厅",映入眼帘的是数个巨大的边石坝景观,高40~50 cm,宽约20 cm,里面水流清澈透亮。再往内,溶洞高约8 m,宽5~15 m,洞内石笋、石柱、石幔、石旗、石瀑布景观丰富、规模庞大,各具特色。

据村民介绍,溶洞长约3 km,有2个出口,一个位于笼子洞,另一个位于车坝丫口。洞内平坦易行,钟乳石造型奇特、特点突出,有较高的科学价值和美学价值,是科学普及和地学野外教学的理想地区之一。

图6-213 陶家洞

8. 蒸子洞（三级）

蒸子洞（图6-213）位于兴仁市下山镇高武社区。洞口呈带状，高约2.4 m，宽约1.0 m；入内左转见高约1.5 m的陡坎，仅容一人爬行通过；随后空间变大，宽5~15 m，高4~8 m。洞穴总体呈东西走向，内有数个耳洞，规模、大小不一；洞内自西向东呈缓斜坡下降，深处有池，水深不明，水内石笋、石柱、石幔形态各异，水潭一侧形成台地，人可慢行通过，石柱交错纵横，连接上下洞壁，经长年溶蚀沉积，形成边石坝景观，鳞次栉比，大小、深浅不一。蒸子洞内宽阔易行，主洞长约800 m，洞内钟乳石体量丰富，造型奇特，特点突出，有较高的科学价值和美学价值，是科学普及、地学野外教学的理想地区之一。

图6-213 蒸子洞

十九、望谟麻山及桑郎峡谷景观省级地质公园

(一)概　况

拟建的望谟麻山及桑郎峡谷景观省级地质公园位于望谟与罗甸交界一带。这一带集峡谷、喀斯特盆地、峰丛、峰林及溶洞景观为一体,旅游资源丰富。望谟县麻山镇是贵州最为贫困的地区之一,原因是这一带全是碳酸盐岩,缺水、缺土地。但这一带峰林、峰丛景观极好,地质现象丰富,是极好的旅游地。

(二)地质遗迹类型

拟建的望谟麻山及桑郎峡谷景观省级地质公园内共有52处旅游资源,其中人文景观资源17处、地质遗迹资源35处,具体见表6-36。总体上地质遗迹类型以峡谷及峰丛地貌景观为主。

表6-36　拟建望谟麻山及桑郎峡谷景观省级地质公园资源统计

大　类	类	级　别	数量/处
地质遗迹	岩土体地貌景观	四级	1
		三级	4
		二级	22
	构造地貌景观	四级	2
		二级	1
	水体地貌景观	三级	1
		二级	4
人文景观		四级	1
		三级	7
		二级	9
合计			52

(三)主要地质遗迹特征

1.六里峡谷

六里峡谷(图6-214)位于望谟县乐旺镇六里村,属于地文景观、水域风光、生物景观、天象与气候旅游资源。峡谷长12 km,两岸对峙,耸入云端,峭壁万仞,如斧削劈;飞瀑泻下如龙,谷中河流弯曲深邃,河水清澈,寒气袭人;杂树交错,浓荫蔽日。

沿崎岖小道前行约1 km,可见挂瀑从百丈高崖直泻而下,水石相击,溅成阵阵霁雨,在日光下彩虹突现,宛如仙境;仰视崖端,如插云天,薄雾青岚紫绕。峡谷深处,河流湍急,道路曲曲折折,河边被水冲刷得异常光滑的石头摸起来特别舒服。峡谷两旁怪石嶙峋、形态各异,活似仙人,又如鬼怪,远处不时传来猿猴的啼叫,让人置身其中不能自拔。峡谷深处升腾着神鬼莫测的氤氲之气,配合着碧绿清澈的河水、翠绿的青山,如一幅精致而婉约的山水画卷。偶尔听见当地村民放声于峡谷之间,高亢嘹亮的歌声于峡谷中传来,变得悠扬且

意味深长,细细领悟,别有一番世外桃源的恬静感。沿路走来,见有溶洞数个,洞内钟乳石极度发育,石笋等规模较大,形态各异。

峡谷西边尽头处为一消水洞,水自东向西流,洞内呈阶梯式台阶,台阶高度不一,形成具有一定规模的瀑布。洞长500 m左右,水流可通至桑郎峡谷,有一种柳暗花明的感觉,让人心旷神怡、流连忘返。

图6-214　六里峡谷

2. 麻山峰林

麻山峰林(图6-215)位于望谟县麻山镇岜丛村。该峰林山连着山,连绵不绝,虚渺飘逸,变幻莫测。在Y533县级公路边的山顶上看向此处,峰林景观一览无遗,远眺群峰,一个个形态各异,几十米到几百米不等,千姿百态,令人目不暇接,犹如万马奔腾,气势逼人。该峰林范围包括望谟、紫云、罗甸、长顺、惠水、平塘六县(区)的28个乡镇,其中望谟县所包含的主要乡镇为麻山、乐旺、桑郎、昂武等,总面积约5 km^2。

图6-215　麻山峰林

3. 桑郎峡谷

桑郎峡谷（图6-216）位于桑郎镇，发育于贵州高原和广西盆地过渡地带的喀斯特地貌区。据调查了解，峡谷内错落分布发育了数个规模较大的溶洞，岩性为三叠系灰色、灰白色中厚层状灰岩、白云岩，尤以峡谷北端连接六里峡谷的消水洞最为奇特。消水洞高约40 m，长500 m左右。洞内地势有自北向南逐步降低的趋势，呈阶梯状，台阶高度不一，水流经过处形成具有一定规模的瀑流，水流出洞口有一种柳暗花明之感。洞内错落别致的钟乳石大量发育，不同形态钟乳石、石笋、石柱等遍布其中，其色金黄或乳白，或浑厚晶莹，其形如塔如锥如盘、似人似物似妖，或屹立，或倒悬，或倚靠，目光所及皆为胜景，使人步不忍移、眼不欲闭。

峡谷沿岸偶见数条平均高约200 m、宽5 m的挂瀑从百丈高崖直泻而下，水石相击，溅成阵阵霏雨，光照下彩虹乍现，宛如仙境。

图6-216　桑郎峡谷

4. 冗王天生桥

冗王天生桥（图6-217）位于桑郎镇卡加村，属于地文景观资源。天生桥位于冗王山山顶处，因冗王山山崖处部分岩石被风化剥蚀，仅顶部有岩石连通，状如拱桥，故命名为"冗王石桥"。其桥长约15 m，是一座天生桥。巍峨的青山之巅，似被一弯银月连通，大自然的鬼斧神工造就了这一奇景。冗王天生桥周边青峦环绕，植被苍翠，风景秀美，落日时金色的光芒笼罩整个山体，让人不禁为之感叹。

图 6-217　冗王天生桥

5. 六里燕子洞

六里燕子洞(图 6-218)位于望谟县乐旺镇六里村,属于地文景观资源。燕子洞在六里峡谷及桑郎峡谷之间,为一个消水洞,经六里河通过燕子洞流向桑郎河。洞口呈直立,宽 10 m,高约 30 m,洞长约 1 km,洞内钟乳石、石笋发育,洞内呈阶梯状缓缓而下,环境优美。该洞是一个消水洞,作为河流的一部分连通两个峡谷,是一条天然的水利通道。

图 6-218　六里燕子洞

6.昂武红水河水域风光

昂武红水河水域风光(图6-219)位于望谟县昂武镇昂武村,属于水域风光资源类型。昂武红水河水域风光为红水河支流的桑郎河在汇入红水河后形成的宽广河段水域风光,与下游的红湖水域风光段相连,亦有河心小岛、码头、渔舟,山村老寨静立水边,青山绿树掩映,朝阳、晚霞铺陈河面,有"半江瑟瑟半江红"的丰美之感。

该段水域宽约200 m,长约3 km,具有一定的规模和体量,具备开发旅游项目的各种良好条件。该区域自然风光怡人,有昂武老寨、田园风光、码头渔舟,青山环抱,绿林掩映,构成一幅自然环境的和谐美景。

图6-219 昂武红水河水域风光

二十、册亨万重山省级地质公园

(一)概 况

拟建的册亨万重山省级地质公园位于册亨冗度、威旁一带。园区内,关岭组与垄头组为相变关系,边阳组与坡段组、垄头组也为相变关系,这是贵州较为著名的三叠系大相变带。主要特征为浅海台地礁滩相灰岩、白云岩与盆地边缘相砾屑灰岩、盆地相砂岩、黏土岩逐渐过渡相变,从岩性上演示了当时大海的古地理样式,让大多数人了解了我们现在生存的地方在数亿年前是大海,地质科普意义重大。国内外地质科研工作者多次来此相变带进行地质调查工作。此相变带的科普意义在于能让人们了解地球的形成演化过程中,哪些是浅海,哪些是深海,哪些生物生存于浅海礁滩,哪些生物生存于海盆;通过岩性与化石,让人们直观地了解当时地球的古环境、古地理特征,科普地球的形成与发展过程。

(二)地质遗迹类型

拟建的册亨万重山省级地质公园内共有21处旅游资源,具体见表6-37,其中峰林、峰丛及地层剖面景观较为突出。

表 6-37 拟建册亨万重山省级地质公园资源统计

大 类	类	级 别	数量/处
地质遗迹	岩土体地貌景观	一级	3
		二级	10
		三级	2
	水体地貌景观	二级	3
地文景观		二级	2
		四级	1
合计			21

(三)主要地质遗迹类型

1. 秧庆万重山(四级)

秧庆万重山(图 6-220)为一望无际的峰林,地处云贵高原向广西低山丘陵过渡的斜坡地带,平均海拔 1400 m 左右,最高处海拔为 1468 m。山地垂直气候较明显,夏天景区内气温比山脚低 5~7 ℃,气候凉爽宜人。万重山的景观呈带状分布,位于一陡崖边,以陡崖为界,北边为一望无垠的峰林,南边为连绵起伏的山峦;陡崖北侧为灰岩,南侧为砂岩。峰林可视范围大于 20 km²,从冗渡镇往西北绵延至安龙,峰林大小不一、连片成势、形态各异,多数呈锥状,交错有致。早上偶尔可见到雾海,天气晴朗时下午可在观景带西边见到日落及晚霞,是观赏日出日落的上好地点。

图 6-220 秧庆万重山

2. 岜么石林(三级)

岜么石林(图 6-221)由密集的石峰组成,犹如一片石盆地,有石牙、峰丛、溶丘、溶洞。这里的石林直立突兀、线条顺畅,并呈淡淡的青灰色,最高大的独立岩柱高度超过 10 m。但由于当地居民在此建房屋,部分景观已遭到破坏,石柱被推倒于耕地间。

图 6-221 岜么石林

3. 喀斯特石漠化公园（三级）

该地水土流失严重，基岩大面积出露，地形、地貌形成独特自然景观——溶洞、奇山、奇石等。

喀斯特石漠化是土地荒漠化的主要类型之一，它以脆弱的生态地质环境为基础，强烈的人类活动为驱动力，土地生产力退化为本质，出现类似荒漠景观为标志。

喀斯特地貌地区岩石易遭受风化侵蚀，受人类不合理社会经济活动的干扰破坏，造成土壤严重侵蚀、基岩大面积裸露、土地生产力严重下降，地表出现类似荒漠景观的土地退化。

4. 龙井天坑

龙井天坑（图 6-222）形状似月亮，坑顶周围植被覆盖。天坑内部的一面有许多溶洞处于崖壁下，其余三面为石壁，面积 9140 m²。天坑内还种植有玉米。

图 6-222 龙井天坑

5. 岩洞双面石

岩洞双面石（图 6-223）为一象形石，岩性为灰岩，在 323°方向可见到一趴着的麒麟，麒麟的眼睛、嘴巴及麟角清晰可见，麒麟眼睛为红色；在 170°方向可见到一巨人头像，巨人的嘴、眼睛、鼻子清晰可见。岩洞双面石高约 6 m;麒麟头宽约 3 m,高约 3.5 m;巨人头像头高 2 m,嘴长 0.3 m,眼睛直径约 0.3 m。

图 6-223　岩洞双面石

6. 银锭山

银锭山(图 6-224)为一象形石,岩性为灰岩。在 90°方向看该山像一银锭,故当地人称为"银锭山",其主要由 3 个山头组成;在 250°方向看此山像一只趴着的乌龟,乌龟的头与身子较明显。银锭山高约 50 m,整座山占地 0.2 km^2。

图 6-224　银锭山

第七章　贵州地质遗迹保护及地质公园开发建议

一、地质遗迹保护建议

(一) 地质遗迹集中区划分

依据地质遗迹的不同级别、分布规律、密集度和所处地质环境进行集中划片保护。通过地质遗迹调查成果，共划分出 23 处地质遗迹集中区对地质遗迹进行保护，具体见表 7-1。

表 7-1　贵州地质遗迹集中区名录

序　号	名　　称	面积/km²
1	德江地质遗迹集中区	959
2	沿河地质遗迹集中区	250
3	赤水-习水地质遗迹集中区	3313
4	梵净山地质遗迹集中区	1213
5	娄山关地质遗迹集中区	3134
6	湄潭地质遗迹集中区	540
7	金鼎山地质遗迹集中区	1441
8	思南-石阡地质遗迹集中区	4393
9	韭菜坪地质遗迹集中区	415
10	㵲阳河地质遗迹集中区	2803
11	七星关-织金地质遗迹集中区	3057
12	瓮安地质遗迹集中区	666
13	修文-息烽地质遗迹集中区	613
14	剑河地质遗迹集中区	426

续表

序　号	名　　　称	面积/km²
15	雷公山地质遗迹集中区	593
16	黎平地质遗迹集中区	1639
17	乌蒙山地质遗迹集中区	2013
18	大贵州滩地质遗迹集中区	1340
19	盘州－晴隆地质遗迹集中区	1228
20	紫云－长顺地质遗迹集中区	2279
21	平塘－独山－荔波地质遗迹集中区	6157
22	月亮山地质遗迹集中区	1582
23	兴义－花溪三叠纪相变带地质遗迹集中区	8999
合计		49 053

（二）重要地质遗迹集中区分述

1. 赤水－习水地质遗迹集中区

本区包括赤水市及习水县的西北部，面积约 3313 km²。主要地质遗迹是丹霞地貌、瀑布、地层剖面等。共有国家级遗迹 4 处（四洞沟瀑布群、赤水大洞瀑布、金沙沟、杨家岩丹霞地貌），省级遗迹 3 处（习水三岔河侏罗系剖面、赤水小桥林场白垩系剖面、习水天鹅湖）。

2. 娄山关地质遗迹集中区

本区主要位于桐梓县和绥阳县，面积约 3134 km²。有国家级遗迹 3 处（桐梓红花园奥陶系剖面、桐梓岩灰洞桐梓人及古文化遗址、绥阳双河洞），省级遗迹 5 处（绥阳水晶温泉、绥阳宽阔水喀斯特地貌、绥阳喀斯特石林、娄山关山原地貌、绥阳小柏溪喀斯特峡谷）。区内有绥阳双河洞国家地质公园。

绥阳双河洞国家地质公园位于遵义市绥阳县境内。公园内喀斯特峰丛洼地和峰丛谷地地貌发育。公园以双河洞和孑遗植物及其保存地为主，兼有地表和地下地质遗迹景观。双河洞溶洞群洞穴十分发育，结构复杂，洞穴景观因其独特性、多样性和完整性而被喻为"喀斯特天然洞穴博物馆"。

3. 思南－石阡地质遗迹集中区

本区主要位于思南、印江和石阡 3 县，面积约 4393 km²。有国家级遗迹 1 处（思南长坝石林）；省级遗迹 7 处（石阡白马坡礁、思南罗湾坨温泉、石阡温泉、思南乌江山峡、印江凯望温泉、印江岩口滑坡、石阡雷家屯志留系剖面）。区内有思南乌江喀斯特国家地质公园。

思南乌江喀斯特国家地质公园位于铜仁市思南县，与沿河、德江、石阡、印江及凤冈等县毗邻，总面积为 96.99 km²，以喀斯特地貌景观为主体，兼有构造和水文地质遗迹，自然状态保存完好，在黔东北地区乃至全国都极为稀有。其中思南长坝石林面积约 4.9 km²，区内植被大面积覆盖，形成独具特色的绿色石林风光；鹦鹉溪白盐井热泉日出水 2460 t，水温 58.2 ℃，是省内流量最大的热泉。

4. 梵净山地质遗迹集中区

本区位于印江、江口和松桃 3 县交界地，面积约 1213 km²。火成岩、变质岩、沉积岩地质遗迹三者共生、相互叠加是该区地质遗迹的突出特色，是以中低山和低山丘陵为主的特殊地貌景观，是贵州三大主要地貌类型之一。该区有世界级遗迹 1 处（梵净山群剖面），国家级遗迹 7 处（黑湾河细碧岩、鱼坳辉长－辉绿岩、松桃大塘坡锰矿床、黑湾河武陵构造期阿尔卑斯型褶皱、黑湾河板溪群与梵净山群之间的不整合、梵净山珙桐林、梵净山层状浅变质碎屑岩侵蚀地貌),省级遗迹5处(梵净山肖家河白云母花岗岩、松桃前龙潜龙洞、印江木黄白云母花岗岩、印江红子溪南华系—下江群之间的不整合、松桃大塘坡震旦系剖面)。

5. 潕阳河地质遗迹集中区

该区主要位于镇远、施秉及黄平3县,面积约2803 km²。主要是水文景观及以峰丛洼地和喀斯特峡谷为代表的喀斯特地貌。区内共有国家级遗迹3处(镇远马坪钾镁煌斑岩、施秉云台山峰丛峰林、潕阳河峡谷),省级遗迹3处(黄平重安江间歇瀑布、施秉杉木河、黄平野洞河)。

6. 七星关-织金地质遗迹集中区

本区位于七星关、织金、大方南部和纳雍北部地区,面积约3057 km²。有国家级遗迹4处(织金新华超大型磷块岩稀土矿床、织金阿弓大型煤矿床、毕节九洞天、织金洞),省级遗迹4处(织金戈仲伍震旦系—寒武系界线剖面、织金八步湖、六冲河峡谷、大方古脊椎动物化石)。本区有织金洞世界地质公园。

织金洞世界地质公园位于织金县官寨苗族乡,总面积170 km²。园区内喀斯特地貌遗迹十分丰富,且成景率和成景质量很高。核心景观织金洞以洞厅巨大宏伟,洞穴堆积物种类齐全,形态优美、华丽、奇特而名扬海内外,被誉为"地下天宫"。

7. 兴义-花溪三叠纪相变带地质遗迹集中区

本区横跨贵阳、安顺、黔西南地区,面积约8999 km²。该区三叠纪浅水碳酸盐台地与次深水砂泥质沉积盆地的过渡带规模之大、延续时间之长、相带发育之齐全、沉积地质遗迹之丰富、保存之完美、演变历史之复杂,为世界罕见;三叠纪海生脊椎动物群及海生爬行动物遗迹化石类型多、数量丰、保存完美,在世界上绝无仅有。该区以黄果树为中心的瀑布群密度大、形态万千、成因类型齐全,被誉为"喀斯特瀑布的大百科全书"。该区也是我国锥状喀斯特连片分布最广、发育最典型的地区,是一个极具科研价值和观赏价值的地质遗迹富集带。

区内有世界级遗迹2处(关岭扒子场管壳石礁、黄果树及黄果树瀑布群),国家级遗迹11处(贞丰龙场剖面、安顺龙宫漩塘、青岩花溪下三叠统顶部遗迹化石、贞丰北盘江爬行动物足迹化石、兴义生物群、兴义猫猫洞兴义人及遗址、安顺龙宫、贞丰竹林堡石林、兴义纳灰喀斯特盆地、兴义万峰林、兴义泥凼石林),省级遗迹9处(贞丰沙土剖面、贵阳二桥二桥组与下伏地层之间的不整合、关岭乐安温泉、兴义银矿山温泉、贵阳青岩三叠纪菊石群、镇宁犀牛洞、安龙笃山溶洞群、花江大峡谷、紫木函金矿)。本区有花溪、乌当、兴义和关岭4个地质公园。

(1)花溪省级地质公园位于贵阳市花溪区,总面积91.60 km²。园内丰富的三叠纪地质遗迹记录了数次海陆变迁的地质历史,早—中三叠世海陆变迁和碳酸盐岩台地边缘进退及相关海平面升降变化等地质事件,造就了诸多三叠纪地质遗迹景观,遗留下丰富的海洋生物遗迹化石,具有较大的科研价值和旅游观赏价值。

(2)乌当省级地质公园位于贵阳市乌当区,总面积50.53 km²。园内地质遗迹主要是地层剖面及喀斯特地貌景观。其中有国家级遗迹8处(黄花冲组典型层序地层剖面、奥陶纪古生物化石群、第四纪冰川遗迹、乌当断层、高院断层、猫猫山古人类文化遗址、峡谷地貌、喀斯特地貌),省级遗迹2处(志留系高寨田组岩溶不整合、河流地貌)。

(3)关岭化石群国家地质公园位于关岭自治县,总面积56.31 km²,是世界上独一无二、化石精美、保存完整、新属新种众多的地质公园。以关岭生物群中海生爬行动物及其伴生的鱼类、海百合、菊石、双壳类、牙形石、鹦鹉螺、腕足动物化石和古植物化石及相关地质遗迹为主要保护对象,具有重要的科学研究和旅游观光价值。

(4)兴义国家地质公园位于兴义市,面积为250.17 km²,主要是以顶效、乌沙两处贵州龙化石保护地,以及泥凼石林、万峰林和马岭河峡谷等组成的独特喀斯特地貌景观为特色的地质公园。

8. 乌蒙山地质遗迹集中区

本区包括六枝、盘州、水城和钟山，面积约 2013 km²。区内有喀斯特地貌遗迹、水文景观、构造遗迹、古生物化石及产地和古人类遗址等。有国家级遗迹 2 处（水城硝灰洞遗址、水城龙戛喀斯特漏斗），省级遗迹 6 处（水城鱼塘中二叠系与下二叠系之间的不整合、水城红岩脚温泉、水城法子冲涡轮构造、紫云–垭都大断裂、水城吴家洞竖井、牂牁江峡谷）。六盘山区内有乌蒙山国家地质公园。

六盘山乌蒙山国家地质公园位于六盘水市，面积为 341.20 km²。区内由喀斯特地貌、山原地貌、构造遗迹、古生物化石与古人类遗址构成了园区极具特色的景观。特别是不同时期在不同地质条件下形成并发育的喀斯特地貌，是典型的高原喀斯特地貌区，是一个集生态旅游、人文景观、科普、科研为一体的地质公园。

9. 紫云–长顺地质遗迹集中区

本区位于紫云、长顺南部和罗甸西部地区，面积约 2279 km²。该区水文景观和地质地貌遗迹非常丰富。有世界级遗迹 1 处（紫云猴场扁平生物礁），国家级遗迹 6 处（紫云羊场火烘冲下二叠统剖面、紫云猴场中二叠统剖面、紫云石头寨生物礁、紫云黄鹤营地下河、紫云格凸河峰丛峰林、长顺睦化泥盆系与石炭系界线剖面），省级遗迹 3 处（长顺睦化石炭系–泥盆系之间的不整合、紫云三叠系剖面、紫云晒瓦领薅组剖面）。

10. 大贵州滩地质遗迹集中区

本区主要位于罗甸及平塘西南部，面积约 1340 km²。大贵州滩是目前世界上三叠纪时期面积最大、延续时间最长、演化历史最复杂、地质遗迹最丰富、相带发育最全的孤立碳酸盐台地。本区水文景观和地质地貌遗迹发育，有世界级遗迹 2 处（罗甸边阳管壳石礁、大贵州滩），国家级遗迹 4 处（罗甸关刀三叠系剖面、罗甸边阳打浆三叠系与二叠系界线剖面、罗甸大小井地下河、平塘大窝凼漏斗），省级遗迹 1 处（罗甸沫阳弧形构造）。

11. 平塘–独山–荔波地质遗迹集中区

本区主要位于平塘、独山和荔波 3 县，面积约 6157 km²。区内喀斯特地貌遗迹和水文景观相当丰富，有世界级遗迹 2 处（荔波峰丛峰林及喀斯特森林、平塘藏字石），国家级遗迹 4 处（独山岩关下石炭统剖面、平塘掌布河石蛋崖、荔波鸳鸯湖、平塘六硐喀斯特盆地），省级遗迹 13 处（独山城北中泥盆统剖面、独山猴儿山下泥盆统剖面、独山利山泥盆系剖面、独山布寨生物礁、独山东风锑矿、荔波尧所拉滩瀑布、平塘平舟河、荔波水春河、荔波水龙滑坡、平塘曹渡河峡谷、荔波樟江喀斯特峡谷、三都周覃下院地缝、都匀凯口溶洞群）。本区内有平塘国家地质公园和独山省级地质公园。

（1）平塘国家地质公园位于平塘县，总面积 25.83 km²。园内喀斯特地貌发育完全，地质景观奇特，最显著的特色是"三奇、一大、一绝"，"三奇"是峡谷奇、瀑布奇、溶洞奇，"一大"是中国最大漏斗群，"一绝"是天工绝书"中国共产党"5 字呈有序排列，其更有号称"世界地质奇观，旷代天赐珍宝"的"藏字石"。

（2）独山省级地质公园位于独山县，与三都、荔波、平塘、都匀及广西南丹等地接壤，总面积 708.60 km²，主要是泥盆系—石炭系典型标准地质剖面所经过的区域，剖面路线全长约 26 km，辐射区域面积约 30 km²，其中包括泥盆系的 7 个地层单位，地层出露良好、发育完整。目前公园中的剖面已成为典型的国际标准地层剖面之一。园内的古生物化石群落具有极高的科研、科普价值。

12. 剑河地质遗迹集中区

本区位于剑河和台江，面积约 426 km²。本区地质遗迹主要有沉积地层剖面、古生物遗迹和温泉景观。有世界级遗迹 1 处（剑河革东乌溜–曾家岩寒武系第二统和第三统界线剖面），国家级遗迹 2 处（番召下江群剖面、凯里生物群及产地），省级遗迹 2 处（台江五河震旦系剖面、剑河温泉）。本区内有黔东南苗岭国家地质公园。

黔东南苗岭国家地质公园位于贵州省东南部,总面积 225.47 km²。是以古生物化石地质遗迹为核心,以喀斯特地貌、雷公山浅变质岩地貌、丹霞地貌和温泉等为重点,融合苗族、侗族原生态民族文化的综合性大型地质公园。园内有著名的凯里生物群、杷榔生物群、寒武系第二统至第三统界线国际候选层型剖面、五河南华系—寒武系地层剖面。

13. 黎平地质遗迹集中区

位于黎平县,面积约 1639 km²,主要地质遗迹是沉积地层剖面、典型构造样式和喀斯特地貌景观。有国家级遗迹 3 处,分别是黎平肇兴南华系剖面、黔东地区侏罗山式褶皱和黎平高屯天生桥。

(三)地质遗迹保护建议

(1)为使保护重点突出、针对性强,建议在地质遗迹集中区建立地质公园。对未规划在已建地质公园或已规划中的地质公园内的国家级地质遗迹设立地质遗迹保护区或保护点。

(2)地质公园的划分要注意保护面积的适宜性,不宜太大,应以切实保护的有效面积确定范围。

(3)地质遗迹保护的重点应是世界级和国家级地质遗迹,建议重点对国家地质公园和世界地质公园进行统一规划,省级地质公园一般由市、县级行政部门进行规划。

(4)对于位于风景名胜和其他自然保护区内的地质遗迹,应按照管理的权限与相关部门进行协调,地质公园的建立应不排斥其他园区、景区,可以相互衔接,对其管理的机构要有利于地质遗迹保护。保护地质遗迹是地质公园建立的根本目的,应在提高其地质旅游科学文化内涵的基础上对其加强保护。

二、地质公园开发建议

(一)贵州拟建地质公园

贵州地质遗迹资源丰富,适宜建立世界级、国家级、省级地质公园的地方较多。本次共在地质遗迹景观评价级别较高及连片集中地拟建 41 处地质公园,其中世界级 6 处、国家级 14 处(含 4 处拟建国家矿山公园)、省级 21 处地质公园。总体呈"金字塔"形,级别低的数量多,级别高的数量少。

(二)开发时序

为了地质公园的独特性及唯一性,所以共分为 3 个期次进行地质公园建设工作。每个期次建议时间间隔 10~20 年,这样可以保证贵州一直有新的旅游资源景点可开发,避免"一窝蜂"式无序开发,避免同质化竞争。

分期开发的原则有 2 个:一是现在已开发或正在开发的景点,必须马上放在第一期建设,因为以往建设公园时对地质遗迹景观的开发与保护工作不太重视,导致景区开发时对地质遗迹造成破坏,给景区带来了不可挽回的损失;二是考虑地区均衡,这也是为了景区布局更合理,避免同一地区同质化竞争(表 7-2)。

表 7-2 贵州地质公园开发时序

公园级别	公园名称	公园类型	现　状	一期	二期	三期
世界级地质公园	铜仁世界地质公园	碎屑岩地貌、矿山遗址	自然保护区	√		
	大贵州滩世界地质公园	古生物埋藏地、世界最大三叠系古生物礁滩	国家级地质公园		√	
	绥阳双河洞世界地质公园	溶洞	国家级地质公园	√		
	赤水世界地质公园	丹霞地貌	国家级地质公园		√	
	兴义世界地质公园	峰丛地貌、峡谷、古生物埋藏地	国家级地质公园,已入围世界级地质公园,待联合国教科文组织审定	√		
	苗岭世界地质公园	地质剖面、化石群	国家级地质公园		√	
国家级地质公园	从江刚边国家地质公园	峡谷地貌	未建地质公园		√	
	荔波七彩桫椤谷国家地质公园	峡谷地貌	未建地质公园	√		
	沿河乌江山峡国家地质公园	峡谷地貌	未建地质公园	√		
	德江洋山河峡谷国家地质公园	峡谷地貌	已申报省级地质公园		√	
	牛栏江大峡谷国家地质公园	峡谷地貌	未建地质公园			√
	毕节九洞天国家地质公园	溶洞、天窗、地下河	未建地质公园	√		
	开阳南江大峡谷国家地质公园	峡谷地貌	未建地质公园	√		
	剑河八郎国家地质公园	地质剖面及古生物产地	苗岭国家地质公园的一个园区		√	
	丹寨龙泉山及南皋剖面国家地质公园	地质剖面及古生物产地	未建地质公园		√	
	贞丰双乳峰国家地质公园	峰丛地貌	未建地质公园	√		
	松桃大塘坡锰矿国家矿山公园	矿产地	未建地质公园			√
	瓮福磷矿国家矿山公园	矿产地	未建地质公园			√
	晴隆锑矿国家矿山公园	矿产地	未建地质公园			√
	贞丰烂泥沟金矿国家矿山公园	矿产地	未建地质公园			√
省级地质公园	桐梓水坝塘省级地质公园	古生物埋藏地			√	
	桐梓九坝省级地质公园	碳酸盐地貌		√		
	遵义松林省级地质公园	地层剖面				√
	毕节冲天大峡谷省级地质公园	峡谷地貌	已申报	√		
	金沙冷水河峡谷省级地质公园	峡谷地貌				√
	大方仙宇峰省级地质公园	碳酸盐地貌			√	
	威宁黑石头玄武岩省级地质公园	岩石剖面		√		
	湄潭百面水省级地质公园	峡谷地貌		√		
	铜仁九龙洞省级地质公园	溶洞		√		
	黄平飞云大峡谷省级地质公园	峡谷地貌		√		
	修文洒坪猫跳河省级地质公园	峡谷地貌			√	
	织金歹阳大峡谷省级地质公园	峡谷地貌				√
	黎平高屯天生桥省级地质公园	天生桥	正在申报	√		
	六枝郎岱省级地质公园	地质剖面、碳酸盐地貌				√
	紫云黄鹤营地下河省级地质公园	地下河		√		
	盘州八大山省级地质公园	碳酸盐地貌				√
	盘州新民化石群省级地质公园	古生物埋藏地		√		
	十八罗汉撞金钟省级地质公园	碳酸盐地貌				√
	兴仁七伏七出地下河省级地质公园	地下河、碳酸盐地貌		√		
	望谟麻山及桑郎峡谷景观省级地质公园	碳酸盐地貌			√	
	册亨万重山省级地质公园	峰丛地貌		√		

1. 拟开发世界级地质公园时序

本次共筛选了6处可建世界级地质公园的地区,资源禀赋均是世界独一无二,一期先开发兴义世界地质公园、绥阳双河洞世界地质公园、铜仁世界地质公园,因为这3处2014年就一起开始申报世界地质公园,加上已是开发成熟的景区,先开发有利于保护地质遗迹资源。

二期开发或可申报的有大贵州滩世界地质公园、赤水世界地质公园、苗岭世界地质公园。这3处现在已是国家级地质公园,重要的地质遗迹大部分已做好保护,若申报世界级地质公园可下批申请。

2. 拟开发国家级地质公园时序

本次共筛选出14处国家地质公园(其中含4处国家矿山公园),第一期可先开发荔波七彩桫椤谷、沿河乌江山峡、毕节九洞天、开阳南江大峡谷、贞丰双乳峰、剑河八郎等7处国家级地质公园及瓮福磷矿国家矿山公园;第二期开发从江刚边、德江洋山河峡谷、牛栏江大峡谷、丹寨龙泉山及南皋剖面等4处国家级地质公园;第三期开发松桃大塘坡、晴隆锑矿、贞丰烂泥沟金矿等3处国家矿山公园,因为这3处矿山均在生产中,在调查与矿方沟通后,建议闭坑后才便于打造矿山公园,现阶段矿区处于采矿工作中,游客安全无法保障。

3. 拟开发省级地质公园时序

本次共筛选出21处省级地质公园,第一期可先开发毕节冲天大峡谷、威宁黑石头玄武岩、湄潭百面水、铜仁九龙洞、黄平飞云大峡谷、黎平高屯天生桥、紫云黄鹤营地下河、盘州新民化石群、册亨万重山、桐梓九坝等10处省级地质公园;第二期开发桐梓水坝塘、大方仙宇峰、修文洒坪猫跳河、兴仁七伏七出地下河、望谟麻山及桑郎峡谷景观等5处省级地质公园;第三期开发遵义松林、金沙冷水河峡谷、织金歹阳大峡谷、六枝郎岱、盘州八大山、十八罗汉撞金钟等6处省级地质公园。

三、其他建议

(一)建立地质文化村或特色小镇

地质文化村或特色小镇,是一种更低级别的地质公园,但其有很强的生命力。现在,乡村振兴战略全面铺开,地质文化村或特色小镇无疑是一种全新的旅游模式。不仅是贵州,中国地质调查局也出台了相关建设标准或规范,此举必将推动地质文化村或特色小镇的发展。根据贵州制定的地质文化村或特色小镇标准,在全省旅游资源大普查中有2处以上三级地质遗迹景观(地文景观及水域风光景观)的可申报地质文化村或特色小镇。全省旅游资源大普查中,共发现了三级以上地文景观1782处、水域风光景观1253处,两者共3035处。所以,这些资源足可满足贵州省文化和旅游厅计划申报1000处地质文化村或特色小镇的目标,真正把贵州打造成"山地公园省"。

(二)建立科普基地或旅游地学研学基地

近年来,全民科普的呼声越来越高,特别是中小学生"五谷不分"的现状令人们对全民科普的需求越来越迫切。

2013年2月2日,《国务院办公厅关于印发国民旅游休闲纲要(2013—2020年)的通知》发布了《国民旅游休闲纲要(2013—2020年)》,纲要中提出"逐步推行中小学生研学旅行"的设想。此前我国许多地区都尝试把研学旅行作为推进素质教育的一个重要内容来开展。

2014年12月16日,在全国研学旅行试点工作推进会上,教育部基教一司司长王定华在讲话中特别强调了国务院2014年8月9日下发的《国务院关于促进旅游业改革发展的若干意见》(国发〔2014〕31号)中指出的积极开展研学旅行的工作方向。

基于此,贵州有必要建立一批"科普基地"或"旅游地学研学基地"。从目前来看,贵州此类基地正在摸索起步阶段,希望能有更多的有识之士介入。

参考文献

安裕国,戎昆方,何复胜,等,1994.岩溶洞穴沉积物生物成因初探——以贵州织金洞为例[J].贵州地质(02):112-121.

蔡回阳,王新金,1998.安龙观音洞遗址首次发掘及其意义[M]//贵州省历史文献研究会.贵州古人类与史前文化.贵阳:贵州民族出版社:459-478.

陈安泽,卢云亭,陈兆棉,1998.旅游地学的理论与实践——旅游地学论文集第四集[M].北京:地质出版社.

陈代演,王冠鑫,邹振西,等,2001.我国第一个新铊矿物铊明矾的发现与研究[J].贵州工业大学学报(自然科学版),31(5):5-7.

陈建庚,2000.贵州地貌环境与旅游[M].北京:地质出版社.

程龙,2003.贵州关岭上三叠统海龙类的一个新种[J].地质通报,224(4):243-277.

程裕琪,1994.中国区域地质概论[M].北京:地质出版社:318-384.

董卫平,1997.贵州省岩石地层[M].武汉:中国地质大学出版社.

董勇,2012.贵州乌江下游喀斯特旅游资源的特色及其价值评价[D].南宁:广西师范学院.

范嘉松,1996.中国生物礁与油气[M].北京:海洋出版社.

冯学仕,王尚彦,2004.贵州省区域矿床成矿系列与成矿规律[M].北京:地质出版社.

甘枝茂,马耀峰,2000.旅游资源与开发[M].天津:南开大学出版社.

高道德,张世丛,毕坤,等,1986.黔南岩溶研究[M].贵阳:贵州人民出版社.

高松峰,申燕萍,2003.区域地质旅游资源的调查方法研究[J].科技进步与对策(S1):82-83.

龚一鸣,李保华,司远兰,等,2002.晚泥盆世赤潮与生物集群绝灭[J].科学通报,47(07):554-560.

巩普恩,张永利,关长庆,等,2007.黔南石炭纪生物礁造礁群落的基本特征[J].地质学报,81(09):1183-1194.

贵州省地层古生物工作队,1977.西南地区区域地层表贵州省分册[M].北京:地质出版社.

贵州省地质调查院,2017.中国区域地质志·贵州志[M].北京:地质出版社.

贵州省地质矿产局,1987.贵州省区域地质志[M].北京:地质出版社.

贵州省国土资源厅,2006.贵州省古生物化石精选[M].贵阳:贵州人民出版社.

贵州省旅游资源大普查领导小组办公室,贵州省地质调查院,2017.贵州旅游资源[M].北京:地质出版社.

郭立华,牛平山,1999.地质遗迹自然保护区的建立与管理[J].石家庄经济学学报,22(04):428-432.

郭威,丁华,2001.论地质旅游资源[J].西安工程学院学报(03):60-63.

韩至钧,金占省,1996.贵州省水文地质志[M].北京:地震出版社.

何小芊,刘宇,熊保国,2015.国内外地质旅游研究现状与展望[J].热带地理,35(01):130-138.

何心一,徐桂荣,1993.古生物学教程[M].北京:地质出版社.

胡蔷,2009.贵州旅游地质资源开发利用的探讨[J].贵州地质,26(03):228-230,240.

黄汲清,1954.中国主要地质构造单位[M].北京:地质出版社.

姜建军,2006.中国国家地质公园建设工作指南[M].北京:中国大地出版社.

金帆,2006.中国三叠纪鱼类综述(英文)[J].古脊椎动物学报,44(01):28-42.

李锦玲,2006.中国三叠纪海生爬行类综述(英文)[J].古脊椎动物学报,44(01):99-108.

李锦玲,金帆,2003.贵州龙脊椎动物群研究新进展[J].自然科学进展,13(08):14-18.

李烈荣,姜建年,王文主,2002.中国地质遗迹资源及其管理[M].北京:中国大地出版社.

李玉辉,2006.地质公园研究[M].北京:商务印书馆.

李兴中,1999.兴义马岭河喀斯特景观及旅游开发探讨[J].贵州地质,16(02):55-63.

廖善友,1997.贵州旅游[M].贵阳:贵州民族出版社.

廖卫华,1977.从四射珊瑚论贵州独山中、上泥盆统的分界[J].古生物学报,16(01):39-54,159-161.

刘冠帮,尹恭正,2008.贵州盘县中三叠统混鱼龙类化石的初步研究[J].古生物学报,47(01):73-90.

刘冠帮,尹恭正,罗永明,等,2006.贵州关岭晚三叠世法郎组瓦窑段鱼类化石初步观察[J].古生物学报,45(01):1-20

刘冠帮,尹恭正,王雪华,等,2003.贵州兴义晚三叠世贵州龙层新发现的鱼类[J].古生物学报,42(03):364-366.

刘红婴,王健民,2003.世界遗产概论[M].北京:中国旅游出版社.

刘龙材,1999.中国贵州地质矿产资源[M].贵阳:贵州教育出版社.

刘孝蓉,2009.贵州三叠纪地质遗迹保护性利用研究[D].贵阳:贵州师范大学.

刘新华,柳祖汉,杨孟达,等,2004.黔南布寨泥盆纪生物礁的初步研究[J].地质科学,39(01),92-97,155-156.

陆景冈,唐根年,俞益武,等,2003.旅游地质学[M].北京:中国环境科学出版社.

马伯永,段怡春,徐红燕,等,2009.中国地质公园文化资源特征及建设与发展构想[J].中国国土资源经济,22(01):15-17,46.

潘江,1995.中国的世界文化与自然遗产[M].北京:地质出版社.

邵琪伟,2012.中国旅游大辞典[M].上海:上海辞书出版社.

孙亚莉,2006.国家地质公园地质遗迹资源评价及可持续发展对策[D].贵阳:贵州师范大学.

唐烽,尹崇玉,刘鹏举,等,2008.华南伊迪卡拉纪"庙河生物群"的属性分析[J].地质学报,82(05):601-611,725-727.

王砚耕,1992.贵州构造基本格架及特征[C]//贵州省地质学会.贵州区域构造矿田构造学术讨论会论文集.贵阳:贵州科技出版社:1-11.

王砚耕,1996.贵州主要地质事件与区域地质特征[J].贵州地质,13(02):99-104.

王钰,俞昌民,廖卫华,等,1964.贵州独山泥盆系标准剖面的新观察[J].科学通报(09):822-825.

王媛媛,杨涛,2015.贵州地质遗迹资源旅游开发研究[J].合作经济与科技(16):38-39.

王约,2004.贵州独山泥盆纪弗拉期－法门期生物灭绝后的生物遗迹[J].古生物学报,43(01):132－141.

王约,2004.贵州独山中泥盆世动藻迹生态习性探讨[J].古生物学报,43(04):591－596.

王约,陈洪德,1999.从层序地层观点论黔南独山地区弗拉斯－法门阶事件界线[J].地层学杂志,23(01):28－32.

王约,沈建伟,周志澄,1997.黔南独山下、中泥盆统遗迹相与层序地层学研究[J].微体古生物学报,14(02):97－107.

王约,王训练,1996.贵州独山泥盆系－石炭系界线附近的遗迹化石[J].地层学杂志,20(04):283－290,294.

魏家庸,2008.贵州三叠纪自然遗产及世界地质公园申报[J].贵州地质,25(04):241－246.

吴祥和,1986.黔南泥盆－石炭系界线层层序和海退事件[J].地层学杂志,10(03):204－211.

吴祥和,1987.贵州石炭纪生物地层[J].地质学报(04):285－295.

武国辉,刘幼平.2006.贵州的湖泊[J].理论与当代(10):53－54.

武国辉,杨涛,刘幼平,等,2006.贵州地质遗迹资源[M].北京:冶金工业出版社.

熊剑飞,1990.我国浅水相泥盆—石炭系分界问题的再探讨——兼悼念邓峰林先生[J].贵州地质,7(04):303－312.

徐柯健,李兴中,刘嘉麒,2008.贵州兴义喀斯特景观特征[J].中国岩溶,27(02),157－164.

薛洪伟,2003.开辟新领域 寻求新发展——地勘单位应积极开展地质旅游资源调查、评价与开发工作[J].中国地质矿产经济,16(4):13－15,47.

杨明德,1993.九洞天形成和演化初探[M]//喀斯特景观与洞穴旅游.北京:中国环境科学出版社:119－124.

杨明德,1994.岩溶峡谷成因及演化模式[C]//中国地质学会岩溶地质专业委员会.人类活动与岩溶环境——第四届全国岩溶学术会议论文集.北京:北京科学技术出版社.

杨望暾,2007.国家地质公园总体开发规划的理论与实践研究[D].西安:长安大学

杨钟健,董枝明,1972.中国三迭纪水生爬行动物[M].北京:科学出版社.

叶新才,2006.地质学在旅游资源调查评价与开发中的应用[J].地质灾害与环境保护(03):98－101.

尹崇玉,柳永清,高林志,等,2007.震旦(伊迪卡拉)纪早期磷酸盐化生物群:瓮安生物群特征及其环境演化[M].北京:地质出版社.

袁金良,赵元龙,李越,等,2002.黔东南早、中寒武世凯里组三叶虫动物群[M].上海:上海科学技术出版社.

袁训来,肖书海,尹磊明,等,2002.陡山沱期生物群:早期动物辐射前夕的生命[M].合肥:中国科学技术大学出版社.

张靖,2004.贵州[M].北京:中国大百科全书出版社.

张幼琪,2000.神奇的喀斯特王国:重塑贵州旅游形象的思考[M].贵阳:贵州民族出版社.

赵丽君,王立亭,李淳,2008.中国三叠纪海生爬行动物化石研究的回顾与进展[J].古生物学报,47(02):232－239.

赵元龙,2002.贵州——古生物王国[M].贵阳:贵州科技出版社.

赵元龙,杨洪,李勇,等,2008.贵州新元古代到寒武纪早期特异埋藏后生生物群及其研究意义[J].古生物学报,47(04):405－418.

中国科学院南京地质古生物研究所,1974.西南地区地层古生物手册[M].北京:科学出版社.

中国科学院南京地质古生物研究所,2000.中国地层研究二十年(1979-1999)[M].合肥:中国科学技术大学出版社.

周希云,1992.贵州泥盆纪几个地层问题的讨论[J].贵州地质,9(04):331-339.